IL SAGGIATORE

Galileo Galilei

Galileo Galilei

Il Saggiatore

TITOLO: Il Saggiatore
AUTORE: Galilei, Galileo

IL SAGGIATORE

GALILEO GALILEI

ALLA SANTITÀ DI N. S.

PAPA URBANO OTTAVO

In questo universal giubilo delle buone lettere, anzi dell'istessa virtù, mentre la Città tutta, e spezialmente la Santa Sede, più che mai risplende per esservi la Santità Vostra da celeste e divina disposizione collocata, e non vi è mente alcuna che non s'accenda a lodevoli studi ed a degne operazioni per venerare, imitando, essempio sì eminente, vegniamo noi a comparirle davanti, carichi d'infiniti oblighi per li benefizii sempre dalla sua benigna mano ricevuti, e pieni di contento e d'allegrezza per vedere in così sublime seggio un tanto padrone essaltato. Portiamo, per saggio della nostra divozione e per tributo della nostra vera servitù, il *Saggiatore* del nostro Galilei, del Fiorentino scopritore non di nuove terre, ma di non più vedute parti del cielo. Questo contiene investigazioni di quegli splendori celesti, che maggior maraviglia sogliono apportare. Lo dedichiamo e doniamo alla Santità Vostra, come a quella c'ha l'anima di veri ornamenti e splendori ripiena, e c'ha ad altissime imprese l'eroica mente rivolta; desiderando che questo ragionamento d'inusitate faci del cielo sia a lei segno di quel più vivo ed ardente affetto che è in noi, di servire e di meritare la grazia di Vostra Santità. Ai cui piedi intanto umilmente inchinandoci, la supplichiamo a mantener favoriti i nostri studi co' cortesi raggi e vigoroso calore della sua benignissima protezione.

Di Roma, li 20 di Ottobre 1623.

Della Santità Vostra

Umilissimi ed Obligatissimi Servi
GLI ACCADEMICI LINCEI

IL SAGGIATORE

DEL SIGNOR

GALILEO GALILEI

ACCADEMICO LINCEO, FILOSOFO E MATEMATICO PRIMARIO

DEL SERENISSIMO GRAN DUCA DI TOSCANA

SCRITTO IN FORMA DI

LETTERA

ALL'ILLUSTRISSIMO E REV.MO SIGNOR DON VIRGINIO CESARINI

ACCADEMICO LINCEO, MASTRO DI CAMERA DI N. S.

Io non ho mai potuto intendere, Illustrissimo Signore, onde sia nato che tutto quello che de' miei studi, per aggradire o servire altrui, m'è convenuto metter in publico, abbia incontrato in molti una certa animosità in detrarre, defraudare e vilipendere quel poco di pregio che, se non per l'opera, almeno per l'intenzion mia m'era creduto di meritare. Non prima fu veduto alle stampe il mio *Nunzio Sidereo*, dove si dimostrarono tanti nuovi e meravigliosi discoprimenti nel cielo, che pur doveano esser grati agli amatori della vera filosofia, che tosto si sollevaron per mille bande insidiatori di quelle lodi dovute a così fatti ritrovamenti: né mancaron di quelli che, solo per contradir a' miei detti, non si curarono di recar in dubbio quanto fu veduto a lor piacimento e riveduto più volte da gli occhi loro. Imposemi il Serenissimo Gran Duca Cosimo II, di gloriosa memoria mio signore, ch'io scrivessi il mio parere delle cagioni del galleggiare o affondarsi le cose nell'acqua; e, per sodisfar a così fatto comandamento, avendo disteso in carta quanto m'era sovvenuto oltre alla dottrina d'Archimede, che per avventura è quanto di vero in effetto circa sì fatta materia poteva dirsi, eccoti subito piene tutte le stamperie d'invettive contro del mio *Discorso*; né avendo punto riguardo che quanto da me fu prodotto fusse confermato e concluso con geometriche dimostrazioni, contradissero al mio parere, né s'avvidero (tanto ebbe forza la passione) che 'l contradire alla geometria è un negare scopertamente la verità. Le *Lettere delle Macchie Solari* e da quanti e per quante guise fur combattute? e quella materia che doverebbe dar tanto campo d'aprir gl'intelletti ad ammirabili speculazioni, da molti, o non creduta o poco stimata, del tutto è stata vilipesa e derisa; da altri, per non volere acconsentire a' miei concetti, sono state prodotte contro di me ridicole ed impossibili opinioni; ed alcuni, costretti e convinti dalle mie ragioni, ànno cercato spogliarmi di quella gloria ch'era pur mia, e, dissimulando d'aver veduto gli scritti miei, tentarono dopo di me farsi primieri inventori di meraviglie così stupende. Tacerò d'alcuni miei privati discorsi, dimostrazioni e sentenze, molte di esse da me non publicate alle stampe, tutte state malamente impugnate o disprezzate come da nulla; non mancando anco queste d'essersi talora abbattute in alcuni che con bella destrezza si sieno ingegnati di farsi con esse onore, come inventate da i loro ingegni.

Io potrei di tali usurpatori nominar non pochi; ma voglio ora passarli sotto silenzio, avvenga che de' primi furti men grave castigo prender si soglia che de i susseguenti. Ma non voglio già più lungamente tacere il furto secondo, che con troppa audacia mi ha voluto fare quell'istesso che già molti anni sono mi fece l'altro, d'appropriarsi l'invenzione del mio compasso geometrico, ancor ch'io molti anni innanzi l'avessi a gran numero di signori mostrato e conferito, e finalmente fatto publico colle stampe: e siami per questa volta perdonato se, contro alla mia natura, contro al costume ed intenzion mia, forse troppo acerbamente mi risento ed esclamo colà dove per molti anni ho taciuto. Io parlo di Simon Mario Guntzehusano, che fu quello che già in Padova, dove allora io mi trovava, traportò in lingua latina l'uso del detto mio compasso, ed attribuendoselo lo fece ad un suo discepolo sotto suo nome stampare, e subito, forse per fuggir il castigo, se n'andò alla patria sua, lasciando il suo scolare, come si dice, nelle peste; contro il quale mi fu forza, in assenza di Simon Mario, proceder nella maniera ch'è manifesto nella *Difesa* ch'allora feci e publicai. Questo istesso, quattro anni dopo la publicazione del mio *Nunzio Sidereo*, avvezzo a volersi ornar dell'altrui fatiche, non si è arrossito nel farsi autore delle cose da me ritrovate ed in quell'opera publicate; e stampando sotto titolo di *Mundus Iovialis* etc., ha temerariamente affermato, sé aver avanti di me osservati i pianeti Medicei, che si girano intorno a Giove. Ma perché di rado accade che la verità si lasci sopprimer dalla bugia, ecco ch'egli medesimo nell'istessa sua opera, per sua inavvertenza e poca intelligenza, mi dà campo di poterlo convincere con testimoni irrefragabili e manifestamente far palese il suo fallo, mostrando ch'egli non solamente non osservò le dette stelle avanti di me, ma non le vide né anco sicuramente due anni dopo: e dico di più, che molto probabilmente si può affermare ch'ei non l'ha osservate già mai. E ben ch'io da molti luoghi del suo libro cavar potessi evidentissime prove di quanto dico, riserbando l'altre ad altra occasione, voglio, per non diffondermi soverchiamente e distrarmi dalla mia principale intenzione, produrre un luogo solo.

Scrive Simon Mario nella seconda parte del suo *Mondo Gioviale*, alla considerazione del sesto fenomeno, d'aver con diligenza osservato, come i quattro pianeti gioviali non mai si trovano nella linea retta parallela all'eclittica se non quando sono nelle massime digressioni da Giove; ma che quando son fuori di queste, sempre declinano con notabil differenza da detta linea; declinano, dico, da quella sempre verso settentrione quando sono nelle parti inferiori de' lor cerchi, ed all'opposito piegano sempre verso austro quando sono nelle parti superiori: e per salvar cotal apparenza, statuisce i lor cerchi inclinati dal piano dell'eclittica verso austro nelle parti superiori, e verso borea nell'inferiori. Or questa sua dottrina è piena di fallacie, le quali apertamente mostrano e testificano la sua fraude.

E prima, non è vero che i quattro cerchi delle Medicee inclinino dal piano dell'eclittica; anzi sono eglino ad esso sempre equidistanti. Secondo, non è vero che le medesime stelle non sieno mai tra di loro puntualmente per linea retta se non quando si ritrovano costituite nelle massime digressioni da Giove; anzi talora accade ch'esse in qualunque distanza, e massima e mediocre e minima, si veggono per linea esquisitamente retta, ed incontrandosi insieme, ancor che sieno di movimenti contrarii e vicinissime a Giove, si congiungono puntualmente, sì che due appariscono una sola. E finalmente, è falso che quando declinano dal piano dell'eclittica, pieghino sempre verso austro quando sono nelle metà superiori de i lor cerchi, e verso borea quando sono nell'inferiori; anzi in alcuni tempi solamente fanno lor declinazioni in cotal guisa, ed in altri tempi declinano al contrario, cioè verso borea quando sono ne mezi cerchi superiori, e verso austro nell'inferiori. Ma Simon Mario, per non aver né inteso né osservato questo negozio, ha inavvertentemente scoperto il suo fallo. Ora il fatto sta così.

Sono i quattro cerchi de i pianeti Medicei sempre paralleli piano dell'eclittica; e perché noi siamo nell'istesso piano collocati, accade che qualunque volta Giove non averà latitudine, ma si troverà esso ancora sotto l'eclittica, i movimenti d'esse stelle ci si mostreranno fatti per una stessa linea retta, e le lor congiunzioni fatte in qualsivoglia luogo saranno sempre corporali, cioè senza veruna declinazione. Ma quando il medesimo Giove si troverà fuori del pian dell'eclittica, accaderà che se la sua latitudine sarà da esso piano verso settentrione, restando pure i quattro cerchi delle Medicee paralleli all'eclittica, le parti loro superiori a noi, che sempre siamo nel piano dell'eclittica, si rappresenteranno piegar verso austro rispetto all'inferiori, che ci si mostreranno più boreali; ed all'incontro, quando la latitudine di Giove sarà australe, le parti superiori de i medesimi cerchietti ci si mostreranno più settentrionali dell'inferiori: sì che le declinazioni delle stelle si vedranno fare il contrario quando Giove ha latitudine boreale, di quello che faranno quando Giove sarà australe; cioè nel primo caso si vedranno declinar verso austro quando saranno nelle metà superiori de' lor cerchi, e verso borea nelle inferiori; ma nell'altro caso declineranno per l'opposito, cioè verso borea nelle metà superiori, e verso austro nelle inferiori; e tali declinazioni saranno maggiori e minori, secondo che la latitudine di Giove sarà maggiore o minore. Ora, scrivendo Simon Mario d'aver osservato come le dette quattro stelle sempre declinano verso austro quando sono nelle metà superiori de' lor cerchi; adunque tali sue osservazioni furon fatte in tempo che Giove aveva latitudine boreale: ma quando io feci le mie prime osservazioni Giove era australe, e tale stette per lungo tempo, né si fece boreale, sì che le latitudini delle quattro stelle potessero mostrarsi come scrive Simone, se non più di due anni dopo: adunque, se pur egli già mai le vide ed osservò, ciò non fu se non due anni dopo di me.

Eccolo dunque già dalle sue stesse deposizioni convinto di bugia d'avere avanti di me fatte cotali osservazioni. Ma io di più aggiungo e dico, che molto più probabilmente si può credere ch'egli già mai non le facesse: già ch'egli afferma non l'avere osservate né vedute disposte tra di loro in linea retta isquisitamente se non mentre si ritrovano nelle massime distanze da Giove; e pure la verità è che quattro mesi interi, cioè da mezo febraio a mezo giugno del 1611, nel qual tempo la latitudine di Giove fu pochissima o nulla, la disposizione di esse quattro stelle fu sempre per linea retta in tutte le loro posizioni. E notisi, appresso, la sagacità colla quale egli vuole mostrarsi anteriore a me. Io scrissi nel mio *Nunzio Sidereo* d'aver fatta la mia prima osservazione alli 7 di gennaio dell'anno 1610, seguitando poi l'altre nelle seguenti notti: vien Simon Mario, ed appropriandosi l'istesse mie osservazioni, stampa nel titolo del suo libro, ed anco per entro l'opera, aver fatto le sue osservazioni fino dell'anno 1609, onde altri possa far concetto della sua anteriorità: tuttavia la più antica osservazione ch'ei produca poi per fatta da sé, è la seconda fatta da me; ma la pronunzia per fatta nell'anno 1609, e tace di far cauto il lettore come, essendo egli separato dalla Chiesa nostra, né avendo accettata l'emendazion Gregoriana, il giorno 7 di gennaio del 1610 di noi cattolici è l'istesso che il dì 28 di decembre del 1609 di loro eretici. E questa è tutta la precedenza delle sue finte osservazioni. Si attribuisce anco falsamente l'invenzione de' loro movimenti periodici, da me con lunghe vigilie e gravissime fatiche ritrovati, e manifestati nelle mie *Lettere Solari*, ed anco nel trattato che publicai delle cose che stanno sopra l'acqua, veduto dal detto Simone, come si raccoglie chiaramente dal suo libro, di dove indubitabilmente egli ha cavato tali movimenti.

Ma in troppo lunga digressione, fuori di quello che forse richiedeva la presente opportunità, mi trovo d'essermi lasciato trascorrere. Però, ritornando su 'l nostro cominciato discorso, seguirò di dire che, per tante chiarissime prove non mi restando più luogo alcuno da dubitare d'un mal affetto ed ostinato volere contro dell'opere mie, aveva meco stesso deliberato di starmene cheto affatto, per ovviare in me medesimo alla cagion di quei dispiaceri sentiti nell'esser bersaglio a sì frequenti mordacità, e togliere altrui materia d'essercitare sì biasmevol talento. È ben vero che non mi sarebbe mancata occasione di metter fuori altre mie opere, forse non meno inopinate nelle filosofiche scuole e di non minor conseguenza nella natural filosofia delle publicate fin ora: ma le dette cagioni ànno potuto tanto, che solo mi son contentato del parere e del giudicio d'alcuni gentil'uomini, miei reali e sincerissimi amici, co' quali communicando e discorrendo de i miei pensieri, ho goduto di quel diletto che ne reca il poter conferire quel che di mano in mano ne somministra l'ingegno, scansando nel medesimo tempo la rinovazion di quelle punture per avanti da me sentite con tanta noia. Ànno ben questi signori, amici miei, mostrando in non piccola parte d'applaudere a i miei concetti, procurato con varie ragioni di ritirarmi da così fatto proponimento. E primieramente ànno cercato persuadermi ch'io dovessi poco apprezzare queste tanto pertinaci contradizzioni, quasi che in effetto, tutte in fine ritornando contro de i loro autori, rendesser più viva e più bella la mia ragione, e desser chiaro argomento che non vulgari fussero i miei componimenti, allegandomi una commune sentenza, che la vulgarità e la mediocrità, come poco o non punto considerate, son lasciate da banda, e solamente colà si rivolgono gli umani intelletti ove si scopre la meraviglia e l'eccesso, il quale poi nelle menti mal temperate fa nascer tosto l'invidia, e appresso, con essa, la maldicenza. E ben che tali e somiglianti ragioni, addottemi dall'autorità di questi signori, fusser vicine al distogliermi dal mio risoluto pensiero del non più scrivere, nulladimeno prevalse il mio desiderio di viver quieto senza tante contese; e così stabilito nel mio proposito, mi credetti in questa maniera d'aver ammutite tutte le lingue, che ànno finora mostrato tanta vaghezza di contrastarmi. Ma vano m'è riuscito questo disegno, né co 'l tacer ho potuto ovviare a questa mia così ostinata influenza, dell'aver a esserci sempre chi voglia scrivermi contro e prender rissa con esso meco.

Non m'è giovato lo starmi senza parlare, ché questi, tanto vogliolosi di travagliarmi, son ricorsi a far mie l'altrui scritture; e su quelle avendomi mosso fiera lite, si sono indotti a far cosa che, a mio credere, non suol mai seguire senza dar chiaro indizio d'animo appassionato fuor di ragione. E perché non dee aver potuto il signor Mario Guiducci, per convenienza e carico di suo officio, discorrer nella sua Academia e poi publicare il suo *Discorso delle Comete*, senza che Lottario Sarsi, persona del tutto incognita, abbia per questo a voltarsi contro di me, e, senza rispetto alcuno di tal gentil uomo, farmi autore di quel *Discorso*, nel quale non ho altra parte che la stima e l'onore da esso fattomi nel concorrere col mio parere, da lui sentito ne' sopradetti ragionamenti avuti con que' signori, amici miei, co' quali il signor Guiducci si compiacque spesso di ritrovarsi? E quando pure tutto quel *Discorso delle Comete* fusse stato opera di mia mano (ché, dovunque sarà conosciuto il signor Mario, ciò non potrà mai cadere in pensiero), che termine sarebbe stato questo del Sarsi, mentre io mostrassi così voler essere sconosciuto, scoprirmi la faccia e smascherarmi con tanto ardire? Per la qual cosa, trovandomi astretto da questo inaspettato e tanto insolito modo di trattare, vengo a romper la mia già stabilita risoluzione di non mi far più vedere in publico coi miei scritti; e procurando giusta mia possa che almeno sconosciuta non resti la disconvenienza di questo fatto, spero d'aver a fare uscir voglia ad alcuno di molestare (come si dice) il mastino che dorme, e voler briga con chi si tace.

E ben ch'io m'avvisi che questo nome, non mai più sentito nel mondo, di Lotario Sarsi serva per maschera di chi che sia che voglia starsene sconosciuto, non mi starò, come ha fatto esso Sarsi, a imbrigar in altro per voler levar questa maschera, non mi parendo né azzione punto imitabile, né che possa in alcuna cosa porgere aiuto o favore alla mia scrittura. Anzi mi do ad intendere che 'l trattar seco come con persona incognita sia per dar campo a far più chiara la mia ragione, e porgermi agevolezza ond'io spieghi più libero il mio concetto. Perché io ho considerato che molte volte coloro che vanno in maschera, o son persone vili che sotto quell'abito voglion farsi stimar signori e gentiluomini, e in tal maniera per qualche lor fine valersi di quella onorevolezza che porta seco la nobiltà; o talora son gentiluomini che deponendo, così sconosciuti, il rispettoso decoro richiesto a lor grado, si fanno lecito, come si costuma in molte città d'Italia, di poter d'ogni cosa parlare liberamente con ognuno, prendendosi insieme altrettanto diletto che ognuno, sia chi si voglia, possa con essi motteggiare e contender senza rispetto. E di questi secondi credendo io che debba esser quegli che si cuopre con questa maschera di Lottario Sarsi (ché quando fusse de' primi, in poco gusto gli tornerebbe d'aver voluto così spacciarla per la maggiore), mi credo ancora che, sì come così sconosciuto egli si è indotto a dir cosa contro di me che a viso aperto se ne sarebbe forse astenuto, così non gli debba dovere esser grave che, valendomi del privilegio conceduto contro le maschere, possa trattar seco liberamente, né mi sia né da lui né da altri per esser pesata ogni parola ch'io per avventura dicessi più libera ch'ei non vorrebbe.

Ed ho voluto, Illustrissimo Signore, ch'ella sia prima d'ogn'altro lo spettator di questa mia replica; imperciocché, come intendentissima e, per le sue qualità nobilissime, spogliata d'animo parziale, giustamente sarà per apprender la causa mia, né lascerà di reprimer l'audacia di quelli che, mancando d'ignoranza ma non d'affetto appassionato (ché de gli altri poco debbo curare), volessero appo del vulgo, che non intende, malamente stravolger la mia ragione. E ben che fusse mia intenzione, quando prima lessi la scrittura del Sarsi, di comprendere in una semplice lettera inviata a V. S. Illustrissima le risposte, tuttavia, nel venire al fatto, mi sono in maniera moltiplicate tra le mani le cose degne d'esser notate che in essa scrittura si contengono, che di lungo intervallo m'è stato forza passar i termini d'una lettera. Ho nondimeno mantenuta l'istessa risoluzione di parlar con V. S. Illustrissima ed a lei scrivere, qualunque si sia poi riuscita la forma di questa mia risposta; la quale ho voluta intitolare col nome di *Saggiatore*, trattenendomi dentro la medesima metafora presa dal Sarsi. Ma perché m'è paruto che, nel ponderare egli le proposizioni del signor Guiducci, si sia servito d'una stadera un poco troppo grossa, io ho voluto servirmi d'una bilancia da saggiatori, che sono così esatte che tirano a meno d'un sessantesimo di grano: e con questa usando ogni diligenza possibile, non tralasciando proposizione alcuna prodotta da quello, farò di tutte i lor saggi; i quali anderò per numero distinguendo e notando, acciò, se mai fussero dal Sarsi veduti e gli venisse volontà di rispondere, ei possa tanto più agevolmente farlo, senza lasciare indietro cosa veruna.

Ma venendo ormai alle particolari considerazioni, non sarà per avventura se non bene (acciò che niente rimanga senza esser ponderato) dir qualche cosa intorno all'inscrizzion dell'opera, la quale il signor Lottario Sarsi intitola *Libra Astronomica e Filosofica*; rende poi nell'epigramma, ch'ei soggiunge, la ragion che lo mosse a così nominarla, la qual è che l'istessa cometa, col nascere e comparir nel segno della Libra, volle misteriosamente accennargli ch'ei dovesse librar con giusta lance e ponderar le cose contenute nel trattato delle comete publicato dal signor Mario Guiducci. Dove io noto come il Sarsi comincia, tanto presto che più non era possibile, a tramutar con gran confidenza le cose (stile mantenuto poi in tutta la sua scrittura) per accommodarle alla sua intenzione. Gli era caduto in pensiero questo scherzo sopra la corrispondenza della sua *Libra* colla Libra celeste, e perché gli pareva che argutamente venisse la sua metafora favoreggiata dall'apparizion della cometa, quando ella fusse comparita in Libra, liberamente dice quella in tal luogo esser nata; non curando di contradire alla verità, ed anco in certo modo a sé medesimo, contradicendo al suo proprio Maestro, il quale nella sua Disputazione, alla fac. 7, conclude così: "Verum, quæcunque tandem ex his prima cometæ lux fuerit, illi semper Scorpius patria est"; e dodici versi più a basso: "Fuerit hoc sane, cum in Scorpio, hoc est in Martis præcipua domo, natus sit"; e poco di sotto: "Ego, quo ad me attinet, patriam eius inquiro, quam Scorpium fuisse affirmo, cunctis etiam assentientibus." Adunque molto più proporzionatamente, ed anco più veridicamente, se riguarderemo la sua scrittura stessa, l'avrebbe egli potuta intitolare *L'astronomico e filosofico scorpione*, costellazione dal nostro sovran poeta Dante chiamata

figura del freddo animale
che colla coda percuote la gente

e veramente non vi mancano punture contro di me, e tanto più gravi di quelle degli scorpioni, quanto questi, come amici dell'uomo, non feriscono se prima non vengono offesi e provocati, e quello morde me che mai né pur col pensiero non lo molestai. Ma mia ventura, che so l'antidoto e rimedio presentaneo a cotali punture! Infragnerò dunque e stropiccerò l'istesso scorpione sopra le ferite, onde il veleno risorbito dal proprio cadavero lasci me libero e sano.

1. Or vegniamo al trattato, e sia il primo saggio intorno ad alcune parole del proemio, cioè da "Unus, quod sciam", fino a "Doluimus". Il qual proemio sarà però da noi qui registrato intero, per total compitezza del testo latino, al quale non vogliamo che manchi pur un iota.

Tribus in cælo facibus insolenti lumine, anno superiore, fulgentibus, nemo hebeti adeo ingenio ac plumbeis oculis fuit, qui utramque in illas aciem non intenderit aliquando, miratusque non sit insueti fulgoris eo tempore feracitatem. Sed quoniam est vulgus, ut sciendi avidissimum, ita ad rerum causas investigandas minus aptum, ab iis propterea sibi tantarum rerum scientiam, iure veluti suo, exposcebat, ad quos cæli mundique totius contemplatio maxime pertineret. Philosophorum igitur astronomorumque Academias consulendas illico censuit. Quid igitur nostra hæc Gregoriana, quæ, et disciplinarum et Academicorum multitudine nobilis, se inter cæteras designari omnium oculis, se maxime consuli, ab se responsa expectari, facile intelligebat? Committere enimvero non potuit, ne in re, quamquam dubia, suo saltem muneri et postulantium votis utcumque satisfaceret. Præstitere hoc ii, quibus ex munere id oneris incumbebat; nec male, si summorum etiam capitum suffragium spectes. Unus, quod sciam, Disputationem nostram, et quidem paulo acrius, improbavit Galilæus."

Nelle quali ultime parole, cioè "Unus, quod sciam", egli afferma che noi agramente abbiamo tassata la Disputazion del suo Maestro. Al che io non veggo per ora che occorra risponder cosa alcuna, avvenga che il suo detto è assolutamente falso; poi che, per diligenza usata in cercar nella scrittura del signor Mario il luogo (già ch'egli nol cita), non l'ho saputo ritrovare. Ma intorno a questo avremo più a basso altre occasioni di parlare.

2. Seguita appresso (e sia il secondo saggio): "Doluimus primum, quod magni nominis viro hæc displicerent; deinde consolationis loco fuit, ab eodem Aristotelem ipsum, Tychonem, aliosque, non multo mitius hac in disputatione habitos: ut sane non aliæ iis texendæ forent apologiæ, quibus communis cum summis ingeniis causa satis, vel ipsis silentibus, apud æquos æstimatores pro se ipsa peroraret."

Qui dice, aver da principio sentito dolore che quel *Discorso* mi sia dispiaciuto, ma soggiunge essergli stato poi in luogo di consolazione il veder l'istesso Aristotile, Ticone ed altri esser con simile asprezza tassati; onde non erano di mestieri altre difese a quelli che nell'accuse fussero a parte con ingegni eminentissimi, la causa stessa de' quali, anco nel lor silenzio, appresso giusti giudici assai da per se stessa parlava e si difendeva. Dalle quali parole mi par di raccorre che, per giudicio del Sarsi, di quelli che intraprendono a impugnar autori d'ingegno eminentissimo si debba far così poca stima, che né anco metta conto che alcuno si ponga alla difesa de gli oppugnati, la sola autorità de' quali basta a mantener loro il credito appresso gl'intendenti. E qui voglio che V. S. Illustrissima noti come il Sarsi, qual se ne sia la causa, o elezzione o inavvertenza, aggrava non poco la reputazion del P. Grassi suo precettore, principale scopo del quale nel suo *Problema* fu d'impugnar l'opinion d'Aristotile intorno alle comete, come nella sua scrittura apertamente si vede e l'istesso Sarsi replica e conferma in questa, alla fac. 7; di modo che se i contradittori a gli uomini grandissimi devono esser trapassati, il P. Grassi doveva esser un di questi. Tuttavia noi non solamente non l'abbiamo trapassato, ma ne abbiamo fatto la medesima stima che de gl'ingegni eminentissimi, accoppiandolo con quelli; sì che in cotal particolare altrettanto viene egli da noi essaltato, quanto dal suo discepolo abbassato. Io non veggo che il Sarsi possa per sua scusa addurre altro, se non che il suo senso sia stato che degli oppositori a gl'ingegni eminentissimi si devono ben lasciar da banda i volgari, ma all'incontro pregiar quegli ch'essi ancora sono eminentissimi, tra i quali egli abbia inteso di riporre il suo Maestro, e noi altri tra i popolari, onde per cotal rispetto quello che al Maestro suo si conveniva fare, a noi sia stato di biasimo.

3. Segue appresso (e sia il terzo saggio): "Sed quando sapientissimis etiam viris operæ pretium visum est ut esset saltem aliquis, qui Galilæi disputationem, tum in iis quibus aliena oppugnat, tum etiam in iis quibus sua promit, paulo diligentius expenderet; utrumque mihi paucis agendum statui."

Il senso di queste parole, continuato con quello delle precedenti, mi par ch'importi questo: che de' contradittori a gl'ingegni eminentissimi non si debba, come già si è detto, far conto, ma trapassargli sotto silenzio, e se pur si dovesse lor rispondere, si dia il carico a persone più tosto basse, ch'altrimenti; e che però nel nostro caso sia paruto a uomini sapientissimi che sia ben fatto che non l'istesso P. Grassi o altro d'egual reputazione, ma che “saltem aliquis” rispondesse al Galilei. E sin qui io non dico né replico altro, ma, conoscendo e confessando la mia bassezza, inclino il capo alla sentenza d'uomini tali. Ben mi maraviglio non poco che il Sarsi di proprio moto si abbia eletto d'esser quel “saltem aliquis” ch'abbracci e si sbracci a tale impresa che, per giudicio d'uomini sapientissimi e suo, non doveva esser deferita in altri che in qualche soggetto assai basso, né so ben intendere come, essendo naturale instinto d'ognuno l'attribuire a se stesso più tosto più che manco del merito, ora il Sarsi avvilisca tanto la sua condizione, che s'induca a spacciarsi per un “saltem aliquis”. Questo inverisimile mi ha tenuto un pezzo sospeso, e finalmente m'ha fatto verisimilmente credere ch'in queste sue parole possa esser un poco d'error di stampa, e che dov'è stampato “ut esset saltem aliquis qui Galilæi disputationem diligentius expenderet”, si debba leggere “ut esset qui saltem aliqua in Galilæi disputatione paulo diligentius expenderet”: la qual lettura io tanto reputo esser la vera e legittima, quanto ella puntualmente si assesta a tutto 'l resto del trattato, e l'altra mal s'aggiusta alla stima ch'io pur voglio credere che il Sarsi faccia di se stesso. Vedrà dunque V. S. Illustrissima, nell'andar meco essaminando la sua scrittura, quanto sia vero questo ch'io dico, cioè ch'egli delle cose scritte dal signor Mario ha solamente essaminato “aliqua”, anzi pure “saltem aliqua”, cioè alcune minuzie di poco rilievo alla principale intenzione, trapassando sotto silenzio le conclusioni e le ragioni principali: il che ha egli fatto perché conosceva in coscienza di non poter non le lodare e confessar vere, che sarebbe poi stato contro alla sua intenzione, che fu solamente di dannare ed impugnare, com'egli stesso scrive alla fac. 42 con queste parole: “Atque hæc de Galilæi sententia, in iis quæ cometam immediate spectant, dicta sint. Plura enim dici vetat ipsemet, qui, in bene longa disputatione, quid sentiret paucis admodum atque involutis verbis exposuit, nobisque plura in illum afferendi locum præclusit. Qui enim refelleremus quæ ipse nec protulit, neque nos divinare potuimus?” Nelle quali parole, oltre al vedersi la già detta intenzion di confutar solamente, io noto due altre cose: l'una è, ch'ei simula di non aver intese molte cose per essere (dic'egli) state scritte oscuramente, che vengon a esser quelle nelle quali non ha trovato attacco per la contradizzione; l'altra, ch'egli dice non aver potuto confutar le cose ch'io non ho profferite né egli ha potute indovinare: tuttavia V. S. Illustrissima vedrà come la verità è che la maggior parte delle cose ch'ei prende a confutare sono delle non profferite da noi, ma indovinate o vogliam dire immaginate da esso.

4. “Rem quamplurimis pergratam me facturum sperans, quibus Galilæi factum nullo nomine probari potuit: quod tamen in hac disputatione ita præstabo, ut abstinendum mihi ab iis verbis perpetuo duxerim, quæ exasperati magis atque iracundi animi, quam scientiæ, indicia sunt. Hunc ego respondendi modum aliis, si qui volent, facile concedam.

Agite igitur, quando ille etiam per internuncios atque interpretes rem agi iubet, ut propterea non ipse per se, sed per Consulem Academiæ Marium sui secreta animi omnibus exposuerit, liceat etiam nunc mihi, non quidem Consuli, sed tamen mathematicarum disciplinarum studioso, ea quæ ex Horatio Grassio Magistro meo de nuperrimis eiusdem Galilæi inventis audierim, non uni tantum Academiæ, sed reliquis etiam omnibus qui latine norunt, exponere. Neque hic miretur Marius, Consule se prætermisso, cum Galilæo rem transigi. Primum, enim, Galilæus ipse, in litteris ad amicos Romam datis, satis aperte disputationem illam ingenii sui fœtum fuisse profitetur; deinde, cum idem Marius peringenue fateatur, non sua se inventa, sed quæ Galilæo veluti dictante excepisset, summa fide protulisse, patietur, arbitror, non inique, cum Dictatore potius me de iisdem, quam cum Consule, interim disputare.”

In tutto questo restante del proemio io noto primamente, come il Sarsi pretende d'aver fatto cosa grata a molti colla sua impugnazione: e questo forse può essergli accaduto con alcuni che non abbiano per avventura letta la scrittura del signor Mario, ma se ne sieno stati all'informazion sua; la quale venendo fatta privatamente e (come si dice) a quattr'occhi, quanto e quanto sarà ella stata lontana dalle cose scritte, poi che in questa publica e stampata ei non s'astiene d'apportar in campo moltissime cose come scritte dal signor Mario, le quali non furon mai né nella sua scrittura né pur nella nostra imaginazione? Soggiunge poi, volersi astenere da quelle parole che danno indizio più tosto d'animo innasprito ed adirato, che di scienza: il che quanto egli abbia osservato, vedremo nel progresso. Ma per ora noto la sua confessione, d'essere internamente innasprito ed in collera, perché quando ei non fusse tale, il trattar di questo volersi astenere sarebbe stato non dirò a sproposito, ma superfluo, perché dove non è abito o disposizione, l'astinenza non ha luogo.

A quello ch'egli scrive appresso, di voler come terza persona riferir quelle cose ch'egli ha intese dal P. Orazio Grassi, suo precettore, intorno agli ultimi miei trovati, io assolutamente non credo tal cosa, e tengo per fermo che il detto Padre non abbia mai né dette né pensate né vedute scritte dal Sarsi tali fantasie, troppo lontane per ogni rispetto dalle dottrine che si apprendono nel Collegio dove il P. Grassi è professore, come spero di far chiaramente conoscere. E già, senza punto allontanarmi di qui, chi sarebbe quello che, avendo pur qualche notizia della prudenza di quei Padri, si potesse indurre a credere che alcuno di essi avesse scritto e publicato, ch'io in lettere private, scritte a Roma ad amici, apertamente mi fussi fatto autore della scrittura del signor Mario? cosa che non è vera; e quando vera fusse stata, il publicarla non poteva non dar qualche indizio d'aver piacere di sparger qualche seme onde tra stretti amici potesse nascer alcun'ombra di diffidenza. E quali termini sono il prendersi libertà di stampar gli altrui detti privati? Ma è bene che V. S. Illustrissima sia informata della verità di questo fatto.

Per tutto il tempo che si vide la cometa, io mi ritrovai in letto indisposto, dove, sendo frequentemente visitato da amici, cadde più volte ragionamento delle comete, onde m'occorse dire alcuno de' miei pensieri, che rendevano piena di dubbi la dottrina datane sin qui. Tra gli altri amici vi fu più volte il signor Mario, e significommi un giorno aver pensiero di parlar nell'Academia delle comete, nel qual luogo, quando così mi fusse piaciuto, egli avrebbe portate, tra le cose ch'egli aveva raccolte da altri autori e quelle che da per sé aveva immaginate, anco quelle che aveva intese da me, già ch'io non ero in istato di potere scrivere: la qual cortese offerta io reputai a mia ventura, e non pur l'accettai, ma ne lo ringraziai e me gli confessai obligato. In tanto e di Roma e d'altri luoghi, da altri amici e padroni che forse non sapevano della mia indisposizione, mi veniva con instanza pur domandato se in tal materia avevo alcuna cosa da dire: a' quali io rispondevo, non aver altro che qualche dubitazione, la quale anco non potevo, rispetto all'infermità, mettere in carta; ma che bene speravo che potesse essere che in breve vedessero tali miei pensieri e dubbi inseriti in un discorso d'un gentiluomo amico mio, il quale per onorarmi aveva preso fatica di raccorgli ed inserirgli in una sua scrittura. Questo è quanto è uscito da me, il che è anco in più luoghi stato scritto dal medesimo signor Mario; sì che non occorreva che il Sarsi, con aggiungere a vero, introducesse mie lettere, né mettesse il signor Mario a sì piccola parte della sua scrittura (nella quale egli ve l'ha molto maggior di me), che lo spacciasse per copista. Or, poi che così gli è piaciuto, e così segua; ed intanto il signor Mario, in ricompensa dell'onor fattomi, accetti la difesa della sua scrittura.

5. E ritornando al trattato, rilegga V. S. Illustrissima l'infrascritte parole: "Dolet igitur, primo, se in Disputatione nostra male habitum, cum de tubo optico ageremus nullum cometæ incrementum afferente, ex quo deduceremus eundem a nobis quam longissime distare. Ait enim, multo ante palam affirmasse se, hoc argumentum nullius momenti esse. Sed affirmarit licet: nunquid eius illico ad Magistrum meum pronunciata referrent venti? Licet enim summorum virorum dicta plerunque fama divulget, huius tamen dicti (quid faciat?) ne syllaba quidem ad nos pervenit. Et quanquam dissimulavit, novit id tamen multorum etiam testimonio, novit benevolentissimum in se Magistri mei animum, et qua privatis in

sermonibus, qua publicis in disputationibus, effusum plane in laudes ipsius. Illud certe negare non potest, neminem ab illo unquam proprio nomine compellatum, neque se verbis ullis speciatim designatum. Si qua tamen ipsius animum pulsaret dubitatio, meminisse etiam poterat, perhonorifice olim se hoc in Romano Collegio ab eiusdem Mathematicis acceptum, et cum de Mediceis sideribus tuboque optico, illo audiente et (qua fuit modestia) ad laudes suas erubescente, publice est disputatum, et cum postea ab alio, eodem loco atque frequentia, de iis quæ aquis insident disserente, perpetuo Galilæus acroamate celebratus est. Quid ergo causæ fuerit nescimus, cur ei, contra, adeo viluerit huius Romani Collegii dignitas, ut eiusdem Magistros et logicæ imperitos diceret, et nostras de cometis positiones futilibus ac falsis innixas rationibus, non timide pronunciaret."

Sopra i quali particolari scritti io primieramente dico di non m'esser mai lamentato d'essere stato maltrattato nel *Discorso* del P. Grassi, nel quale son sicuro che Sua Reverenza non applicò mai il pensiero alla persona mia per offendermi; e quando pure, dato e non concesso, io avessi avuta opinione che il P. Grassi nel tassar quelli che facevan poca stima dell'argomento preso dal poco ricrescer la cometa, avesse voluto comprender me ancora, non però creda il Sarsi che questo mi fusse stato causa di disgusto e di querimonia. Sarebbe forse ciò accaduto quando la mia opinion fusse stata falsa, e per tale scoperta e publicata; ma sendo il detto mio verissimo, e falso l'altro, la moltitudine de' contradittori, e massime di tanto valore quanto è il P. Grassi, poteva più tosto accrescermi il gusto che il dolore, atteso che più diletta il restar vittorioso di prode e numeroso essercito, che di pochi e debili inimici. E perché degli avvisi che da molte parti d'Europa andavano (come scrive il Sarsi) al suo Maestro, alcuni nel passar di qua lasciavano ancora a noi sentire come generalmente tutti i più celebri astronomi facevano gran fondamento sopra cotale argomento, né mancavano anco ne' nostri contorni e nella città stessa uomini della medesima opinione, io al primo motto, che di ciò intesi, molto chiaramente mi lasciai intendere che stimavo questo argomento vanissimo, di che molti si burlavano, e tanto più, quando in favor loro apparve l'autorevole attestazione e confermazione del matematico del Collegio Romano: il che non negherò che mi fusse cagione d'un poco di travaglio, atteso che trovandomi posto in necessità di difendere il mio detto da tanti altri contradittori, i quali, per esser stati fatti forti da un tanto aiuto, più imperiosamente mi si levavano contro, non vedevo modo di poter contradire a quelli senza comprendervi anco il P. Grassi. Fu adunque non mia elezzione, ma accidente necessario, ben che fortuito, che indirizzò la mia impugnazione anco in quella parte dov'io meno avrei voluto. Ma che io pretendessi mai (come soggiunge il Sarsi) che tal mio parere dovesse esser repentinamente portato da' venti sino a Roma, come suole accadere delle sentenze degli uomini celebri e grandi, eccede veramente d'assai i termini della mia ambizione. Bene è vero che la lettura della *Libra* m'ha fatto pur anco alquanto maravigliare, che tal mio detto non penetrasse a gli orecchi del Sarsi. E non è egli degno di meraviglia, che cose le quali io già mai non dissi, né pur pensai, delle quali gran numero è registrato nel suo *Discorso*, gli sieno state riportate, e che d'altre dette da me mille volte non gliene sia pur giunta una sillaba? Ma forse i venti, che conducono le nuvole, le chimere e i mostri che in essi tumultuariamente si vanno figurando, non ànno poi forza di portar le cose sode e pesanti.

Dalle parole che seguono mi par comprendere che il Sarsi m'attribuisca a gran mancamento il non aver con altrettanta cortesia contracambiata l'onorevolezza fattami da' Padri del Collegio in lezzioni publiche fatte sopra i miei scoprimenti celesti e sopra i miei pensieri delle cose che stanno su l'acqua. E qual cosa doveva io fare? Mi risponde il Sarsi: Laudare e approvar il *Discorso* del P. Grassi. Ma, signor Sarsi, già che le cose tra voi e me s'ànno a bilanciare e, come si dice, trattar mercantilmente, io vi dimando, se quei Reverendi Padri stimarono per vere le cose mie, o pur l'ebber per false. Se le conobbero vere e come tali le lodarono, con troppo grand'usura ridomandereste ora il prestato, quando voleste che io avessi con pari lode a essaltar le cose conosciute da me per false. Ma se le reputaron vane e pur l'essaltarono, posso ben ringraziarli del buono affetto; ma assai più grato mi sarebbe stato che m'avessero levato d'errore e mostratami la verità, stimando io assai più l'utile delle vere correzzioni, che la pompa delle vane ostentazioni: e perché l'istesso credo di tutti i buoni filosofi, però né per l'uno né per l'altro capo mi sentivo in obligo. Mi direte forse ch'io dovevo tacere. A questo rispondo, primamente, che troppo strettamente ci eravamo posti in obligo, il signor Mario ed io, avanti la publicazion della scrittura del P. Grassi, di lasciar vedere i nostri pensieri; sì che il tacere poi sarebbe stato un tirarsi addosso un disprezzo e quasi derision generale. Ma più soggiungo, che mi sarei anco sforzato, e forse l'avrei impetrato, che il signor Guiducci non publicasse il suo *Discorso*, quando in esso fusse stato cosa pregiudiciale alla degnità di quel famosissimo Collegio o d'alcun suo professore; ma quando l'opinioni impugnate da noi sono state tutte d'altri prima che del matematico professore del Collegio, non veggo perché il solo avergli Sua Reverenza prestato l'assenso avesse a metter noi in obligo di dissimulare ed ascondere il vero per favoreggiare e mantenere vivo uno errore. La nota, dunque, di poco intendente di logica cade sopra Ticone ed altri che ànno commesso l'equivoco in quell'argomento; il quale equivoco si è da noi scoperto non per notare o biasimare alcuno, ma solo per cavare altrui d'errore e per manifestare il vero: e tale azzione non so che mai possa esser ragionevolmente biasimata. Non ha, dunque, il Sarsi causa di dire che sia appresso di me avvilita la degnità del Collegio Romano. Ma bene, all'incontro, quando la voce del Sarsi uscisse di quel Collegio, avrei io occasion di dubitare che la dottrina e la reputazion mia, non solo di presente ma forse in ogni tempo, sia stata in assai vile stima, poi che in questa *Libra* niuno de' miei pensieri viene approvato, né ci si legge altro che contradizzioni accuse e biasimi, ed oltre a quel ch'è scritto (se si deve prestar credenza al grido) uno aperto vanto di poter annichilar tutte le cose mie. Ma sì come io non credo questo, né che alcuno di questi pensieri abbia stanza in quel Collegio, così mi vo immaginando che il Sarsi abbia dalla sua filosofia il poter egualmente lodare e biasimare, confermare e ributtar, le medesime dottrine, secondo che la benevolenza o la stizza lo traporta: e fammi in questo luogo sovvenir d'un lettor di filosofia a mio tempo nello Studio di Padova, il quale essendo, come talvolta accade, in collera con un suo concorrente, disse che quando quello non avesse mutato modi, avria sotto mano mandato a spiar l'opinioni tenute da lui nelle sue lezzioni, e che in sua vendetta avrebbe sempre sostenute le contrarie.

6. Or legga V. S. Illustrissima: “Sed ne tempus querelis frustra teramus, principio, illud non video, quam iure Magistro meo obiiciat ac veluti vitio vertat, quod nimirum in Tychonis verba iurasse eiusdemque vana machinamenta omni ex parte secutus videatur. Quanquam enim hoc plane falsum est, cum, præter argumentandi modos ac rationes quibus cometæ locus inquireretur, nihil aliud in Disputatione nostra reperiat in quo Tychonem, ut expressa verba testantur, sectatus sit; interna vero ipsius animi sensa, astrologus licet Lynceus, ne optico quidem suo telescopio introspexerit; age tamen, detur, Tychoni illum adhæsisse. Quantum tandem istud est crimen? Quem potius sequeretur? Ptolemæum? cuius sectatorum iugulis Mars, propior iam factus, gladio exerto imminet? Copernicum? at qui pius est revocabit omnes ab illo potius, et damnatam nuper hypothesim damnabit pariter ac reiiciet. Unus igitur ex omnibus Tycho supererat, quem nobis ignotas inter astrorum vias ducem adsisceremus. Cur igitur Magistro meo ipse succenseat, qui illum non aspernatur? Frustra hic Senecam invocat Galilæus, frustra hic luget nostri temporis calamitatem, quod vera ac certa mundanarum partium dispositio non teneatur, frustra sæculi huius deplorat infortunium, si nil habeat quo hanc ipsam ætatem, hoc saltem nomine eius suffragio miseram, fortunet magis”.

Da quanto il Sarsi scrive in questo luogo, mi par di comprendere ch'ei non abbia con debita attenzione letto non solo il *Discorso* del signor Mario, ma né anco quello del P. Grassi, poi che e dell'uno e dell'altro adduce proposizioni che in quelli non si ritrovano. Ben è vero che per aprirsi la strada a poter riuscire a toccarmi non so che di Copernico, egli avrebbe avuto bisogno che le vi fussero state scritte; onde, in difetto, l'ha volute supplir del suo.

E prima, non si trova nella scrittura del signor Mario buttato, come si dice, in occhio, né attribuito a mancamento al P. Grassi l'aver giurato fedeltà a Ticone e seguitate in tutto e per tutto le sue vane machinazioni. Ecco i luoghi citati dal Sarsi. Alla fac. 18: "Appresso verrò al professor di matematica del Collegio Romano, il quale in una sua scrittura ultimamente publicata pare che sottoscriva ad ogni detto d'esso Ticone, aggiungendovi anco qualche nuova ragione a confermazion dell'istesso parere". L'altro luogo a fac. 38: "Il matematico del Collegio Romano ha parimente per quest'ultima cometa ricevuto la medesima ipotesi; e a così affermare, oltre a quel poco che n'è scritto dall'Autore, che consuona colla posizion di Ticone, m'induce ancora il vedere in tutto il rimanente dell'opera quanto ei concordi coll'altre ticoniche immaginazioni". Or vegga V. S. Illustrissima se qui s'attribuisce cosa veruna a vizio e mancamento. Di più, è ben chiarissimo che non si trattando in tutta l'opera d'altro che de gli accidenti attenenti alle comete, de' quali Ticone ha scritto sì gran volume, il dire che il matematico del Collegio concorda coll'altre immaginazioni di Ticone, non s'estende ad altre posizioni ch'a quelle ch'appartengono alle comete; sì che il chiamar ora in paragon di Ticone, Tolomeo e Copernico, i quali non trattaron mai d'ipotesi attenenti a comete, non veggo che ci abbia luogo opportuno.

Quello poi che dice il Sarsi, che nella scrittura del suo Maestro non vi si trova altro, in che egli abbia seguito Ticone, fuor che le dimostrazioni per ritrovare il luogo della cometa, sia detto con sua pace, non è vero; anzi nessuna cosa vi è meno, che simile dimostrazione. Tolga Iddio che il P. Grassi avesse in ciò imitato Ticone, né si fusse accorto, quanto nel modo d'investigar la distanza della cometa per l'osservazioni fatte in due luoghi differenti in Terra, si mostri bisognoso della notizia de' primi elementi delle matematiche. Ed acciocché V. S. Illustrissima vegga ch'io non parlo così senza fondamento, ripigli la dimostrazion ch'egli comincia alla fac. 123 del trattato della cometa del 1577, ch'è nell'ultima parte de' suoi *Proginnasmi*

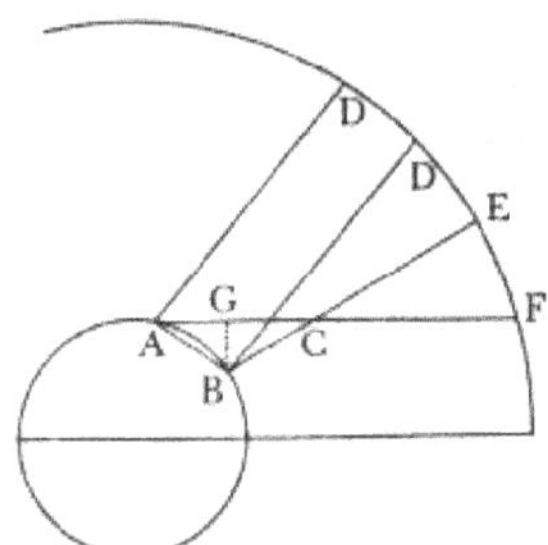

nella quale volendo egli provare com'ella non fusse inferiore alla Luna per la conferenza dell'osservazioni fatte da sé in Uraniburg e da Tadeo Agecio in Praga, prima, tirata la subtesa AB all'arco dell'orbe terrestre che media tra i detti due luoghi, e traguardando dal punto A la stella fissa posta in D, suppone l'angolo DAB esser retto; il che è molto lontano dal possibile, perché, sendo la linea AB corda d'un arco minor di gradi 6 (come Ticon medesimo afferma) bisogna, acciò che il detto angolo sia retto, che la fissa D sia lontana dal zenit di A meno di gradi 3; cosa ch'è tanto falsa, quanto che la sua minima distanza è più di gradi 48, essendo, per detto dell'istesso Ticone, la declinazion della fissa D, ch'è l'Aquila o vogliamo dire l'Avvoltoio, di gradi 7.52 verso borea, e la latitudine di Uraniburg gradi 55.54. In oltre egli scrive, la medesima stella fissa da i due luoghi A e B vedersi nel medesimo luogo dell'ottava sfera, perché la Terra tutta, non che la piccola parte AB, non ha sensibil proporzione coll'immensità d'essa ottava sfera. Ma perdonimi Ticone: la grandezza e piccolezza della Terra non ha che fare in questo caso, perché il vedersi da ogni sua parte la medesima stella nell'istesso luogo deriva dall'essere ella realmente nell'ottava sfera, e non da altro; in quel modo a punto che i caratteri che sono sopra questo foglio, già mai rispetto al medesimo foglio non muteranno apparenza di sito, per qualunque grandissima mutazion di luogo che faccia l'occhio di V. S. Illustrissima che gli riguarda: ma ben uno oggetto posto tra l'occhio e la carta, al movimento della testa varierà l'apparente sito rispetto a' caratteri, sì che il medesimo carattere ora se gli vedrà dalla destra, ora dalla sinistra, ora più alto, ed ora più basso; ed in cotal guisa mutano apparente luogo i pianeti nell'orbe stellato, veduti da differenti parti della Terra, perché da quello sono lontanissimi; e quello che in questo caso opera la piccolezza della Terra, è che, facendo i più lontani da noi minor varietà d'aspetto, ed i più vicini maggiore, finalmente per uno lontanissimo la grandezza della Terra non basti a far tal varietà sensibile. Quello poi che soggiunge accadere conforme alle leggi de gli archi e delle corde, vegga V. S. Illustrissima quant'ei sia da tali leggi lontano, anzi pure da' primi elementi di geometria. Egli dice, le due rette AD, BD esser perpendicolari alla AB: il che è impossibile, perché la sola retta che viene dal vertice è perpendicolare sopra la tangente e le sue parallele, e queste non vengono altramente dal vertice, né l'AB è tangente o ad essa parallela. In oltre, ei le domanda parallele, e appresso dice che le si vanno a congiungere nel centro: dove, oltre alla contradizzione dell'esser parallele e concorrenti, vi è che, prolungate, passano lontanissime dal centro. E finalmente conclude, che venendo dal centro alla circonferenza sopra i termini dell'AB, elle sono perpendicolari: il che è tanto impossibile, quanto che delle linee tirate dal centro a tutti i punti della corda AB, sola quella che cade nel punto di mezo gli è perpendicolare, e quelle che cascano ne gli estremi termini sono più di tutte l'altre inclinate ed oblique. Vegga dunque V. S. Illustrissima a quali e quante essorbitanze avrebbe il Sarsi fatto prestar l'assenso dal suo Maestro, quando vero fusse ciò ch'in questo proposito ha scritto, cioè che quello abbia seguitate le ragioni e modi di dimostrar di Ticone nel ricercar il luogo della cometa. Vegga di più il medesimo Sarsi quant'io meglio di lui, senza adoperar astrologia né telescopio, abbia penetrato, non dirò i sensi interni dell'animo suo, perché per ispiar questi io non ho né occhi né anco orecchi, ma i sensi della sua scrittura, i quali son pur tanto chiari e manifesti, che bisogno non ci è de gli occhi lincei, gentilmente introdotti dal Sarsi, credo per ischerzare un poco sopra la nostra Academia. E perché e V. S. Illustrissima ed altri principi e signori grandi son meco a parte nello scherzo, io, per la dottrina di sopra insegnatami dal Sarsi, non curando molto i suoi motti, me la passerò sotto l'ombra loro, o, per meglio dire, illustrerò l'ombra mia col loro splendore.

Ma tornando al proposito, vegga com'egli di nuovo vuol pure ch'io abbia reputato gran mancamento nel P. Grassi l'aver egli aderito alla dottrina di Ticone, e risentitamente domanda: Chi ei doveva seguitare? forse Tolomeo, la cui dottrina dalle nuove osservazioni in Marte è scoperta per falsa? forse il Copernico, dal quale più presto si deve rivocar ognuno, mercé dell'ipotesi ultimamente dannata? Dove io noto più cose e prima, replico ch'è falsissimo ch'io abbia mai biasimato il seguitar Ticone, ancor che con ragione avessi potuto farlo, come pur finalmente dovrà restar manifesto a i suoi aderenti per l'*Antiticone* del signor cavalier Chiaramonte; sì che quanto qui scrive il Sarsi, è molto lontano dal proposito; e molto più fuor del caso s'introducono Tolomeo e Copernico, de' quali non si trova che scrivessero mai parola attenente a distanze, grandezze, movimenti e teoriche di comete, delle quali sole, e non d'altro, si è trattato, e con altrettanta occasione vi si potevano accoppiare Sofocle, e Bartolo, o Livio. Parmi, oltre a ciò, di scorgere nel Sarsi ferma credenza, che nel filosofare sia necessario appoggiarsi all'opinioni di qualche celebre autore, sì che la mente nostra, quando non si maritasse col discorso d'un altro, ne dovesse in tutto rimanere sterile ed infeconda; e forse stima che la filosofia sia un libro e una fantasia d'un uomo, come l'*Iliade* e l'*Orlando furioso*, libri ne' quali la meno importante cosa è che quello che vi è scritto sia vero. Signor Sarsi, la cosa non istà così. La filosofia è scritta in questo grandissimo libro che continuamente ci sta aperto innanzi a gli occhi (io dico l'universo), ma non si può intendere se prima non s'impara a intender la lingua, e conoscer i caratteri, ne' quali è scritto. Egli è scritto in lingua matematica, e i caratteri son triangoli, cerchi, ed altre figure geometriche, senza i quali mezi è impossibile a intenderne umanamente parola; senza questi è un aggirarsi vanamente per un oscuro laberinto. Ma posto pur anco, come al Sarsi pare, che l'intelletto nostro debba farsi mancipio dell'intelletto d'un altr'uomo (lascio stare ch'egli, facendo così tutti, e se stesso ancora, copiatori, loderà in sé quello che ha biasimato nel signor Mario), e che nelle contemplazioni de' moti celesti si debba aderire ad alcuno, io non veggo per qual ragione ei s'elegga Ticone, anteponendolo a Tolomeo e a Nicolò Copernico, de' quali due abbiamo i sistemi del mondo interi e con sommo artificio costrutti e condotti al fine; cosa ch'io non veggo che Ticone abbia fatta, se già al Sarsi non basta l'aver negati gli altri due e promessone un altro, se ben poi non esseguito. Né meno dell'aver convinto gli altri due di falsità, vorrei che alcuno lo riconoscesse da Ticone: perché, quanto a quello di Tolomeo, né Ticone né altri astronomi né il Copernico stesso potevano apertamente convincerlo, avvenga che la principal ragione, presa da i movimenti di Marte e di Venere, aveva sempre il senso in contrario; al quale dimostrandosi il disco di Venere nelle due congiunzioni e separazioni dal Sole pochissimo differente in grandezza da se stesso, e quel di Marte perigeo a pena 3 o 4 volte maggiore che quando è apogeo, già mai non si sarebbe persuaso dimostrarsi veramente quello 40 e questo 60 volte maggiore nell'uno che nell'altro stato, come bisognava che fusse quando le conversioni loro fussero state intorno al Sole, secondo il sistema Copernicano; tuttavia ciò esser vero e manifesto al senso, ho dimostrato io, e fattolo con perfetto telescopio toccar con mano a chiunque l'ha voluto vedere. Quanto poi all'ipotesi Copernicana, quando per beneficio di noi cattolici da più sovrana sapienza non fussimo stati tolti d'errore ed illuminata la nostra cecità, non credo che tal grazia e beneficio si fusse potuto ottenere dalle ragioni ed esperienze poste da Ticone. Essendo, dunque, sicuramente falsi li due sistemi, e nullo quello di Ticone, non dovrebbe il Sarsi riprendermi se con Seneca desidero la vera costituzion dell'universo. E ben che la domanda sia grande e da me molto bramata, non però tra ramarichi e lagrime deploro, come scrive il Sarsi, la miseria e calamità di questo secolo, né pur si trova minimo vestigio di tali lamenti in tutta la scrittura del signor Mario; ma il Sarsi, bisognoso d'adombrare e dar appoggio a qualche suo pensiero ch'ei desiderava di spiegare, lo va da se stesso preparando, e somministrandosi quegli attacchi che da altri non gli sono stati porti. E quando pur io deplorassi questo nostro infortunio, io non veggo quanto acconciamente possa dire il Sarsi, indarno essere sparse le mie querele, non avendo io poi modo né facoltà di tor via tal miseria, perché a me pare che appunto per questo avrei causa di querelarmi, ed all'incontro le querimonie allora non ci avrebbon luogo, quando io potessi tor via l'infortunio.

7. Ma legga ormai V. S. Illustrissima. "Et quoniam hoc loco atque hoc ad disputationem ingressu confutanda ea mihi sunt quæ minoris ponderis videntur, illud ab homine perhumano, qualem illum omnes norunt, expectassem profecto nunquam, ut, vel ipso Catone severior, lepores quosdam ac sales, apposite a nobis inter dicendum usurpatos, fastidiose adeo aversaretur, ut irrideret potius, ac diceret naturam poëticis non delectari. At ego, proh, quantum ab hac opinione distabam! naturam poëtriam ad hanc usque diem existimavi. Illa certe vix unquam poma fructusque ullos parit, quorum flores, veluti ludibunda, non præmittat. Galilæum vero quis unquam adeo durum existimasset, ut a severioribus negotiis festiva aliqua eorum condimenta longe ableganda censeret? Hoc enim Stoici potius est, quam Academici. Attamen iure is quidem nos arguat, si gravissimas quæstiones iocis ac salibus eludere, potius quam explicare, tentaremus; at vero, rationum inter gravissimarum pondera, lepide aliquando ac salse iocari quis vetat? Vetat enimvero Academicus. Non paremus. Et si illi nostra hæc urbanitas non sapit? Plures habemus, non minus eruditos, quos delectat. Neque enim hic fuit sensus virorum, et genere et doctrina clarissimorum, qui nostræ disputationi interfuere, quibus sapienter omnino factum visum est, ut cometes, triste infaustumque vulgo portentum, placido aliquo verborum lenimento tractaretur, ac prope mitigaretur. Sed hæc levia sunt, inquis. Ita est; ac proinde leviter diluenda."

Da quanto qui è scritto in poche parole sbrigandomi, dico che né il signor Mario né io siamo così austeri, che gli scherzi e le soavità poetiche ci abbiano a far nausea: di che ci sieno testimoni l'altre vaghezze interserite molto leggiadramente dal P. Grassi nella sua scrittura, delle quali il signor Mario non ha pur mosso parola per tassarle; anzi con gran gusto si son letti i natali, la cuna, le abitazioni, i funerali della cometa, e l'essersi accesa per far lume all'abboccamento e cena del Sole e di Mercurio; né pur ci ha dato fastidio che i lumi fussero accesi 20 giorni dopo cena, né meno il sapere che dov'è il Sole, le candele son superflue ed inutili, e ch'egli non cena, ma desina solamente, cioè mangia di giorno, e non di notte, la quale stagione gli è del tutto ignota: tutte queste cose senza veruno scrupolo si sono trapassate, perché, dette in cotal guisa, non ci ànno lasciato nulla da desiderare nella verità del concetto sotto cotali scherzi contenuto, il quale, per esser per sé noto e manifesto, non avea bisogno d'altra più profonda dimostrazione. Ma che in una questione massima e difficilissima, qual è il volermi persuadere trovarsi realmente, e fuor di burle, in natura un particolare orbe celeste per le comete, mentre che Ticone non si può sviluppar nell'esplicazion della difformità del moto apparente di essa cometa, la mente mia debba quietarsi e restar appagata d'un fioretto poetico, al quale non succede poi frutto veruno, questo è quello che il signor Mario rifiuta, e con ragione e con verità dice che la natura non si diletta di poesie: proposizion verissima, ben che il Sarsi mostri di non la credere, e finga di non conoscer o la natura o la poesia, e di non sapere che alla poesia sono in maniera necessarie le favole e finzioni, che senza quelle non può essere; le quali bugie son poi tanto abborrite dalla natura, che non meno impossibil cosa è il ritrovarvene pur una, che il trovar tenebre nella luce. Ma tempo è ormai che vegniamo a cose di momento maggiore; però legga V. S. Illustrissima quel che segue.

8. "Venio nunc ad graviora. Tribus potissimum argumentis cometæ locum indagandum censuit Magister meus: primum quidem, per parallaxis observationes; deinde, ex incessu eiusdem ac motu; denique, ex iis quæ tubo optico in illo observarentur. Conatur Galilæus singulis abrogare fidem, eaque suis momentis privare. Cum enim ostendissemus, cometam, ex variis diversorum locorum observationibus, parvam admodum passum esse aspectus diversitatem, ac propterea supra Lunam statuendum, ait ille, argumentum ex parallaxi desumptum nihil habere ponderis, nisi prius statuatur, sint ne illa quæ observantur vera unoque loco consistentia, an vero in speciem apparentia ac vaga. Recte is quidem; sed non erat his opus. Quid enim, si statutum iam id haberetur? Certe, cum certamen nobis præsertim esset cum Peripateticis, quorum sententia quamplurimos etiam nunc sectatores recenset, frustra ex apparentium numero cometas exclusissemus, cum nullius nostrum animum pulsaret hæc dubitatio. Sane Galilæus ipse, dum adversus Aristotelem disputat, non acriori ac validiori utitur argumento, quam ex parallaxi desumpto. Cur igitur, simili atque eadem prorsus in caussa, nobis eodem uti libere non liceret?"

Per conoscer quanto sia il momento delle cose qui scritte, basterà restringere in brevità quello che dice il signor Mario e questo che gli viene opposto. Scrisse il signor Mario in generale: "Quelli che per via della paralasse voglion determinar circa 'l luogo della cometa, ànno bisogno di stabilir prima, lei esser cosa fissa e reale, e non un'apparenza vaga, atteso che la ragion della paralasse conclude ben negli oggetti reali, ma non negli apparenti", com'egli essemplifica in molti particolari; aggiunge poi, la mancanza di paralasse rendere incompatibili le due proposizioni d'Aristotile, che sono, che la cometa sia un incendio, ch'è cosa tanto reale, e sia in aria molto vicina alla Terra. Qui si leva su il Sarsi, e dice: "Tutto sta bene, ma è fuor del caso nostro, perché noi disputiamo contro Aristotile, e vana sarebbe stata la fatica in provar che la cometa non fusse una apparenza, poi che noi convegniamo con lui in tenerla cosa reale, e come di cosa reale il nostro argomento, preso dalla paralasse, conclude; anzi (soggiunge egli) l'avversario stesso non si serve d'argomento più valido contro Aristotile; e se ei se ne serve, perché nell'istessa causa non ce ne possiamo liberamente servir noi ancora?" Or qui io non so quel che il Sarsi pretenda, né in qual cosa ei pensa d'impugnare il signor Mario, poi che ambedue dicono le medesime cose, cioè che la ragione della paralasse non vale nelle pure apparenze, ma val ben ne gli oggetti reali, ed in conseguenza val contro Aristotile, mentr'ei vuole che la cometa sia cosa reale. Qui, se si debbe dire il vero con pace del Sarsi, non si può dir altro se non ch'egli, co 'l palliare il detto del signor Mario, ha voluto abbarbagliar la vista al lettore, sì che gli resti concetto che il signor Mario abbia parlato a sproposito; perché a voler che l'obbiezzioni del Sarsi avessero vigore, bisognerebbe che, dove il signor Mario, parlando in generale a tutto il mondo, dice: "A chi vuol che l'argomento della paralasse militi nella cometa, convien che provi prima, quella esser cosa reale", bisognerebbe, dico, che avesse detto: "Se il P. Grassi vuole che l'argomento della paralasse militi contro Aristotile, che tiene la cometa esser cosa reale, e non apparente, bisogna che prima provi che la cometa sia cosa reale, e non apparente"; e così il detto del signor Mario sarebbe veramente, quale il Sarsi lo vorrebbe far apparire, un grandissimo sproposito. Ma il signor Mario non ha mai né scritte né pensate queste sciocchezze.

9. "Sed confutandæ etiam fuerint Anaxagoræ, Pythagoræorum atque Hippocratis opiniones. Nemo tamen ex iis, cometam vanum omni ex parte oculorum ludibrium affirmarat. Anaxagoras enim stellarum verissimarum congeriem esse dixit; cum Aeschylo Hippocrates nihil a Pythagoræis dissentit: Aristoteles profecto, cum eorundem Pythagoræorum sententiam exposuisset, qua dicerent cometam unum esse errantium siderum, tardissim ead nos accedens ac citissime fugiens, subdit: "Similiter autem his et qui sub Hippocrate Chio et discipulo eius Aeschylo enunciaverunt; sed comam non ex se ipso aiunt habere, sed errantem, propter locum, aliquando accipere, refracto nostro visu ab humore attracto ab ipso ad Solem." Galilæus vero, in ipso suæ disputationis exordio, dum eorumdem placita recenset, asserit dixisse illos, cometam stellam quandam fuisse, quæ, Terris aliquando propior facta, quosdam ab eadem ad se vapores extraheret, e quibus sibi, non caput, sed comam decenter aptaret. Minus igitur, ut hoc obiter dicam, ad rem facit, dum postea ex his iisdem locis probat, Pythagoræos etiam existimasse cometam ex refractione luminis extitisse; illi enim nihil in cometis vanum, præter barbam, existimarunt. Intelligit ergo, nulli horum visum unquam fuisse, cometam, si de eiusdem capite loquamur, inane quiddam ac mere apparens dicendum. Quare, cum hac in re, ad hoc usque tempus, convenirent omnes, quid erat causæ, cur facem hanc lucidissimam larvis illis ac fictis colorum ludibriis spoliaremus, ab eaque crimen illud averteremus, quod ei nullus hominum, quorum habenda foret ratio, obiecisset? Cardanus enim ac Telesius, ex quibus aliquid ad hanc rem desumpsisse videtur Galilæus, sterilem atque infelicem philosophiam nacti, nulla ab ea prole beati, libros posteris, non liberos, reliquerunt. Nobis igitur ac Tychoni satis sit, apud eos non perperam disputasse, apud quos nunquam vani ac fallacis spectri cometes incurrit suspicionem; hoc est, ipso Galilæo teste, apud omnium, quotquot adhuc fuerunt, philosophorum Academias. Quod si quis modo inventus est, qui hæc phænomena inter mere apparentia reponenda diserte docuerit, ostendam huic ego suo loco, ni fallor, quam longe cometæ ab iride, areis et coronis, moribus ac motibus distent, quibusque argumentis conficiatur, cometem, si comam excluseris, non ad Solis imperium nutumque, quod apparentibus omnibus commune est, agi, sed liberum moveri protinus ac circumferri quo sua illum natura impulerit traxeritque."

Qui volendo anco in universale mostrar, la dubitazion promossa dal signor Mario esser vana e superflua, dice, niuno autore antico o moderno, degno d'esser avuto in considerazione, aver mai stimato la cometa potere esser una semplice apparenza, e che per ciò al suo Maestro, il quale solo con questi disputava e di questi soli aspirava alla vittoria, niun mestier faceva di rimuoverla dal numero de' puri simulacri. Al che io rispondendo, dico primieramente che il Sarsi ancora con simil ragione poteva lasciare stare il signor Mario e me, poi che siam fuori del numero di quegli antichi e moderni contro i quali il suo Maestro disputava, ed abbiamo avuta intenzione di parlar solamente con quelli (sieno antichi o moderni) che cercano con ogni studio d'investigar qualche verità in natura, lasciando in tutto e per tutto ne' lor panni quegli che solo per ostentazione in strepitose contese aspirano ad esser con pomposo applauso popolare giudicati non ritrovatori di cose vere, ma solamente superiori a gli altri; né doveva mettersi con tanta ansietà per atterrar cosa che né a sé né al suo Maestro era di pregiudicio. Doveva secondariamente considerare, che molto più è scusabile uno a chi in alcuna professione non cade in mente qualche particolare attenente a quella, e massime quando né anco a mille altri, che abbiano professato il medesimo, è sovvenuto, che quegli a cui venga in mente, e presti l'assenso a cosa che sia vana ed inutile in quell'affare; ond'ei poteva e doveva più tosto confessare che al suo Maestro, com'anco a nessun de' suoi antecessori, non era passato per la mente il concetto che la cometa potesse essere una apparenza, che sforzarsi per dichiarar vana la considerazion sovvenuta a noi: perché quello, oltre che passava senza niuna offesa del suo Maestro, dava indizio d'una ingenua libertà, e questo, non potendo seguire senza offesa della mia reputazione (quando gli fusse sortito l'intento), dà più tosto segno d'animo alterato da qualche passione. Il signor Mario, con isperanza di far cosa grata e profittevole agli studiosi del vero, propose con ogni modestia, che per l'avvenire fusse bene considerare l'essenza della cometa, e s'ella potesse esser cosa non reale, ma solo apparente, e non biasimò il P. Grassi né altri, che per l'addietro non l'avesser fatto. Il Sarsi si leva su, e con mente alterata cerca di provare, la dubitazione essere stata fuor di proposito, ed esser di più manifestamente falsa; tuttavia per trovarsi, come si dice, *in utrumque paratus*, in ogni evento ch'ella apparisse pur degna di qualche considerazione, per ispogliarmi di quella lode che arrecar mi potesse, la predica per cosa vecchia del Cardano e del Telesio, ma disprezzata dal suo Maestro come fantasia di filosofi deboli e di niun seguito; ed in tanto dissimula, e non sente con quanta poca pietà egli spoglia e denuda coloro di tutta la reputazione, per ricoprire un piccolissimo neo di quella del suo Maestro. Se voi, Sarsi, vi fate scolare di quei venerandi Padri nella natural filosofia, non vi fate già nella morale, perché non vi sarà creduto. Quello che abbiano scritto il Cardano e 'l Telesio, io non l'ho veduto, ma per altri riscontri, che vedremo appresso, posso facilmente conghietturare che il Sarsi non abbia ben penetrato il senso loro. In tanto non posso mancare, per avvertimento suo e per difesa di quelli, di mostrar quanto improbabilmente ei conclude la lor poca scienza della filosofia dal piccol numero de' suoi seguaci. Forse crede il Sarsi, che de' buoni filosofi se ne trovino le squadre intere dentro ogni ricinto di mura? Io, signor Sarsi, credo che volino come l'aquile, e non come gli storni. È ben vero che quelle, perché son rare, poco si veggono e meno si sentono, e questi, che volano a stormi, dovunque si posano, empiendo il ciel di strida e di rumori, metton sozzopra il mondo. Ma pur fussero i veri filosofi come l'aquile, e non più tosto come la fenice. Signor Sarsi, infinita è la turba de gli sciocchi, cioè di quelli che non sanno nulla; assai son quelli che sanno pochissimo di filosofia; pochi son quelli che ne sanno qualche piccola cosetta; pochissimi quelli che ne sanno qualche particella; un solo Dio è quello che la sa tutta. Sì che, per dir quel ch'io voglio inferire, trattando della scienza che per via di dimostrazione e di discorso umano si può da gli uomini conseguire, io tengo per fermo che quanto più essa participerà di perfezzione, tanto minor numero di conclusioni prometterà d'insegnare, tanto minor numero ne dimostrerà, ed in conseguenza tanto meno alletterà, e tanto minore sarà il numero de' suoi seguaci: ma, per l'opposito, la magnificenza de' titoli, la grandezza e numerosità delle promesse, attraendo la natural curiosità de gli uomini e tenendogli perpetuamente ravvolti in fallacie e chimere, senza mai far loro gustar l'acutezza d'una sola dimostrazione, onde il gusto risvegliato abbia a conoscer l'insipidezza de' suoi cibi consueti, ne terrà numero infinito occupato; e gran ventura sarà d'alcuno che, scorto da straordinario lume naturale, si saprà torre da i tenebrosi e confusi laberinti ne i quali si sarebbe coll'universale andato sempre aggirando e tuttavia più avviluppando. Il giudicar dunque dell'opinioni d'alcuno in materia di filosofia dal numero de i seguaci, lo tengo poco sicuro. Ma ben ch'io stimi, piccolissimo poter esser il numero de i seguaci della miglior filosofia, non però concludo, pel converso, quelle opinioni e dottrine esser necessariamente perfette, le quali ànno pochi seguaci; imperocché io intendo molto bene, potersi da alcuno tenere opinioni tanto erronee, che da tutti gli altri restino abbandonate. Ora, da qual de' due fonti derivi la scarsità de' seguaci de' due autori nominati dal Sarsi per infecondi e derelitti, io non lo so, né ho fatto studio tale nell'opere loro, che mi potesse bastar per giudicarle.

Ma tornando alla materia, dico che troppo tardi mi par che il Sarsi voglia persuaderci che il suo Maestro, non perché non gli cadesse in mente, ma perché disprezzò come cosa vanissima il concetto che la cometa potess'essere un puro simulacro, e che in questi non milita l'argomento della paralasse, non ne fece menzione: tarda, dico, è cotale scusa, perché quand'egli scrisse nel suo *Problema*: "Statuo, rem quamcunque inter firmamentum et Terram constitutam, si diversis e locis spectetur, diversis etiam firmamenti partibus responsuram", chiaramente si dimostrò, non gli esser venuto in mente l'iride e l'alone, i parelii ed altre reflessioni, che a tal legge non soggiacciono, le quali ei doveva nominare ed eccettuare, e massime ch'egli stesso, lasciando Aristotile, inclina all'opinione del Kepplero, che la cometa possa essere una reflessione. Ma seguendo più avanti, mi par di vedere che il Sarsi faccia gran differenza dal capo della cometa alla sua barba o chioma, e che quanto alla chioma possa esser veramente ch'ella sia un'illusione della nostra vista e una apparenza, e che tale l'abbiano stimata ancora quei Pittagorici nominati da Aristotile; ma quanto al capo stima che sia necessariamente cosa reale, e che niuno l'abbia mai creduto altrimenti. Or qui vorrei io una bene specificata distinzione tra quello che il Sarsi intende per reale e quello ch'egli stima apparente, e qual cosa sia quella che fa esser reale quello ch'è reale, e apparente quello ch'è apparente: perché, s'egli chiama il capo reale per esser in una sostanza e materia reale, io dico che anco la chioma è tale; sì che chi levasse via quei vapori ne' quali si fa la reflession della vista nostra al Sole, sarebbe tolta parimente la chioma, come al tor via delle nuvole si toglie l'iride e l'alone: e s'ei domanda la chioma finta perché senza la reflession della vista al Sole ella non sarebbe, io dico che anco del capo seguirebbe l'istesso; sì che tanto la chioma quanto il capo non son altro che reflession di raggi in una materia, qualunqu'ella si sia; e che in quanto reflessioni sono pure apparenze, in quanto alla materia son cosa reale. E se il Sarsi ammette che alla mutazion di luogo del riguardante faccia o possa far mutazion di luogo la generazion della chioma nella materia, io dico che del capo ancora può nel medesimo modo seguir l'istesso; e non credo che quei filosofi antichi stimassero altrimenti, perché, se, verbigrazia, avesser creduto il capo esser realmente una stella per se stessa, lucida e consistente, e solo la chioma apparente, avrebber detto che quando per l'obliquità della sfera non si fa la refrazzion della nostra vista al Sole, non si vede più la chioma, ma sì ben la stella, ch'è capo della cometa; il che non dissero, ma dissero che in tutto non si vedeva cometa: segno evidente, la generazion d'ambedue esser l'istessa. Ma detto o non detto che ciò sia da gli antichi, vien messo in considerazione adesso dal signor Mario con assai sensate ragioni di dubitare, le quali devono esser ponderate, come pure fa ancora l'istesso Sarsi; e noi a suo luogo anderemo considerando quanto egli ne scrive.

10. Intanto segua V. S. Illustrissima di leggere: "Eadem prorsus ratione respondendum mihi est ad ea quæ argumento ex motu desumpto obiiciuntur. Nos enim ex eo, quod loca cometæ singulis diebus respondentia in plano, ad modum horologii, descripta in una recta linea reperirentur, motum illum in circulo maximo fuisse necessario inferebamus: obiicit autem Galilæus, "non deduci id necessario; quia, si incessus cometæ revera in linea recta fuisset, sic etiam loca ipsius, ad modum horologii descripta, lineam rectam constituissent; non tamen fuisset motus hic in circulo maximo". Sed quamvis verissimum sit, motum etiam per lineam rectam repræsentari debuisse rectum; cum tamen adversus eos lis esset, qui vel de cometæ motu circulari nihil ambigerent, vel quibus rectus hic motus nunquam venisset in mentem, hoc est contra Anaxagoram, Pythagoræos, Hippocratem et Aristotelem, atque illud tantum quæreretur, an cometes, qui in orbem agi credebatur, maiores an potius minores lustraret orbes; non inepte, sed prorsus necessario, ex motu in linea recta

apparente inferebatur circulus ex motu descriptus maximus fuisse: nemo enim adhuc motum hunc rectum et perpendicularem invexerat. Quamvis enim Keplerus ante Galilæum, in appendicula de motu cometarum, per lineas rectas eundem motum explicare contendat, ille tamen nihilominus vidit, in quales sese difficultates indueret: quare neque ad Terram perpendicularem esse voluit motum hunc, sed transversum; neque æqualem, sed in principio ac fine remissiorem, celerrimum in medio; eumque præterea fulciendum Terræ ipsius motu circulari existimavit, ut omnia cometarum phænomena explicaret; quæ nobis catholicis nulla ratione permittuntur. Ego igitur opinionem illam, quam pie ac sancte tueri non liceret, pro nulla habendam duxeram. Quod si postea, paucis mutatis, motum hunc rectum cometis tribuendum putavit Galilæus, id quam non recte præstiterit inferius singillatim mihi ostendendum erit. Intelligat interim, nihil nos contra logicæ præcepta peccasse, dum ex motu in linea recta apparente orbis maximi partem eodem descriptam fuisse deduximus. Quid enim opus fuerat motum illum rectum et perpendicularem excludere, quem in cometis nusquam reperiri constabat?"

Aveva il signor Guiducci, con quell'onestissimo fine d'agevolar la strada agli studiosi del vero, messo in considerazione l'equivoco che prendevano quegli che, dall'apparir la cometa mossa per linea retta, argumentavano il movimento suo esser per cerchio massimo, avvertendogli che, se bene era vero che il moto per cerchio massimo sempre appariva retto, non era però necessariamente vero il converso, cioè che il moto che apparisse retto fusse per cerchio massimo, come venivano ad aver supposto quegli che dall'apparente moto retto inferivano, la cometa muoversi per cerchio massimo: tra i quali era stato il P. Grassi, il quale, forse quietandosi nell'autorità di Ticone, che prima aveva equivocato, trapassò quello che forse non avrebbe passato quando non avesse avuto tal precursore; il che rende assai scusabile appresso di me il piccolo errore del Padre, il quale credo anco che dell'avvertimento del signor Mario abbia fatto capitale e tenutogliene buon grado. Vien ora il Sarsi, e continuando nel suo già impresso affetto, s'ingegna di far apparir l'avvertimento innavvertenza e poca considerazione, credendo in cotal guisa salvar il suo Maestro: ma a me pare che ne segua contrario effetto (quando però il Padre prestasse il suo assenso alle scuse e difese del Sarsi), e che per ischivare un error solo, incorrerebbe in molti.

E prima, seguitando il Sarsi di reputar vano e superfluo l'avvertir quelle cose che né esso né altri ha avvertite, dice che, disputando il suo Maestro con Aristotile e con Pittagorici, che mai non avevano introdotto per le comete movimento retto, fuor del caso sarebbe stato ch'avesse tentato di rimuoverlo. Ma se noi ben considereremo, questa scusa non solleva punto il Padre: perché non avendo mai li medesimi avversari introdotto per le comete il moto per cerchi minori, altrettanto resta superfluo il dimostrar ch'elle si muovono per cerchi massimi. Bisogna dunque al Sarsi, o trovar che quegli antichi abbiano scritto, le comete muoversi per cerchi minori, o confessare che il suo Maestro sia del pari stato superfluo nel considerare il moto per cerchio massimo, come sarebbe stato nel considerare il retto.

Anzi (e sia per la seconda instanza), stando pur nella regola del Sarsi, assai maggior mancamento è stato il lasciar senza considerazione il moto retto, poi che pur v'era il Keppler che attribuito l'aveva alle comete, ed il medesimo Sarsi lo nomina. Né mi pare che la scusa ch'egli adduce sia del tutto sofficiente, cioè che per tirarsi tale opinion del Keppler in conseguenza la mobilità della Terra, proposizione la quale piamente e santamente non si può tenere, egli per ciò la reputava per niente; perché questo doveva più tosto essergli stimolo a distruggerla e manifestarla per impossibile: e forse non è mal fatto il dimostrar anco con ragioni naturali, quando ciò si possa, la falsità di quelle proposizioni che son dichiarate repugnanti alle Scritture Sacre.

Terzo, resta ancor manchevole la scusa del Sarsi, perché non solamente il moto veramente retto apparisce per linea retta, ma qualunque altro, tuttavolta che sia fatto nel medesimo piano nel quale è l'occhio del riguardante; il che fu pure accennato dal signor

Mario: sì che bisognerà al Sarsi trovar modo di persuaderci che né anco alcuno altro movimento, fuor del circolare, sia mai caduto in mente ad alcuno potersi assegnare alle comete; il che non so quanto acconciamente gli potesse succedere; perché, quando niuno altro l'avesse detto, l'ha pure egli stesso scritto pochi versi di sotto, quando, per difesa della digression dal Sole di più di 90 gradi, ei dà luogo al moto non circolare, ed ammette quello per linea ovata, anzi pur, bisognando, per qualsivoglia linea irregolare ancora. È dunque necessario, o che l'istesso movimento sia or circolare or ovale or del tutto irregolare, secondo il bisogno del Sarsi, o ch'ei confessi la difesa pel suo Maestro esser difettosa.

Quarto, ma che sarà quando io ammetta, il moto della cometa esser, non solo per commune opinione, ma veramente e necessariamente, circolare? Stimerà forse il Sarsi, esser perciò dal suo Maestro o da altri, dall'apparir quello per retta linea, concludentemente dimostrato esser per cerchio massimo? So che il Sarsi ha sin ora creduto di sì, e si è ingannato, ed io lo trarrei d'errore, quando credessi di non gli dispiacere; e per ciò fare l'interrogherei, quali nella sfera ei domanda cerchi massimi. So che mi risponderebbe, quelli che passando per lo centro di quella (ch'è anco il centro della Terra), la dividono in due parti uguali. Io gli soggiungerei: “Adunque i cerchi descritti da Venere, da Mercurio e da' pianeti Medicei non sono altrimenti cerchi massimi, anzi piccolissimi, avendo questi per lor centro Giove, e quelli il Sole; tuttavia se s'osserverà quali si mostrino i movimenti loro, gli troveremo apparir per linee rette; il che avviene per esser l'occhio nostro nel medesino piano nel quale son anco i cerchi descritti dalle nominate stelle.” Concludiamo per tanto che dall'apparirci un moto retto altro non si può concludere salvo che l'esser fatto, non per la circonferenza d'un cerchio massimo più che per quella d'un minore, ma solamente esser fatto nel piano che passa per l'occhio, cioè nel piano d'un cerchio massimo; e che in se stesso quel moto può esser fatto per linea circolare, ed anco per qual si voglia altra quanto si voglia irregolare, ché sempre apparirà retto; e che però, non essendo le due proposizioni già da noi essaminate convertibili, il prender l'una per l'altra è un equivocare, ch'è poi peccare in logica.

Se io credessi che il Sarsi non fusse per volermene male, vorrei che noi gli conferissimo un'altra simil fallacia, la quale veggo ch'è da grandissimi uomini trapassata, e forse l'istesso Sarsi non vi ha fatto reflessione; ma non vorrei fargli dispiacere col mostrargli di non l'aver io ancora, con tanti altri più perspicaci di me, trascorsa. Ma sia come si voglia, la voglio conferire a V. S. Illustrissima. È stato con arguta osservazion notato, che l'estremità della coda, il capo delle comete ed il centro del disco del Sole si scorgono sempre secondo la medesima linea retta; dal che si è preso gagliarda conghiettura, detta coda essere un distesa refrazzione del lume solare, diametralmente opposta al Sole; ned è, per quanto io sappia, sin qui caduto in considerazione ad alcuno, come il mostrarcisi il Sole e tutto il tratto della cometa in linea retta non concluda che necessariamente la linea retta tirata per l'estremità della coda e pel capo della cometa vada, prolungata, a terminar nel Sole. Per apparir tre o più termini in linea retta, basta che sieno collocati nel medesimo piano che l'occhio: e così, per essempio, Marte o la Luna talora si vederanno in mezo direttamente tra due stelle fisse, ma non perciò la linea retta che congiungesse le due stelle passerebbe per Marte o per la Luna. Dall'apparir, dunque, la coda della cometa direttamente opposta al Sole, altro non si può necessariamente concludere, che l'esser nel medesimo piano coll'occhio.

Or sia, nel quinto luogo, notata certa, dirò così, incostanza nelle parole verso il fine delle lette da V. S. Illustrissima e da me essaminate; dove il Sarsi si prende assunto di voler più a basso mostrare quanto malamente io, cioè il signor Mario, abbia attribuito alla cometa il moto retto, e poi, tre versi più a basso, dice non esser bisogno alcuno d'escluder questo moto retto, il qual era certo e manifesto già mai non ritrovarsi nelle comete. Ma se l'impossibilità di questo moto è certa e manifesta, a che proposito mettersi a volerla escludere? ed in qual modo è ella certa e manifesta, se, per detto del Sarsi, nessuno l'ha pur mai non solamente confutata, ma né anco considerata? Al Keppleró solo, dic'egli, è tal moto venuto in considerazione. Ma il

Kepplero non lo confuta, anzi l'introduce per possibile e vero. Parmi che 'l Sarsi, sentendosi di non poter far altro, cerchi d'avviluppare il lettore: ma io cercherò di disfare i viluppi.

11. "Sed dum illud præterea hoc loco nobis obiicit: "Si cometes circa Solem ageretur, cum integro quadrante ab eodem Sole recesserit, futurum aliquando ut ad Terram usque descenderet", non venit illi in mentem fortasse, non uno modo circa Solem cometam agi potuisse. Quid enim, si circulus, quo vehebatur, eccentricus Soli fuisset, et maiori sui parte aut supra Solem existente, aut ad septentrionem vergente? Quid, si motus circularis non fuisset, sed ellipticus, et quidem summa imaque parte compressus, longe vero exporrectus in latera? Quid, si ne ellipticus quidem, sed omnino irregularis, cum præsertim, ex ipsius Galilæi systemate, nullo plane impedimento cometis, quocunque liberet, moveri licuerit? Ut sane propterea timendum non esset, ne cometarum lucem Tellus aut Tartarus e propinquo visurus umquam foret."

Qui, primieramente, se io ammetto l'accusa che mi dà il Sarsi di poco considerato, mentre non mi siano venuti in mente i diversi moti ch'attribuir si possono alla cometa, non so com'egli potrà scolpare dalla medesima nota il suo Maestro, il quale non considerò il potersi ella muover di moto retto; e s'egli scusa il suo Maestro col dire che tal considerazione sarebbe stata superflua, non sendo stato da niun altro autore introdotto tal movimento, non veggo di meritar d'essere accusato io, ma sì ben nell'istesso modo debbo essere scusato, non si trovando autor nessuno ch'abbia introdotti questi moti stranieri ch'ora nomina il Sarsi. In oltre, signor Sarsi, toccava al vostro Maestro, e non a me, a pensare a questi movimenti per li quali si potesse render convenevol ragione delle digressioni così grandi della cometa; e se alcuno ve n'è accommodato a tal bisogno, doveva nominarlo e quel solo accettare, e non lasciarlo sotto silenzio e introdurre con Ticone il semplice circolare intorno al Sole, inettissimo a salvar cotale apparenza, e voler poi che non esso ma noi avessimo commesso fallo, in non indovinare ch'ei potesse internamente aver dato ricetto a pensieri diversissimi da quello ch'aveva scritto. Di più, il signor Mario non ha mai detto che non sia in natura modo alcuno di salvar la digressione d'una quarta (anzi se tal digressione è stata, ben chiara cosa è che ci è anco il modo com'ella è stata); ma ha detto: "Nell'ipotesi ricevuta dal Padre non si può far tal digressione senza che la cometa tocchi la Terra, e anco la penetri." Vana, dunque, è sin qui la scusa del Sarsi. Ma fors'ei pretende ch'ogni leggiera scusa si debba ammettere per lo suo Maestro, ma che per me ogni più gagliarda resti invalida; e se questo è, io volentieri mi quieto, e liberamente gliel concedo.

E vengo, nel secondo luogo, a produrre altra scusa per me (vestito della persona del signor Mario); e con ingenuità confessando, non m'esser venuti in mente i movimenti per eccentrici o per linee ovali o per altre irregolari, dico ciò essere accaduto perch'io non soglio dar orecchio a' concetti che non ànno che fare in quel proposito di che si tratta. E che vuol fare il Sarsi del moto intorno al Sole in una figura ovale, per far digredir la cometa una quarta? cred'egli forse che, coll'allungar per un verso e stringer per l'altro tal figura, gli possa succedere l'intento? certo no, quando anco ei l'allungasse in infinito. E la medesima impossibilità cade nell'eccentrico che sia per la minor parte sotto il Sole. E per intelligenza del Sarsi, V. S. Illustrissima potrà una volta, incontrandolo, proporgli due tali linee rette

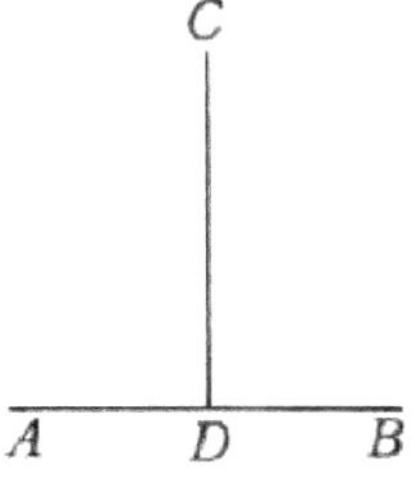

AB, CD, delle quali la CD sia perpendicolare all'AB, e dirgli che supponendo la retta DC esser quella che va dall'occhio al Sole, quella per la quale si ha da vedere la cometa digredita 90 gradi, bisogna che di necessità sia la DA o vero DB, essendo communemente conceduto, il moto apparente della cometa esser nel piano d'un cerchio massimo: lo preghi poi, che per nostro ammaestramento egli descriva l'eccentrico o l'ovato nominati da lui, per li quali movendosi la cometa possa abbassarsi tanto ch'ella venga veduta per la linea ADB, perché io confesso di non lo saper fare. E sin qui vengono esclusi due de' proposti modi: ci resta l'altro eccentrico col centro declinante a destra o a sinistra della linea DC, e la linea irregolare. Quanto all'eccentrico, è vero che non è del tutto impossibile a disegnarsi in carta in maniera che causi la cercata digressione; ma dico bene al Sarsi che s'ei si metterà a delinear il Sole cogli orbi di Mercurio e di Venere attorno, e di più la Terra circondata dall'orbe della Luna, come di necessità convien fare l'uno e l'altro, e poi si porrà a volervi ingarbare un tale eccentrico per la cometa, credo certo che se gli rappresenteranno tali essorbitanze e mostruosità, che quando bene con tale scusa ei potesse sollevare il suo Maestro, si spaventerebbe a farlo. Quanto poi alle linee irregolari, non è dubbio nessuno che non solamente questa, ma qualsivoglia altra apparenza si può salvare: ma voglio avvertire il Sarsi che l'introdur tal linea non pur non gioverebbe alla causa del suo Maestro, ma più gravemente gli pregiudicherebbe, e questo non solamente perch'ei non l'ha nominata mai, anzi accettò la linea circolare regolarissima, per così dire, sopra ogn'altra, ma perché maggior leggerezza sarebbe stata il proporla; il che potrebbe intendere il Sarsi medesimo, tuttavolta ch'ei considerasse che cosa importi linea irregolare. Chiamansi linee regolari quelle che, avendo la loro descrizzione una, ferma e determinata, si possono definire, e di loro dimostrare gli accidenti e proprietà: e così la spirale è regolare, e si definisce nascer da due moti uniformi, l'un retto e l'altro circolare; così l'ellittica, nascendo dalla sezzion del cono e del cilindro, etc. Ma le linee irregolari son quelle che, non avendo determinazion veruna, sono infinite e casuali, e perciò indefinibili, né di esse si può, in conseguenza, dimostrar proprietà alcuna, né in somma saperne nulla. Sì che il voler dire "Il tale accidente accade mercé di una linea irregolare" è il medesimo che dire "Io non so perché ei s'accaggia"; e l'introduzzione di tal linea non è punto migliore delle simpatie, antipatie, proprietà occulte, influenze ed altri termini usati da alcuni filosofi per maschera della vera risposta, che sarebbe "Io non lo so", risposta tanto più tollerabile dell'altre, quant'una candida sincerità è più bella d'un'ingannevol doppiezza. Fu dunque molto più avveduto il P. Grassi a non propor cotali linee irregolari come bastanti a soddisfare al quesito, che il suo scolare a nominarle.

È ben vero, s'io devo liberamente dire il mio parere, che io credo che il Sarsi medesimo abbia benissimo ed internamente compresa l'inefficacia delle sue risposte, e che poco fondamento ci abbia fatto sopra; il che conghietturo io dall'essersene con gran brevità spedito, ancor che il punto fusse principalissimo nella materia che si tratta, e le difficoltà promosse dal signor Mario gravissime: ed egli di se medesimo mi è buon testimonio mentre, alla fac. 16, parlando di certo argomento usato dal suo Maestro, scrive: "Cæterum, quanti hoc argumentum apud nos esset, satis arbitror ex eo poterat intelligi, quod paucis adeo ac plane ieiune propositum fuerit, cum prius reliqua duo longe accuratius ac fusius fuissent explicata." E con qual brevità e quanto sobriamente egli abbia tocco questo, veggasi, oltre all'altre cose, dal non aver pur fatte le figure degli eccentrici e dell'ellissi introdotte per salvare il tutto; dove che più a basso incontreremo un mar di disegni inseriti in un lungo discorso, per riprovar poi una esperienza che in ultimo non reca pure un minimo ristoro alla principale intenzione che si ha in quel luogo. Ma, senz'andar più lontano, entri pur V. S. Illustrissima in un oceano di distinzioni, sillogismi ed altri termini logicali, e troverà esser fatta dal Sarsi stima grandissima di cosa che, liberamente parlando, io stimo assai meno della lana caprina.

12. "Sed quando Magistro meo logicæ imperitiam Galilæus obiecit, patiatur experiri nos, quam exacte eiusdem ipse facultatis leges servaverit: neque hoc multis; uno enim

aut altero exemplo contenti erimus.

Dixeramus, stellas tubo inspectas minimum, ad sensum, incrementum suscepisse. "Sed cum stellæ, inquit ille, quamplurimæ, quæ perspicacissimos quosque oculos fugiunt, per tubum conspiciantur, non insensibile, sed infinitum potius, incrementum ab illo accepisse dicendæ erunt; nihil enim atque aliquid infinito plane distant intervallo." Ex eo igitur, quod aliquid videatur cum prius non videretur, infert Galilæus obiecti incrementum infinitum, incrementum, inquam, apparens saltem, quantitatis. At ego, neque infinitum, neque incrementum quidem ullum, inferri posse existimo. Et primo quidem, quamquam verum sit, iter hoc quod est videri, et hoc quod est non videri, distantiam esse infinitam, una saltem ex parte, atque hæc duo proportionem illam habere quam nihil atque aliquid, hoc est proportionem prorsus nullam; cum tamen id quod non erat, esse incipit, crescere aut augeri non dicitur, quod augmentum omne aliquid semper ante supponat, neque mundum, cum primum a Deo creatus est, infinite auctum dicimus, cum nihil antea præfuisset: est enim augeri, fieri aliquid maius, cum prius esset minus. Quare ex eo, quod aliquid prius non videretur, videatur autem postea, inferri non potest, ne in ratione quidem visibilis, augmentum infinitum. Sed hoc interim nihil moror; vocetur augmentum transitus de non esse ad esse: ulterius pergo. Ipse tamen, cum ex eo quod stellæ, antea non visæ, per tubum inspectæ fuerint, intulit a tubo illas infinitum incrementum accepisse, meminisse debuerat, affirmasse se alibi tubum eundem in eadem proportione augere omnia. Si ergo stellas, quas nudis oculis videmus, auget in certa ac determinata proportione, puta in centupla, illas etiam minimas, quæ oculos fugiunt, cum in aspectum profert, in eadem proportione augebit: non igitur infinitum erit illarum incrementum, hoc enim nullam admittit proportionem.

Secundo, ad hoc, ut inter visibile et non visibile intercedat augmentum infinitum in apparenti quantitate, id enim significat vox incrementi ab illo usurpata, necesse est ostendere inter quantitatem visam et non visam distantiam esse infinitam in ratione quanti; alioquin nunquam inferetur hoc augmentum infinitum. Si quis enim ita argumentetur: "Cum quid transit de non visibili ad visibile, augetur infinite; sed stellæ transeunt de non visibili ad visibile; ergo augentur infinite", distinguenda erit maior: augentur infinite in ratione visibilis, esto; augentur in ratione quanti, negatur. Sic enim etiam consequens eadem distinctione solvetur: augentur in ratione visibilis, non autem in ratione quanti. Ex quibus apparet, terminum incrementi non eodem modo sumi in maiori propositione atque in consequentia; in illa siquidem pro incremento visibilitatis accipitur, in hac vero pro augmento quantitatis: hoc autem quam logicæ legibus consentaneum sit, videat Galilæus.

Tertio, aio ne ullum quidem, augmentum inde inferri posse. Logicorum enim lex est, quotiescumque effectus aliquis a pluribus causis haberi potest, male ex effectu ipso unam tantum illarum inferri: verbi gratia, cum calor haberi possit ab igne, a motu, a Sole, aliisque causis, male quis inferet, Hic calor est, ergo ab igne. Cum ergo hoc, quod est videri aliquid cum prius non videretur, a multis etiam causis pendere possit, non poterit ex illa visibilitate una tantum illarum causarum deduci. Posse autem hunc effectum a pluribus causis haberi, apertissimum esse arbitror: manente enim, primum, obiecto ipso immutato, si vel potentia visiva augeatur in se ipsa, vel impedimentum aliquod auferatur, si adsit, vel instrumento aliquo, qualia sunt specilla, eadem potentia fortior evadat, vel certe, immutata potentia, obiectum ipsum aut illuminetur clarius aut propius accedat ad visum aut eius denique moles excrescat; unum ex his satis erit ad eumdem effectum producendum. Cum ergo infertur, ex eo quod stellæ videantur, cum prius laterent, infinitum illas augmentum accepisse, ad logicorum normam id minus recte colligitur, quod aliæ causæ omissæ sint ex quibus idem effectus haberi poterat. Sane nihil est quod tubo hoc incrementum tribuat Galilæus; si enim vel clausos tantum oculos semel aperiat, augeri omnia infinite æque vere pronunciabit, cum prius non viderentur, modo videantur. Quod si dicat, sibi de iis tantum loquendum fuisse, quæ a tubo haberi possent, cum solum hic de tubo ageretur, potuisse proinde se alias causas omittere;

respondeo, ne id quidem ad rectam argumentationem satis esse: tubus enim ipse non uno tantum modo ea, quæ sine illo non videntur, in conspectum profert; primo quidem, obiecta sub maiori angulo ad oculum ferendo, ex quo fit ut maiora videantur; secundo, radios ac species in unum cogendo, ex quo fit ut efficacius agant: horum autem alterum satis est ad hoc, ut videantur ea quæ prius aspectum fugiebant. Non licuit ergo ex hoc effectu alteram tantum illarum causarum inferre.

Quarto, ne id quidem logicorum legibus congruit, stellas, si per tubum non augentur, ab eodem, singulari sane eiusdem prærogativa instrumenti, illuminari. Ex quibus videtur Galilæus duobus his membris adæquate specillorum effecta partiri, quasi diceret: Specillum vel stellas auget, vel easdem illuminat; non auget, ergo illuminat. Lex tamen alia logicorum est, in divisione membra omnia dividentia includi debere: sed in hac Galilæi divisione neque omnia specilli effecta includuntur, neque ea quæ numerantur eius propria sunt; illuminatio enim, ut ipse quidem existimat, tubi effectus esse non potest; et specierum aut radiorum coactio, quæ proprie a specillis habetur, ab eodem omittitur: vitiosa igitur fuit eiusdem divisio. Nec plura hic addo: pauca autem hæc, quæ uno ferme loco forte inter legendum offendi, adnotare volui, aliis interim omissis, ut intelligat, disputationem suam ea culpa non vacare, quam ipse in aliis repræhendit.

Sed quid (libet enim hoc loco rem Galilæo adhuc inauditam non omittere), quid, inquam, si quam ipse prærogativam tubo suo tribuere non audet, illam ego eidem tribuendam esse ostendero? Tubus, inquit, vel obiecta auget, vel certe, occulta quadam atque inaudita vi, eadem scilicet illuminat. Ita est: tubus luminosa omnia magis illuminat. Hoc si ostendero, næ ego magnam me apud Galilæum initurum gratiam spero; dum tubum, cuius amplificatione merito gloriatur, hac etiam inaudita prærogativa donavero. Age igitur, tubo eodem ideo augeri dicimus obiecta, quia hæc ab eo ad oculum feruntur maiori angulo, quam cum sine tubo conspiciuntur; quæcumque autem sub maiori angulo conspiciuntur, ea maiora videntur, ex opticis: sed tubus idem luminosorum species et dispersos radios dum cogit et ad unum fere punctum colligit, conum visivum, seu piramidem luminosam qua obiecta lucida spectantur, longe lucidiorem efficit, et proinde luminosa obiecta splendidiore piramide ad oculum vehit: ergo pari ratione dicetur tubus stellas illuminare, sicuti easdem augere dicitur. Quemadmodum enim angulus maior vel minor, sub quo res conspicitur, rem maiorem minoremve ostendit, ita piramis magis minusve luminosa, per quam corpus luminosum aspicitur, idem obiectum lucidum magis aut minus monstrabit. Fieri autem lucidiorem piramidem opticam ex radiorum coactione, satis manifeste et experientia et ratio ipsa ostendunt. Hæc siquidem docet, lumen idem, quo minori compræhenditur spatio, eo magis illuminare locum in quo est; at radii in unum coacti lumen idem minori spatio claudunt; ergo et hoc idem magis illuminant. Experientia vero idem probabitur, si lentem vitream Soli exponamus; videbimus enim in radiis ad unum punctum coactis, non solum ligna comburi et plumbum liquescere, sed oculos eo lumine, utpote clarissimo, pene excæcari. Quare assero, tam vere dici stellas tubo illuminari, quam easdem eodem tubo augeri. Bene igitur est ac perbeate tubo huic nostro, quando stellas ipsas ac Solem, clarissima lumina, illustrare etiam clarius per me iam potest."

Qui, come vede V. S. Illustrissima, in contracambio dell'equivoco nel quale il P. Grassi era, come il signor Guiducci avverte, incorso, seguendo l'orme di Ticone e d'altri, vuole il Sarsi mostrare, me aver altrettanto, o più, errato in logica; mentre che per mostrare, l'augumento del telescopio esser nelle stelle fisse quale negli altri oggetti, e non insensibile o nullo, come aveva scritto il Padre, si argumentò in cotal forma: "Molte stelle del tutto invisibili a qualsivoglia vista libera si rendon visibilissime col telescopio; adunque tale augumento si doverebbe più tosto chiamare infinito che nullo." Qui insorge il Sarsi, e con lunghissime contese fa forza di dichiararmi pessimo logico, per aver chiamato tale ingrandimento infinito: alle quali tutte, perché ormai sento grandissima nausea da quelle altercazioni nelle quali io altresì nella mia fanciullezza, mentr'ero ancor sotto il pedante, con diletto m'ingolfavo, risponderò breve e semplicemente, parermi che il Sarsi apertamente si mostri quale egli tenta di mostrar me, cioè poco intendente di logica, mentr'ei piglia per assoluto quello ch'è detto in relazione. Mai non si è detto, l'accrescimento nelle stelle fisse esser infinito; ma avendo scritto il Padre, quello esser nullo, ed il signor Mario avvertitolo, ciò non esser vero, poi che moltissime stelle di totalmente invisibili si rendono visibilissime, soggiunse, tale accrescimento doversi più tosto chiamare infinito che nullo. E chi è così semplice che non intenda che chiamandosi il guadagno di mille, sopra cento di capitale, grande, e non nullo, il medesimo sopra diece, grandissimo, e non nullo, e' non intenda, dico, che l'acquisto di mille sopra il niente più tosto si deva chiamare infinito che nullo? Ma quando il signor Mario ha parlato dell'accrescimento assoluto, sa pur il Sarsi, ed in molti luoghi l'ha scritto, ch'egli ha detto, esser come di tutti gli altri oggetti veduti coll'istesso strumento; sì che quando in questo luogo ei vuol tassar il signor Mario di poca memoria, dicendo ch'ei si doveva pur ricordare d'avere altra volta detto che il medesimo strumento accresceva tutti gli oggetti nella medesima proporzione, l'accusa è vana. Anzi, quando anco senz'altra relazione il signor Mario l'avesse chiamato infinito, non avrei creduto che si fusse per trovar alcuno così cavilloso, che vi si fusse attaccato, essendo un modo di parlare tutto il giorno usitato il porre il termine d'infinito in luogo del grandissimo. Largo campo avrà il Sarsi di mostrarsi maggior logico di tutti gli scrittori del mondo, ne i quali io l'assicuro ch'ei troverà la parola *infinito* presa delle diece volte le nove in vece di *grande* o *grandissimo*. Ma più, signor Sarsi, se il Savio si leverà contro di voi e dirà: "Stultorum infinitus est numerus", qual partito sarà il vostro? vorrete voi forse ingaggiarla seco, e sostener la sua proposizione esser falsa, provando, anco coll'autorità dell'istessa Scrittura, che il mondo non è eterno, e che, essendo stato creato in tempo, non possono essere né essere stati uomini infiniti, e che, non regnando la stoltizia se non tra gli uomini, non può accadere che quel detto sia mai vero, quando ben tutti gli uomini presenti e passati ed anco, dirò, i futuri fussero sciocchi, essendo impossibile che gl'individui umani, quando anco la durazion del mondo fusse per essere eterna, sieno già mai infiniti?

Ma ritornando alla materia, che diremo dell'altra fallacia con tanta sottigliezza scoperta dal Sarsi, nel chiamar noi accrescimento quello d'un oggetto che d'invisibile si fa, col telescopio, visibile? il quale, dic'egli, non si può chiamare accrescimento, perché l'accrescimento suppone prima qualche quantità, e l'accrescersi non è altro che di minore farsi maggiore. A questo veramente io non saprei che altro dirmi, per iscusa del signor Mario, se non ch'egli se n'andò alla buona, come si dice; e credendo che la facoltà del telescopio colla quale ei ci rappresenta quelli oggetti i quali senz'esso non iscorgevamo, fusse la medesima che quella colla quale anco i veduti avanti ci rappresenta maggiori assai, e sentendo che questa communemente si chiamava uno accrescimento della specie o dell'oggetto visibile, si lasciò traportare a chiamare quella ancora nell'istesso modo; la quale, come ora ci insegna il Sarsi, si doveva chiamar non accrescimento, ma transito dal non essere all'essere. Sì che quando, verbigrazia, l'occhiale ci fa da una gran lontananza legger quella scrittura della quale senz'esso noi non veggiamo se non i caratteri maiuscoli, per parlar logicamente si deve dire che l'occhiale ingrandisce le maiuscole, ma quanto alle minuscole fa lor far transito dal non essere all'essere. Ma se non si può senza errore usar la parola *accrescimento* dove non si supponga prima alcuna cosa in atto, che debba riceverlo, forse che la parola *transito* o *trapasso* non verrà troppo più veridicamente usurpata dal Sarsi dove non sieno due termini, cioè quello donde si parte e l'altro dove si trapassa. Ma chi sa che il signor Mario non avesse ed abbia opinione che degli oggetti, ancor che lontanissimi, le specie pure arrivino a noi, ma sotto angoli così acuti che restino al senso nostro impercettibili e come nulle, ancor ch'elle veramente sieno qualche cosa (perché, s'io devo dire il mio parere, stimo che quando veramente elle fusser niente, non basterebbon tutti gli occhiali del mondo a farle diventar qualche cosa); sì che le specie altresì delle stelle invisibili sieno, non meno che quelle delle visibili, diffuse per l'universo, e che in conseguenza si possa anco di quelle, con buona grazia del Sarsi e senza error di logica, predicar l'accrescimento? Ma perché vo io mettendo in dubbio cosa della quale io ho necessaria e sensata prova? Quel fulgore ascitizio delle stelle non è realmente intorno alle stelle, ma è nel nostro occhio; sì che dalla stella vien la sola sua specie, nuda e terminatissima. Sappiamo di sicuro ch'una nubilosa non è altro che uno aggregato di molte stelle minute, invisibili a noi; con tutto ciò non ci resta invisibile quel campo che da loro è occupato; ma si dimostra in aspetto d'una piazzetta biancheggiante, la qual deriva dal congiungimento de' fulgori di che ciascheduna stellina s'inghirlanda: ma perché questi irraggiamenti non sono se non nell'occhio nostro, è necessario che ciascheduna specie di esse stelline sia realmente e distintamente nell'occhio. Di qui si cava un'altra dottrina, cioè che le nubilose, ed anco tutta la Via Lattea, in cielo non son niente, ma sono una pura affezzione dell'occhio nostro; sì che per quelli che fussero di vista così acuta che potesser distinguer quelle minutissime stelle, le nubilose e la Via Lattea non sarebbono in cielo. Queste, come conclusioni non dette da altri sin ora, credo che non sarebbono ammesse dal Sarsi, e ch'egli pur vorrebbe che il signor Mario avesse peccato nel chiamare accrescimento quello che appresso di lui si deve dir transito dal non essere all'essere. Ma sia come si voglia; io ho licenza dal signor Mario (per non ingaggiar nuove liti) di conceder tutta la vittoria al Sarsi di questo duello, e di quello ancora che segue appresso, dove il Sarsi si contenta che la scoperta delle fisse invisibili si possa chiamare accrescimento infinito in ragion di visibile, ma non già in ragion di quanto: tutto questo se gli conceda, pur che ei conceda a noi che e le invisibili e le visibili, crescano pure in ragion di quel che piace al Sarsi, crescono finalmente in modo che rendon totalmente falso il detto del suo Maestro, che scrisse ch'elle non crescevano punto in veruna maniera; sopra il qual detto era fondato il terzo delle ragioni, colle quali egli aveva intrapreso a provar la primaria intenzione del suo trattato, cioè il luogo della cometa.

Ma che risponderem noi ad un altro errore, pure in logica, che il Sarsi ci attribuisce? Sentiamolo, e poi prenderemo quel partito che ci parrà più opportuno. Non contento il Sarsi d'aver mostrato come il più volte già nominato scoprimento delle fisse invisibili non si deve chiamare accrescimento infinito, passa a provar che il dire ch'ei proceda dal telescopio è grave errore in logica, le cui leggi vogliono che quando un effetto può derivare da più cause, malamente da quello se n'inferisca una sola: e che il vedersi quello che prima non si vedeva sia un degli effetti che posson depender da più cause, oltre a quella del telescopio, chiaramente lo mostra il Sarsi nominandole ad una ad una; le quali tutte era necessario rimuovere, e mostrar com'elle non erano a parte nell'atto del farci vedere col telescopio le stelle invisibili. Sì che il signor Mario, per fuggir l'imputazione del Sarsi, doveva mostrare che l'accostarsi il telescopio all'occhio non era, prima, uno accrescere in se stessa e per se stessa la virtù visiva (che pur è una causa per la quale, senz'altro aiuto, si può veder quel che prima non si poteva); secondo, doveva mostrar che la medesima applicazione non era un tor via le nuvole, gli alberi, i tetti o altri impedimenti di mezo; terzo, ch'ei non era un servirsi d'un paio d'occhiali da naso ordinarii (e vo, come V. S. Illustrissima vede, numerando le cause poste dal medesimo Sarsi, senz'alterar nulla); quarto, che questo non è un illuminar l'oggetto più chiaramente; quinto, che questo non è un far venir le stelle in Terra o salir noi in cielo, onde l'intervallo traposto si diminuisca; sesto, ch'ei non è un farle rigonfiare, onde, ingrandite, divengano più visibili; settimo, che questo non è finalmente un aprir gli occhi chiusi: azzioni tutte, ciascheduna delle quali (ed in particolar l'ultima) è bastante a farci vedere quel che prima non vedevamo. Signor Sarsi, io non so che dirvi, se non che voi discorrete benissimo; solo dispiacemi che queste imputazioni cascano tutte addosso al vostro Maestro, senza toccar punto il signor Mario o me. Io vi domando se alcune di queste cause, da voi prodotte come potenti a farci veder quello che senza lor non si vederebbe, come, verbigrazia, l'avvicinarlo, l'interpor vapori o cristalli etc., vi dimando, dico, se alcuna di queste cause può produr l'effetto dell'ingrandir gli oggetti visibili, sì come lo produce il telescopio ancora. Io credo pure che voi risponderete di sì. Ed io vi soggiungerò che questo è un aperto accusare di cattivo logico il vostro Maestro, il quale, parlando in generale a tutto il mondo, riconobbe l'ingrandimento della Luna e di tutti gli altri oggetti dal solo telescopio, senza l'esclusion di niuna dell'altre cause, come per vostra opinione sarebbe stato in obligo di fare; il quale obligo non cade poi punto nel signor Mario, avvenga che, parlando solo col vostro Maestro, e non più a tutto il mondo, e volendo mostrar falso quello ch'egli aveva pronunziato dell'effetto di tale strumento, lo considerò (né era in obligo di considerarlo altrimenti) nel modo che l'aveva considerato il suo avversario. Anzi la vostra nota di cattivo logico cade tanto più gravemente sopra il vostro Maestro, quanto ch'egli in altra occasione importantissima trasgredì la legge: dico nell'inferir dall'apparenza del moto retto la circolazione per cerchio massimo, potendo esser del medesimo effetto causa il movimento realmente retto e qualunque altro moto fatto nell'istesso piano dove fusse l'occhio, delle quali tre cagioni potevano con gran ragione dubitare anco gli uomini molto sensati; anzi l'istesso vostro Maestro, per vostro detto, non ricusò d'accettare il moto per linea ovale o anco irregolare. Ma il dubitare se alcuna delle vostre sette cause poste di sopra potesse aver luogo nell'apparizion delle stelle invisibili, mentre che col telescopio si rimirano, se io devo parlar liberamente, non credo che potesse cadere in mente se non a persone costituite nel sommo ed altissimo grado di semplicità.

Nella quale schiera io non però intendo, Illustrissimo Signore, di porre il Sarsi; perché, se ben egli è quello che si è lasciato traportare a far questa passata, tuttavia si vede ch'ei non ha parlato, come si dice, *ex corde*; poi che in ultimo quasi quasi si accommoda a concedere che, non si trattando d'altro che del telescopio, si potessero lasciar da banda l'altre cause: tuttavia, perché il conceder poi questo apertamente, si tirava in conseguenza la nullità della sua già fatta accusa e del concetto, per quella impresso forse in alcuno de' lettori, d'esser io cattivo logico, per ovviare a tutto questo soggiunge che né anco tal cosa basta ad una retta argumentazione: e la ragion è, perché il telescopio non in un modo solo fa veder quel che non si vedeva, ma in due: il primo è col portar gli oggetti a gli occhi sotto angolo maggiore, per lo che maggiori appariscono; l'altro, con l'unire i raggi e le specie, onde più efficacemente operano; e perché l'uno di questi basta per far apparire quel che non si scorgeva, non si deve da questo effetto inferire una sola di quelle cause. Queste sono le sue precise parole, delle quali io non direi di saper penetrar l'intimo senso, avvenga che egli stia troppo su 'l generale, dove mi par che fusse stato di mestieri dichiararsi più specificatamente, potendo la sua proposizione esser intesa in più modi; de i quali quello ch'è per avventura il primo a rappresentarsi alla mente, contiene in sé una manifesta contradizzione. Imperocché il portar gli oggetti sotto maggior angolo, onde maggiori appariscano, si rappresenta effetto contrario al ristringer insieme i raggi e le specie; perché, essendo i raggi quelli che conducono le specie, par che non ben si capisca come, nel condurle, si ristringano insieme ed in un tempo formino angolo maggiore; imperò che, concorrendo insieme linee a formare un angolo, par che, nel ristringersi, l'angolo debba più tosto inacutirsi che farsi maggiore. E se pure il Sarsi aveva in fantasia qualch'altro modo per lo quale potessero i raggi, coll'unirsi, formare angolo maggiore (il che io non niego poter per avventura ritrovarsi), doveva dichiararlo e distinguerlo dall'altro, per non lasciare il lettore tra i dubbi e gli equivoci. Ma posto per ora che sieno tali due modi d'operare nell'uso del telescopio, io vorrei sapere se ei lavora sempre con ambedue insieme, o pur talvolta coll'uno ed altra volta coll'altro separatamente, sì che quando ei si serve dell'ingrandimento dell'angolo, lasci stare il ristringimento de' raggi, e quando ristringe i raggi, ritenga l'angolo nella sua primiera quantità. S'egli opera sempre con ambedue questi mezi, gran semplicità è quella del Sarsi mentre accusa il signor Mario per non avere accettato e nominato l'uno ed escluso l'altro; ma s'egli opera con un solo, pure ha errato il Sarsi a non lo nominare, escludendo l'altro, e mostrar che quando noi guardiamo, verbigrazia, la Luna, che ricresce assaissimo, ei lavora coll'ingrandimento dell'angolo, ma quando si guardano le stelle, non s'ingrandisce l'angolo, ma solamente s'uniscono i raggi. Io, per quanto posso con verità deporre, nelle infinite o, per meglio dire, moltissime volte che ho guardato con tale strumento, non ho mai conosciuta diversità alcuna nel suo operare, e però credo ch'egli operi sempre nell'istessa maniera, e credo che il Sarsi creda l'istesso; e come questo sia, bisogna che le due operazioni, dell'ingrandir l'angolo e ristringer i raggi, concorrano sempre insieme: la qual cosa rende poi in tutto e per tutto fuori del caso l'opposizione del Sarsi; perch'è ben vero che quando da un effetto il quale può depender da più cause separatamente, altri ne inferisce una particolare, commette errore; ma quando le cause sieno tra di loro inseparabili, sì che necessariamente concorrano sempre tutte, se ne può ad arbitrio inferir qual più ne piace, perché qualunque volta sia presente l'effetto, necessariamente vi è anco quella causa. E così, per darne un essempio, chi dicesse “Il tale ha acceso il fuoco, adunque si è servito dello specchio ustorio”, errerebbe, potendo derivar l'accendimento dal batter un ferro, dall'esca e fucile, dalla confricazion di due legni, e da altre cause; ma chi dicesse “Io ho sentito batter il fuoco al vicino”, e soggiungesse “Adunque egli ha della pietra focaia”, senza ragione sarebbe ripreso da chi gli opponesse che, concorrendo a tale operazione, oltre alla pietra, il fucile, l'esca e 'l solfanello ancora, non si poteva con buona logica inferir la pietra risolutamente. E così, se l'ingrandimento dell'angolo e l'union de' raggi concorron sempre nell'operazioni del telescopio, delle quali una è il far veder l'invisibile, perché da questo effetto non si può inferire quale delle due cause più ne piace? Io credo di penetrare in parte la mente del Sarsi, il quale, s'io non m'inganno, vorrebbe che il lettore credesse quello ch'egli stesso assolutamente non crede, cioè ch'il veder le stelle, che prima erano invisibili, derivasse non dall'ingrandimento dell'angolo, ma dall'unione de' raggi; sì che, non perché la specie di quelle divenisse maggiore, ma perché i raggi fussero fortificati, si facesser visibili; ma non si è voluto apertamente scoprire, perché troppo gli sono addosso l'altre ragioni del signor Mario taciute da esso, ed in particolare quella del vedersi gl'intervalli tra stella e stella ampliati colla medesima proporzione che gli oggetti quaggiù bassi; i quali intervalli non dovrian ricrescer punto se niente ricrescessono le stelle, essendo loro così distanti da noi come quelle. Ma per finirla, io son certo che quando il Sarsi volesse venire a dichiararsi com'egli intenda queste due operazioni del telescopio, dico del ristringere i raggi e dell'ingrandir il loro angolo, e' manifesterebbe che non solamente si fanno sempre ambedue insieme, sì che già mai non accaggia unire i raggi senza ingrandir l'angolo, ma ch'elle sono una cosa medesima; e quando egli avesse altra opinione, bisogna ch'ei mostri che 'l telescopio alcune volte unisca i raggi senza ingrandir l'angolo, e che ciò faccia egli a punto quando si guardano le stelle fisse; cosa ch'egli non mostrerà in eterno, perch'è una vanissima chimera o, per dirla più chiara, una falsità.

Io non credeva, Signor mio Illustrissimo, dover consumar tante parole in queste leggerezze; ma già che si è fatto il più, facciasi ancora il meno. E quanto all'altra censura di trasgression dalle leggi logicali, mentre nella division degli effetti del telescopio il signor Mario ne pose uno che non vi è, e ne trapassò uno che vi si doveva porre, quando disse “Il telescopio rende visibili le stelle o coll'ingrandir la loro specie o coll'illuminarle”, in vece di dire “coll'ingrandirle o coll'unir le specie e i raggi”, come vorrebbe il Sarsi che si dovesse dire; io rispondo che il signor Mario non ebbe mai intenzion di far divisione di quello ch'è una cosa sola, quale egli, ed io ancora, stimiamo esser l'operazione del telescopio nel rappresentarci gli oggetti: e quando ei disse “Se il telescopio non ci rende visibili le stelle coll'ingrandirle, bisogna che con qualche inaudita maniera le illumini”, non introdusse l'illuminazione come effetto creduto, ma come manifesto impossibile lo contrappose all'altro, acciò la di lui verità restasse più certa; e questo è un modo di parlare usitatissimo, come quando si dicesse “Se gli inimici non ànno scalata la rocca, bisogna che vi sian piovuti dal cielo”. Se il Sarsi adesso crede di poter con lode impugnare questi modi di parlare, se gli apre un'altra porta, oltre a quella di sopra dell'infinito, da trionfare in duello di logica sopra tutti gli scrittori del mondo; ma avvertisca, nel voler mostrarsi gran logico, di non apparer maggior sofista. Mi par di veder V. S. Illustrissima sogghignare; ma che vuol ella? Il Sarsi era entrato in umore di scrivere in contradizzione alla scrittura del signor Mario: gli è stato forza attaccarsi, come noi sogliamo dire, alle funi del cielo. Io per me non solamente lo scuso, ma lo lodo, e parmi ch'egli abbia fatto l'impossibile. Ma tornando alla materia, già è manifesto che il signor Mario non ha posto l'illuminare com'effetto creduto del telescopio. Ma che più? l'istesso Sarsi confessa ch'ei l'ha messo come impossibile. Non è adunque membro della divisione, anzi, come ho detto, non ci è né meno divisione. Circa poi all'unione delle specie e de' raggi, ricordata dal Sarsi come membro trapassato dal signor Mario nella divisione, sarebbe bene che il Sarsi specificasse come questa è una seconda operazion diversa dall'altra, perché noi sin qui l'abbiamo intesa per una stessa cosa; e quando saremo assicurati ch'elle sieno due differenti e diverse operazioni, allora intenderemo d'avere errato; ma l'error non sarà di logica nel mal dividere, ma di prospettiva nel non aver ben penetrati tutti gli effetti dello strumento.

Quanto alla chiusa, dove il Sarsi dice di non voler per adesso stare a registrare altri errori che questi pochi incontrati così casualmente in un luogo solo, lasciando da banda gli altri, io, prima, ringrazio il Sarsi del pietoso affetto verso di noi; poi mi rallegro col signor Mario, il quale può star sicuro di non aver commesso in tutto il trattato un minimo mancamento in logica; perché, se bene par che il Sarsi accenni che ve ne sieno moltissimi altri, tuttavia crederò almeno che questi, notati e manifestati da lui, sieno stati eletti per li maggiori; il momento de i quali lascio ora che sia da lei giudicato, ed in conseguenza la qualità degli altri.

Vengo finalmente a considerar l'ultima parte, nella quale il Sarsi, per farmi un segnalato favore, vuol nobilitare il telescopio con una ammirabil condizione e facoltà d'illuminar gli oggetti che per esso rimiriamo, non meno ch'ei ce gl'ingrandisca. Ma prima ch'io passi più avanti, voglio rendergli grazie del suo cortese affetto, perché dubito che l'effetto sia per obligarmi assai poco dopo che avremo considerata la forza della dimostrazione portata per prova del suo intento: della quale, perché mi par che l'autore nello spiegarla si vada, non so perché, ravvolgendo e più volte replicando le medesime proposizioni, cercherò di trarne la sostanza, la qual mi par che sia questa.

Il telescopio rappresenta gli oggetti maggiori, perché gli porta sotto maggiore angolo che quando son veduti senza lo strumento. Il medesimo, ristringendo quasi a un punto le specie de' corpi luminosi ed i raggi sparsi, rende il cono visivo, o vogliamo dire la piramide luminosa, per la quale si veggono gli oggetti, di gran lunga più lucida; e però gli oggetti splendidi di pari ci si rappresentano ingranditi e di maggior luce illustrati. Che poi la piramide ottica si renda più lucida per lo ristringimento de i raggi, lo prova con ragione e con esperienza. Imperò che la ragione ci insegna che il lume raccolto in minore spazio lo debba illuminar più; e l'esperienza ci mostra che posta una lente cristallina al Sole, nel punto del concorso de' raggi non solo s'abbrucia il legno, ma si liquefà il piombo e si accieca la vista: perloché di nuovo conclude, che con altrettanta verità si può dire che il telescopio illumina le stelle, con quanta si dice ch'ei le accresce.

In ricompensa della cortesia e del buono animo che 'l Sarsi ha avuto d'essaltare e maggiormente nobilitare questo ammirabile strumento, io non gli posso dar altro, per ora, che un totale assenso a tutte le proposizioni ed esperienze sopradette. Ma mi duol bene oltre modo che l'essere esse vere gli è di maggior pregiudicio che se fusser false; poi che la principal conclusione che per esse doveva essere dimostrata è falsissima, né credo che ci sia verso di poter sostenere che gravemente non pecchi in logica quegli che da proposizioni vere deduce una conclusion falsa. È vero che il telescopio ingrandisce gli oggetti col portargli sotto maggior angolo; verissima è la prova che n'arrecano i prospettivi; non è men vero che i raggi della piramide luminosa maggiormente uniti la rendono più lucida, ed in conseguenza gli oggetti per essa veduti; vera è la ragione che n'assegna il Sarsi, cioè perché il medesimo lume, ridotto in minore spazio, l'illumina più; e finalmente verissima è l'esperienza della lente, che coll'unione de' raggi solari abbrucia ed accieca: ma è poi falsissimo che gli oggetti luminosi ci si rappresentino col telescopio più lucidi che senza, anzi è vero che li veggiamo assai più oscuri; e se il Sarsi nel riguardar, verbigrazia, la Luna col telescopio, avesse una volta aperto l'altr'occhio, e con esso libero riguardato pur l'istessa Luna, avrebbe potuto fare il paragone senza niuna fatica tra lo splendor della gran Luna vista con lo strumento, e quello della piccola, vista coll'occhio libero; il che osservato, avrebbe sicuramente scritto, la luce della veduta liberamente mostrarsi di gran lunga maggiore che quella dell'altra. Chiarissima è adunque la falsità della conclusione: resta ora che mostriamo la fallacia nel dedurla da premesse vere. E qui mi pare che al Sarsi sia accaduto quello che accaderebbe ad un mercante che, nel riveder sopra i suoi libri lo stato suo, leggesse solamente le facce dell'avere, e che così si persuadesse di star bene ed esser ricco; la qual conclusione sarebbe vera quando all'incontro non vi fussero le facce del dare. È vero, signor Sarsi, che la lente, cioè il vetro convesso, unisce i raggi, e perciò moltiplica il lume e favorisce la vostra conclusione; ma dove lasciate voi il vetro concavo, che nel telescopio è la contrafaccia della lente, e la più importante, perch'è quello appresso del quale si tiene l'occhio, e per lo quale passano gli ultimi raggi, ed è finalmente l'ultimo bilancio e saldo delle partite? Se la lente convessa unisce i raggi, non sapete voi che il vetro concavo gli dilata e forma il cono inverso? Se voi aveste provato a ricevere i raggi passati per ambedue i vetri del telescopio, come avete osservato quelli che si rifrangono in una lente sola, avreste veduto che dove questi s'uniscono in un punto, quelli si vanno più e più dilatando in infinito, o, per dir meglio, per ispazio grandissimo: la quale esperienza molto chiaramente si vede nel ricever sopra una carta l'immagine del Sole, come quando si disegnano le sue macchie; "sopra la qual carta, secondo ch'ella più e più si discosta dall'estremità del telescopio, maggiore e maggior cerchio vi viene stampato dal cono de' raggi, e quanto si fa tal cerchio maggiore, tanto è men luminoso in comparazione del resto del foglio tocco da' raggi liberi del Sole. E quando questa ed ogn'altra esperienza vi fusse stata occulta, mi resta pur tuttavia duro a credere che voi non abbiate alcuna volta sentito dir questo, ch'è verissimo, cioè che i vetri concavi, quanto più mostrano l'oggetto grande, tanto più lo mostrano oscuro. Come dunque mandate voi di pari nel telescopio l'illuminar coll'ingrandire? Signor Sarsi, rimanetevi dal voler cercar d'essaltar questo strumento con queste vostre nuove facoltà sì ammirande, se non volete porlo in ultimo dispregio appresso quelli che sin qui l'ànno avuto in poca stima. Ed avvertite che io in questo conto vi ho passata come cosa vera una partita ch'è falsa, cioè che la luce ingagliardita mediante l'union de' raggi, renda l'oggetto veduto più luminoso. Sarebbe vero questo, quando tal luce andasse a trovar l'oggetto; ma ella vien verso l'occhio, il che produce poi contrario effetto: imperò che, oltre all'offender la vista, rende il mezo più luminoso, ed il mezo più luminoso fa apparir (come credo che voi sappiate) gli oggetti più oscuri; ché per questa sola cagione le stelle più risplendenti si mostrano quanto più l'aria della notte divien tenebrosa, e nello schiarirsi l'aria si mostrano più fosche. Queste cose, come vede V. S. Illustrissima, son tanto manifeste, che non mi lasciano credere che al Sarsi possano essere state incognite, ma ch'egli più tosto per mostrar la vivezza del suo ingegno si sia messo a dimostrare un paradosso, che perch'egli così internamente credesse. Ed in questa opinione mi conferma l'ultima sua conclusione, dove, per mostrar (cred'io) ch'egli ha parlato per ischerzo, serra con quelle parole: "Affermo dunque, con tanta verità dirsi che il telescopio illumina le stelle, con quanta si dice che il medesimo le ingrandisce". V. S. Illustrissima sa poi che ed egli ed il suo Maestro ànno sempre detto, e dicono ancora, ch'ei non l'ingrandisce punto; la qual conclusione si sforza il Sarsi di sostenere ancora, come vedremo, nelle cose che seguono qui appresso.

13. Legga dunque V. S. Illustrissima: "Ad tertium argumentum propero, quod iisdem mihi verbis hoc loco referendum arbitror; ut nimirum omnes intelligant, quid illud

tandem fuerit, quo se vehementer adeo offensum profitetur Galilæus. Sic enim se habet: "Illud, tertio loco, hoc idem persuadet: quod cometa, tubo optico inspectus, vix ullum passus est incrementum; longa tamen experientia compertum est atque opticis rationibus comprobatum, quæcunque hoc instrumento conspiciuntur, maiora videri quam nudis oculis inspecta compareant, ea tamen lege, ut minus ac minus sentiant ex illo incrementum, quo magis ab oculo remota fuerint; ex quo fit ut stellæ fixæ, a nobis omnium remotissimæ, nullam sensibilem ab illo recipiant magnitudinem. Cum ergo parum admodum augeri visus sit cometa, multo a nobis remotior quam Luna dicendus erit, cum hæc tubo inspecta longe maior appareat. Scio hoc argumentum parvi apud aliquos fuisse momenti: sed hi fortasse parum opticæ principia perpendunt, ex quibus necesse est huic eidem maximam inesse vim ad hoc quod agimus persuadendum." Hic ego præmittere, primum, habeo, quorsum huiusmodi argumentum Disputationi nostræ intextum fuerit: non enim velim maiori id apud alios in pretio haberi, quam apud nos; neque ii sumus qui emptoribus fucum faciamus, sed tanti merces nostras vendimus quanti valent.

Cum igitur ad Magistrum meum ex multis Europæ partibus illustrium astronomorum observationes perferrentur, nemo illorum tunc fuit, qui illud etiam postremo loco non adderet, cometam a se longiori specillo observatum vix ullum incrementum suscepisse, ex qua observatione deducerent, illum saltem supra Lunam statuendum; cumque hoc etiam, ut cætera, variis hominum inter frequentium cœtus sermonibus agitaretur, non defuere qui palam ac libere assererent, nullam huic argumento fidem habendam, tubum hunc larvas oculis ingerere ac variis animum deludere imaginibus, quare, sicuti ne ea quidem quæ cominus aspicimus sincera ac sine ludificationibus ostendit, ita illum multo minus ea quæ longe a nobis remota sunt, non nisi larvata atque deformia monstraturum. Ut ergo et amicorum observationibus aliquid dedisse videremur, ac simul eorum inscitiam, quibus instrumentum hoc nullo erat in precio, publice redargueremus, hoc argumentum tertio loco apponendum, ac postrema ea verba, quibus offensum se dicit Galilæus, addenda, existimavimus, de homine bene potius nos hinc meritos, quam male, sperantes, dum tubum hunc, quamvis non fœtum, alumnum certe ipsius, ab invidorum calumniis tueremur. Cæterum, quanti hoc argumentum apud nos esset, satis arbitror ex eo poterat intelligi, quod paucis adeo ac plane ieiune propositum fuerit, cum prius reliqua duo longe accuratius ac fusius fuissent explicata. Neque Galilæum hæc ipsa latuerunt, si quod res est fateri velit. Cum enim rescissemus, eo illum argumento graviter commotum, quod existimaret se unum iis verbis peti, curavit Magister meus illi per amicos significari, nihil unquam minus se cogitasse, quam ut eum verbo vel scripto læderet; cumque iis, a quibus hæc acceperat, Galilæus pacatum iam atque eorum dictis acquiescentem animum ostendisset, maluit tamen postea, quantum in se fuit, amicum quam dictum perdere."

Intorno alle cose qui scritte mi si fa da considerar, nel primo luogo, qual possa esser la cagione per la quale il Sarsi abbia scritto ch'io grandemente mi sia lamentato del P. Grassi, avvenga che nel trattato del signor Mario non vi è pur ombra di mie querele, né io già mai con alcuno, né anco con me stesso, mi son doluto, né meno ho conosciuto d'aver cagion di dolermi; e gran semplicità mi parrebbe di chi si dolesse che uomini di gran nome fusser contrari alle sue opinioni, quantunque volta egli avesse modi facili ed evidenti da poterle dimostrar vere, quali son sicuro d'aver io: tal che a me non si rappresenta altra cagione, se non che 'l Sarsi sotto questa finzione ha voluto ascondere, non so già perché, suoi interni motivi che l'ànno spinto a volerla pigliar meco; del che ho ben sentito qualche fastidio, perché più volentieri avrei impiegato questo tempo in qualch'altro studio più di mio gusto. Che il P. Grassi non avesse intenzione d'offender me nel tassar di poco intelligenti quelli che disprezzavano l'argomento preso dal poco ingrandimento della cometa per lo telescopio, lo voglio creder al Sarsi; ma se io per me stesso m'ero già dichiarato essere in quel numero, ben mi doveva esser tollerato ch'io producessi mie ragioni e difendessi la causa mia, e tanto più quanto ella era giusta e vera. Voglio ancora ammettere al Sarsi che 'l suo Maestro con buona intenzione si mettesse a sostenere quell'opinione, credendo di conservare ed accrescere la reputazione ed il pregio del telescopio contro alle calunnie di quelli che lo predicavano per fraudolente e per ingannator della vista, e così cercavano di spogliarlo de' suoi ammirabili pregi: ma in questo fatto, quanto l'intenzion del Padre mi par lodevole e buona, tanto l'elezzione e la qualità delle difese mi si rappresenta cattiva e dannosa, mentr'ei vuole contro all'imposture de' maligni fare scudo agli effetti veri del telescopio coll'attribuirgliene de' manifestamente falsi. Questo non mi par buon luogo topico per persuader la nobiltà di tale strumento. Per tanto piaccia al Sarsi di scusarmi se io non vengo, con quella larghezza che forse gli par che convenisse, a chiamarmi e confessarmi obligato per li nuovi pregi ed onori arrecati a questo strumento. E con qual ragione pretend'egli che in me si debba accrescer l'obligo e l'affezzione verso di loro per li vani e falsi attributi, mentr'eglino, perché io col dir cose vere gli traggo d'errore, mi pronunzian la perdita della loro amicizia?

Segue appresso, e, non so quanto opportunamente, s'induce a chiamare il telescopio mio allievo, ma a scoprire insieme come non è altrimenti mio figliuolo. Che fate, signor Sarsi? Mentre voi sete su 'l maneggio d'interessarmi in oblighi grandi per li beneficii fatti a questo ch'io reputavo mio figliuolo, mi venite dicendo che non è altro ch'un allievo? Che rettorica è la vostra? Avrei più tosto creduto che in tale occasione voi aveste avuto a cercar di farmelo creder figliuolo, quando ben voi foste stato sicuro che non fusse. Qual parte io abbia nel ritrovamento di questo strumento, e s'io lo possa ragionevolmente nominar mio parto, l'ho gran tempo fa manifestato nel mio *Avviso Sidereo*, scrivendo come in Vinezia, dove allora mi ritrovavo, giunsero nuove che al signor conte Maurizio era stato presentato da un Olandese un occhiale, col quale le cose lontane si vedevano così perfettamente come se fussero state molto vicine; né più fu aggiunto. Su questa relazione io tornai a Padova, dove allora stanziavo, e mi posi a pensar sopra tal problema, e la prima notte dopo il mio ritorno lo ritrovai, ed il giorno seguente fabbricai lo strumento, e ne diedi conto a Vinezia a i medesimi amici co' quali il giorno precedente ero stato a ragionamento sopra questa materia. M'applicai poi subito a fabbricarne un altro più perfetto, il quale sei giorni dopo condussi a Vinezia, dove con gran meraviglia fu veduto quasi da tutti i principali gentiluomini di quella republica, ma con mia grandissima fatica, per più d'un mese continuo. Finalmente, per consiglio d'alcun mio affezzionato padrone, lo presentai al Principe in pieno Collegio, dal quale quanto ei fusse stimato e ricevuto con ammirazione, testificano le lettere ducali, che ancora sono appresso di me, contenenti la magnificenza di quel Serenissimo Principe in ricondurmi, per ricompensa della presentata invenzione, e confermarmi in vita nella mia lettura nello Studio di Padova, con dupplicato stipendio di quello che avevo per addietro, ch'era poi più che triplicato di quello di qualsivoglia altro mio antecessore. Questi atti, signor Sarsi, non son seguiti in un bosco o in un diserto: son seguiti in Vinezia, dove se voi allora foste stato, non m'avreste spacciato così per semplice balio: ma vive ancora, per la Dio grazia, la maggior parte di quei signori, benissimo consapevoli del tutto, da' quali potrete esser meglio informato.

Ma forse alcuno mi potrebbe dire, che di non piccolo aiuto è al ritrovamento e risoluzion d'alcun problema l'esser prima in qualche modo reso consapevole della verità della conclusione, e sicuro di non cercar l'impossibile, e che perciò l'avviso e la certezza che l'occhiale era di già stato fatto mi fusse d'aiuto tale, che per avventura senza quello non l'avrei ritrovato. A questo io rispondo distinguendo, e dico che l'aiuto recatomi dall'avviso svegliò la volontà ad applicarvi il pensiero, che senza quello può esser ch'io mai non v'avessi pensato; ma che, oltre a questo, tale avviso possa agevolar l'invenzione, io non lo credo: e dico di più, che il ritrovar la risoluzion d'un problema segnato e nominato, è opera di maggiore ingegno assai che 'l ritrovarne uno non pensato né nominato, perché in questo può aver grandissima parte il caso, ma quello è tutto opera del discorso. E già noi siamo certi che l'Olandese, primo inventor del telescopio, era un semplice maestro d'occhiali ordinari, il quale casualmente, maneggiando vetri di più sorti, si abbatté a guardare nell'istesso tempo per due, l'uno convesso e l'altro concavo, posti in diverse lontananze dall'occhio, ed in questo modo vide ed osservò l'effetto che ne seguiva, e ritrovò lo strumento: ma io, mosso dall'avviso detto, ritrovai il medesimo per via di discorso; e perché il discorso fu anco assai facile, io lo voglio manifestare a V. S. Illustrissima, acciò, raccontandolo dove ne cadesse il proposito, ella possa render, colla sua facilità, più creduli quelli che, col Sarsi, volessero diminuirmi quella lode, qualunqu'ella si sia, che mi si perviene.

Fu dunque tale il mio discorso. Questo artificio o costa d'un vetro solo, o di più d'uno. D'un solo non può essere, perché la sua figura o è convessa, cioè più grossa nel mezo che verso gli estremi, o è concava, cioè più sottile nel mezo, o è compresa tra superficie parallele: ma questa non altera punto gli oggetti visibili col crescergli o diminuirgli; la concava gli diminuisce, e la convessa gli accresce bene, ma gli mostra assai indistinti ed abbagliati; adunque un vetro solo non basta per produr l'effetto. Passando poi a due, e sapendo che 'l vetro di superficie parallele non altera niente, come si è detto, conclusi che l'effetto non poteva né anco seguir dall'accoppiamento di questo con alcuno degli altri due. Onde mi ristrinsi a volere esperimentare quello che facesse la composizion degli altri due, cioè del convesso e del concavo, e vidi come questa mi dava l'intento: e tale fu il progresso del mio ritrovamento, nel quale di niuno aiuto mi fu la concepita opinione della verità della conclusione. Ma se il Sarsi o altri stimano che la certezza della conclusione arrechi grand'aiuto al ritrovare il modo del ridurla all'effetto, leggano l'istorie, ché ritroveranno essere stata fatta da Archita una colomba che volava, da Archimede uno specchio che ardeva in grandissime distanze ed altre macchine ammirabili, da altri essere stati accesi lumi perpetui, e cento altre conclusioni stupende; intorno alle quali discorrendo, potranno, con poca fatica e loro grandissimo onore ed utile, ritrovarne la costruzzione, o almeno, quando ciò lor non succeda, ne caveranno un altro beneficio, che sarà il chiarirsi meglio, che l'agevolezze che si promettevano da quella precognizione della verità dell'effetto, era assai meno di quel che credevano.

Ma ritorno a quel che segue scrivendo il Sarsi, dove destreggiando, per non si ridurre a dire che l'argomento preso dal minimo ingrandimento degli oggetti remotissimi non val nulla, perch'è falso, dice che di quello non n'ànno mai fatta molta stima; il che manifesta egli dall'averlo il suo Maestro scritto con assai brevità, dove che gli altri due argomenti si veggono distesi ed amplificati senza risparmio di parole. Al che io rispondo che non dalla moltitudine, ma dall'efficacia delle parole si deve argumentar la stima che altri fa delle cose dette: e, come ogn'un sa, vi sono delle dimostrazioni che per lor natura non possono esser senza lunghezza spiegate, ed altre nelle quali la lunghezza sarebbe del tutto superflua e tediosa; e qui, se si deve aver riguardo alle parole, l'argomento è portato con quante bastavano alla sua spiegatura chiara e perfetta. Ma, oltre a questo, lo scrivere lo stesso P. Grassi esser in tal argomento, come necessariamente si raccoglie da' principii ottici, forza grandissima per provar l'intento, ci dà pur troppo chiaro indizio della stima ch'egli almeno ha voluto mostrar di farne: la qual voglio ben credere al Sarsi che internamente sia stata pochissima, ed a questo mi persuade non la brevità dello spiegarlo, ma altra assai più forte conghiettura; e questa è, che mentre il Padre fa sembiante di dimostrare il luogo della cometa dover essere lontanissimo, avvenga che nel ricevere dal telescopio insensibile augumento ella imita puntualmente le lontanissime stelle fisse, quando poi accanto accanto ei passa a più specifica limitazione d'esso luogo, ei la colloca sotto ad oggetti che ricevono dal medesimo telescopio grandissimo accrescimento; dico sotto il Sole, che pur ricresce in superficie quelle medesime centinaia e migliaia di volte, che il medesimo Padre ed il Sarsi stesso sanno. Ma il Sarsi non ha penetrato l'artificio grande del suo Maestro, col quale nell'istesso tempo ha voluto cortesemente applaudere a gli amici suoi né ha voluto amareggiar loro il gusto che sentivano per l'invenzion del nuovo argomento, ed a' più intendenti e meno appassionati ha in tanto voluto, come si dice, sotto mano mostrarsi accorto ed intelligente, imitando quel generosissimo atto di quel gran signore, che gettò il flussi a monte per non interrompere il giubilo nel quale vedeva galleggiare il giovinetto principe suo avversario, per la vittoria d'un gran resto promessagli dal cinquantacinque già scoperto e gittato in tavola. Ma il signor Mario, con maniera un poco più severa, ha voluto a carte spiegate dire il suo concetto e mostrar la falsità e nullità di quell'argomento, regolandosi da altro fine, ch'è stato di voler più tosto medicare i difetti e tor via gli errori con qualche passione degl'infermi, che fomentargli e fargli maggiori per non gli disgustare.

A quello che il Sarsi scrive in ultimo, che il suo Maestro non avesse avuto pensiero di offender me nel tassar quelli che si burlavan dell'argomento, non occorre ch'io replichi altro, perché già ho detto che lo credo e che mai non ho creduto in contrario. Ma voglio che il Sarsi creda che né io ancora, nel dimostrar falso l'argomento, non ho avuta intenzion d'offender il suo Maestro, ma ben di giovare a chiunque era in quello errore; né so bene intendere con quale occasione m'abbia in questo luogo a toccare col motto del volere, per non perdere un bel detto, perdere un amico: né so vedere quale arguzia sia nel dir "Questo argumento non è vero" sì che debba esser preso per detto arguto.

14. Or segua V. S. Illustrissima il leggere: "Sed rem ipsam nunc enucleatius discutiamus. Aio, nihil in hoc argumento a veritate alienum reperiri. Nam asserimus, primum, obiecta tubo optico visa, quo propinquiora fuerint, eo augeri magis, minus vero quo remotiora. Nihil verius. Galilæus negat. Quid, si fateatur? Quæro enim ex illo, cum tubum illum suum et quidem optimum in manus acceperit, si forte rem intra cubiculi aut aulæ spatia inclusam intueri voluerit, an non is longissime producendus sit? Ita est, ait. Si vero rem longe dissitam e fenestra eodem instrumento spectare libuerit, contrahendum illico dicet, atque ab immani illa longitudine breviorem redigendum in formam. Quod si productionis huius contractionisque caussam quæsiero, ad naturam utique instrumenti recurrendum erit; cuius ea conditio est, ut ad propinquiora intuenda, ex opticæ principiis, produci, ad remotiora vero spectanda contrahi, postulet. Cum ergo ex productione et contractione tubi, ut ait ipse, necessario oriatur maius minusve obiectorum incrementum, licebit iam mihi ex his argumentum huiusmodi conficere: Quæcumque non aliter quam productiore tubo spectari postulant, necessario augentur magis, et quæcumque non aliter quam contractiore tubo spectari postulant, necessario augentur minus; sed propinqua omnia non aliter quam productiore tubo, longe vero remota non aliter quam contractiore tubo, spectari postulant: ergo propinqua omnia necessario augentur magis, longe vero remota necessario augentur minus. In quo argumento si maior minorque propositio vera comprobetur, nec negabitur, arbitror, quod ex illis necessario consequitur. Primam vero propositionem ipse ultro admittit: altera etiam certissima est; et quidem in iis quæ citra dimidium milliare spectantur, nulla apud illum probatione indiget; quod si ea quæ ulterius deinde excurrunt, eadem spectari solent tubi longitudine, id fit non quia revera magis semper ac magis contrahendus ille non sit, sed quia maior isthæc contractio adeo exiguis includitur terminis, ut non multum intersit si omittatur, ac proinde ut plurimum negligatur. Si tamen rei naturam spectemus atque ex rigore geometrico loquendum sit, semper maior hæc contractio requiretur: eadem plane ratione ac si quis diceret, visibile quodcumque quo magis ab oculo removetur, minori semper ac minori spectari angulo, quæ propositio verissima est; nihilominus, cum res oculo obiecta ad certam pervenerit distantiam, in qua angulum visivum efficiat valde exiguum, quamvis postea multo adhuc intervallo fiat remotior, non minuitur sensibiliter idem angulus; et tamen demonstrari potest, illum semper minorem ac minorem futurum. Ita, quamvis ultra maximam quandam distantiam obiectorum vix varientur anguli incidentiæ specierum ad tubi specilla (perinde enim tunc est, ac si omnes radii perpendiculariter inciderent), et consequenter neque varianda sensibiliter sit instrumenti longitudo, verissima tamen adhuc censenda est ea propositio quæ asserit, naturam specilli eam esse, ut, quo remotiora fuerint obiecta, eo magis ad ea spectanda contrahi postulet, et propterea minus eadem augeat quam propinqua; et si severe, ut aiebam, loquendum sit, affirmo stellas breviori specillo spectandas quam Lunam."

Qui, com'ella vede, si apparecchia il Sarsi con mirabil franchezza a volere in virtù d'acuti sillogismi mantenere, niuna cosa esser più vera della più volte profferita proposizione, cioè che gli oggetti veduti col telescopio tanto ricrescon più quanto son più vicini, e tanto meno quanto son più lontani; ed è tanta la sua confidenza, che quasi si promette ch'io sia per confessarla, ben che di presente io la neghi. Ma io fo un augurio e pronostico molto differente, e credo ch'egli si sia, nel tesser questa tela, per ritrovare in maniera inviluppato, più di quello ch'ei pensa ora che egli è su l'ordirla, che in ultimo da per se stesso sia per confessarsi convinto; convinto, dico, a chi con qualche attenzione considererà le cose nelle quali egli anderà a terminare, che facilmente saranno le medesime *ad unguem* che le scritte dal signor Mario, ma orpellate in maniera e così spezzatamente intarsiate tra varii ornamenti e rabeschi di parole, o vero riportate in iscorcio in qualche angolo, che forse alla prima scorsa possano, a chi meno fissamente le consideri, parer qualch'altra cosa da quello che realmente sono in pianta.

In tanto, per non lo tor d'animo, gli soggiungo, che come questo ch'ei tenta sia vero, non solo l'argomento che in questa proposizione s'appoggia, del quale il suo Maestro e gli altri astronomi amici suoi si son serviti per ritrovare il luogo della cometa, è il più ingegnoso e concludente d'ogn'altro, ma di più dico che questo effetto del telescopio avanza in eccellenza di gran lunga tutti gli altri, mediante le gran conseguenze ch'ei si tira dietro; e resto estremamente meravigliato, né so restar capace come possa esser, che, conoscendolo vero, abbia il Sarsi poco fa detto di sé e del suo Maestro d'averne fatto assai minore stima che degli altri due, presi l'uno dal moto circolare e l'altro dalla piccolezza della paralasse, li quali, sia detto con pace loro, non son degni d'esser servidori di questo. Signore, se questa cosa è vera, ecco spianata al Sarsi la strada ad invenzioni ammirande, tentate da moltissimi né mai trovate da alcuno; ecco non solo misurata in una sola stazione qualsivoglia lontananza in Terra, ma senza errore alcuno stabilite le distanze de' corpi celesti. Perché, osservato che sia una volta sola che, verbigrazia, un cerchio lontano un miglio ci si dimostri, veduto col telescopio, di diametro trenta volte maggiore che coll'occhio libero, subito che vedremo l'altezza d'una torre ricrescer, per essempio, diece volte, saremo sicuri quella esser lontana tre miglia; e ricrescendo il diametro della Luna come dir tre volte più di quel che ce lo mostra l'occhio libero, potremo dire, quella esser lontana dieci miglia, ed il Sole quindici, se il suo diametro ricrescerà due volte solamente; o pure, se con qualche telescopio eccellente noi vedessimo la Luna ricrescere in diametro, verbigrazia, dieci volte, la qual è lontana più di cento mila miglia, come bene scrive il P. Grassi, la palla della cupola dalla distanza di un miglio ricrescerà in diametro più d'un milion di volte. Or io, per aiutare quanto posso un'impresa così stupenda, anderò promovendo alcuni dubbietti che mi nascono nel progresso del Sarsi, i quali V. S. Illustrissima, se così le piacerà, potrà con qualche occasione mostrar a lui, acciò, col torgli via, possa tanto più perfettamente stabilire il tutto.

Volendo dunque il Sarsi persuadermi che le stelle fisse non ricevono sensibile accrescimento dal telescopio, comincia dagli oggetti che sono in camera, e mi domanda se per vedergli col telescopio, e' mi bisogna allungarlo assaissimo; ed io gli rispondo che sì: passa a gli oggetti fuori della finestra in gran lontananza, e mi dice che per veder questi bisogna scorciar assai lo strumento; ed io l'affermo, e gli concedo, appresso, ciò derivar, com'esso scrive, dalla natura dello strumento, che per veder gli oggetti vicinissimi richiede assai maggior lunghezza di canna, e minor per li più lontani; ed oltre a ciò confesso che la canna più lunga mostra gli oggetti maggiori che la più breve; e finalmente gli concedo per ora tutto il sillogismo, la cui conclusione è che in universale gli oggetti vicini s'accrescon più, e i molto lontani meno, cioè (adattandola a i nominati particolari) che le stelle fisse, che sono oggetti lontani, ricrescon meno che le cose poste in camera o dentro al palazzo, tra i quali termini mi pare che il Sarsi comprenda le cose ch'ei chiama vicine, non avendo nominatamente discostato in maggior lontananza il termine loro. Ma il detto sin qui non mi par che soddisfaccia a gran lunga al bisogno del Sarsi. Imperocché domando io adesso a lui, s'ei ripone la Luna nella classe degli oggetti vicini, o pure in quella de' lontani. Se la mette tra i lontani, di lei si concluderà il medesimo che delle stelle fisse, cioè il poco ingrandirsi (ch'è poi di diretto contrario all'intenzion del suo Maestro, il quale, per costituir la cometa sopra la Luna, ha bisogno che la Luna sia di quegli oggetti che assai s'ingrandiscono; e però anco scrisse ch'ella in effetto assaissimo ricresceva, e pochissimo la cometa); ma s'egli la mette tra i vicini, che son quelli che ricrescono assai, io gli risponderò ch'ei non doveva da principio ristringere i termini delle cose vicine dentro alle mura della casa, ma doveva ampliargli almeno sino al ciel della Luna. Or sieno ampliati sin là, e torni il Sarsi alle sue prime interrogazioni, e mi dimandi se per veder col telescopio gli oggetti vicini, cioè che non sono oltre all'orbe della Luna, e' mi bisogna allungar assaissimo il telescopio. Io gli risponderò di no; ed ecco spezzato l'arco, e finito il saettar de' sillogismi.

Per tanto, se noi torneremo a considerar meglio questo argomento, lo troveremo esser difettoso, ed esser preso come assoluto quello che non si può intendere senza relazione, o vero come terminato quello ch'è indeterminato, ed in somma essere stata fatta una divisione diminuta (che si chiamano errori in logica), mentre il Sarsi, senza assegnar termine e confine tra la vicinanza e lontananza, ha divisi gli oggetti visibili in lontani ed in vicini, errando in quel medesimo modo ch'errerebbe quel che dicesse: "Le cose del mondo o son grandi o son piccole", nella qual proposizione non è verità né falsità, e così anco non è nel dire: "Gli oggetti o son vicini o son lontani"; dalla quale indeterminazione nasce che le medesime cose si potranno chiamar vicinissime e lontanissime, grandissime e piccolissime, e le più vicine lontane, e le più lontane vicine, e le più grandi piccole, e le più piccole grandi, e si potrà dire: "Questa è una collinetta piccolissima", e "Questo è un grandissimo diamante"; quel corriero chiama brevissimo il viaggio da Roma a Napoli, mentre che quella gentildonna si duole che la chiesa è troppo lontana dalla casa sua. Doveva dunque, s'io non m'inganno, per fuggir questi equivochi, fare il Sarsi la sua divisione almeno in tre membri, dicendo: "Degli oggetti visibili altri son vicini, altri lontani, ed altri posti in mediocre distanza", la qual restava come confine tra i vicini ed i lontani; né anco qui si doveva fermare, ma di più doveva soggiungere una precisa determinazione alla distanza d'esso confine, dicendo, verbigrazia: "Io chiamo distanza mediocre quella d'una lega; grande, quella ch'è più d'una lega; piccola, quella ch'è meno": né so ben capire perch'egli non l'abbia fatto, se non che forse scorgeva più il suo conto e più se lo prometteva dal potere accortamente prestigiare con equivochi tra le persone semplici, che dal saldamente concludere tra i più intelligenti; ed è veramente un gran vantaggio aver la carta dipinta da tutte due le bande, e poter, per essempio, dire: "Le stelle fisse, perché son lontane, ricrescon pochissimo; ma la Luna, assai, perch'è vicina", ed altra volta, quando venisse il bisogno, dire: "Gli oggetti di camera, essendo vicini, crescono assaissimo; ma la Luna, poco, perch'è lontanissima." E questo sia il primo dubbio.

Secondo, già il P. Grassi pose in un sol capo la cagione del ricrescere or più ed or meno gli oggetti veduti col telescopio, e questo fu la minore o la maggior lontananza d'essi oggetti, né pur toccò una sillaba dell'allungare o abbreviare lo strumento; e di questo, dice ora il Sarsi, nessuna cosa esser più vera: tuttavia, quando ei si ristringe al dimostrarlo, non gli basta più la breve e gran lontananza dell'oggetto, ma gli bisogna aggiungervi la maggiore e la minor lunghezza del telescopio, e construire il sillogismo in cotal forma: "La vicinanza dell'oggetto è causa d'allungare il telescopio; ma tal allungamento è causa di ricrescimento maggiore; adunque la vicinanza dell'oggetto è causa di ricrescimento maggiore." Qui mi pare che il Sarsi, in cambio di sollevare il suo Maestro, l'aggravi maggiormente, facendolo equivocare dal *per accidens* al *per se*; in quel modo ch'errerebbe quegli che volesse metter l'avarizia tra le regole *de sanitate tuenda*, e dicesse: "L'avarizia è causa di viver sobriamente, la sobrietà è causa di sanità, adunque l'avarizia mantien sano": dove l'avarizia è un'occasione, o vero un'assai remota causa *per accidens* alla sanità, la quale segue fuor della primaria intenzion dell'avaro, in quanto avaro, il fine del qual è il risparmio solamente. E questo ch'io dico è tanto vero, quanto con altrettanta conseguenza io proverò, l'avarizia esser causa di malattia, perché l'avaro, per risparmiare il suo, va frequentemente a i conviti degli amici e de' parenti, e la frequenza de' conviti causa diverse malattie; adunque l'avarizia è causa d'ammalarsi: da i quali discorsi si scorge finalmente che l'avarizia, come avarizia, non ha che far niente colla sanità, come anco la propinquità dell'oggetto col suo maggior ricrescimento; e la causa per la quale nel rimirar gli oggetti propinqui s'allunga lo strumento, è per rimuover la confusione nella quale esso oggetto ci si dimostra adombrato, la qual si toglie coll'allungamento; ma perché poi all'allungamento ne conséguita un maggior ricrescimento, ma fuor della primaria intenzione, che fu di chiarificare, e non d'ingrandir, l'oggetto, quindi è che la propinquità non si può chiamare altro che un'occasione, o vero una remotissima causa *per accidens*, del maggior ricrescimento.

Terzo, se è vero che quella, e non altra, si debba propriamente stimar causa, la qual posta segue sempre l'effetto, e rimossa si rimuove; solo l'allungamento del telescopio si potrà dir causa del maggior ricrescimento: avvenga che, sia pur l'oggetto in qualsivoglia lontananza, ad ogni minimo allungamento ne séguita manifesto ingrandimento; ma all'incontro, tuttavolta che lo strumento si riterrà nella medesima lunghezza, avvicinisi pur quanto si voglia l'oggetto, quando anco dalla lontananza di cento mila passi si riducesse a quella di cinquanta solamente, non però il ricrescimento sopra l'apparenza dell'occhio libero si farà punto maggiore in questo sito che in quello. Ma bene è vero, che avvicinandolo a piccolissime distanze, come di quattro passi, di due, d'uno, d'un mezo, la specie dell'oggetto più e più sempre s'intorbida ed offusca, sì che, per vederlo distinto e chiaro, convien più e più allungar il telescopio, al qual allungamento ne conséguita poi il maggior e maggior ricrescimento: ed avvenga che tal ricrescimento dependa solo dall'allungamento, e non dall'avvicinamento, da quello, e non da questo, si deve regolare; e perché nelle lontananze oltre a mezo miglio non fa di mestieri, per veder gli oggetti chiari e distinti, di muover punto lo strumento, niuna mutazione cade ne' loro ingrandimenti, ma tutti si fanno colla medesima proporzione; sì che se la superficie, verbigrazia, d'una palla, veduta col telescopio, in distanza di mezo miglio ricresce mille volte, mille volte ancora, e niente meno, ricrescerà il disco della Luna, tanto ricrescerà quel di Giove, e finalmente tanto quel d'una stella fissa. Né accade qui che il Sarsi la voglia star a sminuzzolare e rivedere a tutto rigor di geometria, perché, quando ei l'avrà tirata e ridotta in atomi e presosi anco tutti i vantaggi, il guadagno suo non arriverà a quello di colui che con diligenza s'andava informando per qual porta della città s'usciva per andar per la più breve in India; ed in fine gli converrà confessare (come anco in parte pare ch'ei faccia nel fine del periodo letto da V. S. Illustrissima) che trattando con ogni severità il telescopio, si debba tener manco d'un capello più corto nel riguardar le stelle fisse, che nel mirar la Luna. Ma da tutta questa severità che ne risulterà poi in ultimo, che sia di sollevamento al Sarsi? Nulla assolutamente; perché non ne raccorrà altro se non che, ricrescendo, verbigrazia, la Luna mille volte, le stelle fisse ricrescano novecento novantanove; mentre che per difesa sua e del suo Maestro bisognerebbe ch'elle non crescessero né anco due volte, perché il ricrescimento del doppio non è cosa impercettibile, ed eglino dicono le fisse non ricrescer sensibilmente.

Io so che il Sarsi ha intese benissimo queste cose, anco nella lettura del signor Mario; ma vuol, per quanto ei può, mantener vivo il suo Maestro a quint'essenza di sillogismi sottilissimamente distillati (e siami lecito dir così, perché di qui a poco ei chiamerà troppo minute alcune cose del signor Mario, che sono assai più corpulente di queste sue). Ma per finire ormai i miei dubbi, m'accade dir qualche cosa intorno all'essempio portato dal Sarsi, preso da gli oggetti veduti naturalmente: de' quali dice che quanto più s'allontanano dall'occhio, sempre si veggono sotto minor angolo; nientedimeno, quando si è arrivato a certa distanza, nella quale l'angolo si faccia assai piccolo, per molto poi che si allontani più l'oggetto, l'angolo però non si diminuisce sensibilmente; tuttavia, dic'egli, si può dimostrare ch'ei si fa minore. Ma se il senso di questo essempio è quale mi si rappresenta, e qual anco convien che sia se ha da quadrar bene al concetto essemplificato, io son di parere molto diverso da questo del Sarsi. Imperocché a me pare ch'in sostanza ei voglia che l'angolo visuale, nell'allontanarsi l'oggetto, si vada ben continuamente diminuendo, ma sempre successivamente con minor proporzione, sì che oltre a una gran lontananza, per molto che l'oggetto si discosti ancora, poco più si diminuisca l'angolo: ma io son di contrario parere, e dico che la diminuzione dell'angolo si va facendo sempre con maggior proporzion, quanto più l'oggetto s'allontana. E per più facilmente dichiararmi, noto primieramente, che il voler determinar le grandezze apparenti degli oggetti visibili colle quantità degli angoli sotto i quali quelle ci si rappresentano, è ben fatto nel trattar di parti di alcuna circonferenza di cerchio nel centro del quale sia collocato l'occhio; ma trattandosi di tutti gli altri oggetti, è errore: imperocché l'apparenti grandezze, non dagli angoli visuali, ma dalle corde degli archi suttesi a detti angoli si deono determinare; e queste tali apparenti quantità si vanno sempre diminuendo puntualissimamente con proporzion contraria di quella delle lontananze; sì che il diametro, verbigrazia, d'un cerchio, veduto in distanza di cento braccia, mi si rappresenta giusto la metà di quello che m'apparrebbe dalla distanza di braccia cinquanta, e veduto in distanza di mille braccia mi parrà doppio che se sarà lontano dumila, e così sempre in tutte le lontananze; né mai accaderà ch'egli per qualsivoglia grandissima distanza m'apparisca così piccolo, ch'ei non mi paia ancora la metà da dupplicata lontananza. Ma se noi pur vorremo determinar l'apparenti grandezze dalla quantità degli angoli, come fa il Sarsi, il fatto seguirà ancora più disfavorevole per lui; perché tali angoli non diminuiranno già colla proporzione colla quale le lontananze crescono, ma con minore. Ma quel che contraria al detto del Sarsi è che, paragonati gli angoli fra di loro, con maggior proporzione si vanno diminuendo nelle maggiori distanze che nelle minori; sì che, se, verbigrazia, l'angolo d'un oggetto posto in distanza di cinquanta braccia, all'angolo del medesimo oggetto posto in distanza di braccia cento, è, per essempio, come cento a sessanta, l'angolo del medesimo oggetto in distanza di mille all'angolo in distanza di dumila sarà, verbigrazia, come cento a cinquant'otto, e quello in distanza di quattromila a quello in distanza d'ottomila sarà come cento a cinquantacinque, e quel della distanza di 10000 a quel di ventimila sarà come cento a cinquantadue, e sempre la diminuzion dell'angolo s'anderà facendo in maggiore e maggior proporzione, senza però ridursi mai a farsi colla medesima delle lontananze permutatamente prese. Tal che, s'io non prendo errore, quello che scrive il Sarsi, che l'angolo visuale, ridotto per gran lontananze a molta acutezza, non continua di diminuirsi per altri immensi allontanamenti con sì gran proporzione come faceva nelle minori distanze, è tanto falso, quanto che tal diminuzione vien sempre fatta in maggior proporzione.

15. Legga ora V. S. Illustrissima: "Sed dicet is, hoc non esse, saltem, eodem uti instrumento, ac proinde, si de eodem loquamur specillo, falsam esse positionem illam: quamquam enim eadem sint vitra, idem etiam tubus, si tamen hic idem modo productior, modo vero fuerit contractior, non idem semper erit instrumentum. Apage hæc tam minuta. Si quis igitur cum amico colloquens leni sono verba formaverit, ut scilicet e propinquo exaudiatur; mox alium conspicatus e longinquo, contentissima illum voce inclamarit; alio atque alio illum uti gutture atque ore dixeris, quod hæc vocis instrumenta illic contrahi, hic dilatari atque extendi necesse sit? Nos vero cum tubicines æs illud recurvum ac replicatum adducta reductaque dextra ad graviorem quidem sonum producentes, ad acutiorem vero contrahentes, intuemur, num propterea alia atque alia uti tuba existimamus?"

Qui, com'ella vede, il Sarsi introduce me, come ormai convinto dalla forza de' suoi sillogismi, a ricorrere per mio scampo a qualunque debolissimo attacco, ed a dire, quando pur vero sia che le stelle fisse non ricevano accrescimento come gli oggetti vicini, che questo "saltem" non è servirsi del medesimo strumento, poi che negli oggetti propinqui si deve allungare; e mi soggiunge, con un *Apage*, ch'io ricorro a cose troppo minute. Ma, signor Sarsi, io non ho bisogno di ricorrere al "saltem" ed alle minuzie. Necessità ne avete avuta voi sin qui, e più l'averete nel progresso. Voi avete avuto bisogno di dire che "saltem" nelle sottilissime idee geometriche le fisse richieggono abbreviazione del telescopio più che la Luna, dal che poi ne seguiva, come di sopra ho notato, che ricrescendo la Luna mille volte, le fisse ricrescerebbono novecento novantanove, mentre che per mantenimento del vostro detto avevate di bisogno ch'elle non ricrescessero né anco una meza volta. Questo, signor Sarsi, è un ridursi al "saltem", e un far come quella serpe che, lacerata e pesta, non le sendo rimasti più spiriti fuor che nell'estremità della coda, quella va pur tuttavia divincolando, per dare a credere a' viandanti d'essere ancor sana e gagliarda. Ed il dire che il telescopio allungato è un altro strumento da quel ch'era avanti, è, nel proposito di che si parla, cosa essenzialissima, e tanto vera quanto verissima; né il Sarsi avrebbe stimato altrimenti, se nel darne giudicio non avesse equivocato dalla materia alla forma o figura, che dir la vogliamo: il che si può facilmente dichiarare anco senza uscir del suo medesimo essempio.

Io domando al Sarsi, onde avvenga che le canne dell'organo non suonan tutte all'unisono, ma altre rendono il tuono più grave ed altre meno? Dirà egli forse, ciò derivare perch'elle sieno di materie diverse? certo no, essendo tutte di piombo: ma suonano diverse note perché sono di diverse grandezze, e quanto alla materia, ella non ha parte alcuna nella forma del suono: perché si faran canne, altre di legno, altre di stagno, altre di piombo, altre d'argento ed altre di carta, e soneran tutte l'unisono; il che avverrà quando le loro lunghezze e larghezze sieno eguali: ed all'incontro coll'istessa materia in numero, cioè colle medesime quattro libre di piombo, figurandolo or in maggiore or in minor vaso, ne formerò diverse note: sì che, per quanto appartiene al produr suono, diversi sono gli strumenti che ànno diversa grandezza, e non quelli che ànno diversa materia. Ora, se disfacendo una canna se ne rigetterà del medesimo piombo un'altra più lunga, ed in conseguenza di tuono più grave, sarà il Sarsi renitente a dir che questa sia una canna diversa dalla prima? voglio creder di no. Ma se altri trovasse modo di formar la seconda più lunga senza disfar la prima, non sarebbe l'istesso? certo sì. Ma il modo sarà col farla di due pezzi e ch'uno entri nell'altro, perché così si potrà allungare e scorciare, ed in somma farla all'arbitrio nostro divenir canne diverse, per quello che si ricerca al formar diverse note; e tale è la struttura del trombone. Le corde dell'arpe, ben che sieno tutte della medesima materia, rendon suoni differenti, perché sono di diverse lunghezze: ma quel che fanno molte di queste, lo fa una sola nel liuto, mentre che col tasteggiare si cava il suono ora da tutta ora da una parte, ch'è l'istesso che allungarla e scorciarla, ed in somma trasmutarla, per quanto appartiene alla produzzion del suono, in corde differenti: e l'istesso si può dire della canna della gola, la qual, col variar lunghezza e larghezza, accommodandosi a formar varie voci, può senza errore dirsi ch'ella diventi canne diverse. Così, e non altrimenti (perché il maggiore o minor ricrescimento non consiste nella materia del telescopio, ma nella figura, sì che il più lungo mostra maggiore), quando, ritenendo l'istessa materia, si muterà l'intervallo tra vetro e vetro, si verranno a costituire strumenti diversi.

16. Or sentiamo l'altro sillogismo che forma il Sarsi: "Sed videat Galilæus, quam non contentiose agam: aliud sit instrumentum tubus nunc productior, nunc contractior; iterum, paucis mutatis, idem argumentum conficiam. Quæcumque diverso instrumento spectari postulant, diversum etiam ex instrumento capiunt incrementum; sed propinqua et remota diverso instrumento spectari postulant; diversum igitur propinqua et remota ex instrumento capient incrementum. Maior iterum ac minor ipsius est; eiusdem sit et consequentia necesse est. Quibus rebus expositis, satis docuisse videor, nihil nos hactenus a veritate, neque a Galilæo quidem, alienum pronunciasse, cum diximus, hoc instrumento minus remota augeri quam propinqua, cum, natura etiam sua, ad illa spectanda contrahi, ad hæc vero produci, postulet: dici tamen non inepte poterit, idem quidem esse instrumentum, diverso tamen modo usurpatum."

Il quale argomento io concedo tutto, ma non veggo ch'ei concluda niente in disfavor del signor Mario, né in favor della causa del Sarsi; al quale di niun profitto è che gli oggetti vicinissimi veduti con un telescopio lungo ricrescono più che i lontani veduti con un corto, ch'è la conclusion del sillogismo, ma molto diversa dall'obligo intrapreso dal Sarsi. Il qual è di provar due punti principali: l'uno è che gli oggetti sino alla Luna, e non quei soli che sono nella camera, ricrescano assaissimo; ma le stelle fisse, non poco manco, ma insensibilmente, vedute queste e quelli coll'istesso strumento: l'altro, che la diversità di tali ricrescimenti proceda dalla diversità delle lontananze d'essi oggetti, e che a quelle proporzionatamente risponda: le quali cose egli non proverà mai in eterno, perché son false. Ma della nullità del presente sillogismo, per quanto appartiene alla materia di che si tratta, siacene testimonio che io su le sue medesime pedate procederò a dimostrar concludentemente il contrario. Gli oggetti che ricercano d'esser riguardati col medesimo strumento, ricevono da quello il medesimo ricrescimento; ma tutti gli oggetti, da un quarto di miglio in là sino alla lontananza di mille milioni, ricercano d'esser riguardati col medesimo strumento; adunque tutti questi ricevono il medesimo ricrescimento. Non concluda per tanto il Sarsi di non avere scritto cosa aliena né dal vero né da me; perché di me almanco l'assicuro ch'egli sin qui ha concluso cosa contraria all'intenzion mia.

Nell'ultima chiusa di questo periodo, dov'egli dice che il telescopio or lungo or corto si può chiamar il medesimo strumento, ma diversamente usurpato, vi è, s'io non m'inganno, un poco di equivoco; anzi parmi che il negozio proceda tutto all'opposito, cioè che lo strumento sia diverso, e l'usurpamento o vero applicazione sia la medesima a capello. Chiamasi il medesimo strumento esser diversamente usurpato, quando, senza punto alterarlo, si applica ad usi differenti: e così l'àncora fu la medesima, ma diversamente usurpata dal piloto per dar fondo, e da Orlando per prender balene. Ma nel caso nostro accade tutto l'opposito: imperocché l'uso del telescopio è sempre il medesimo, perché sempre s'applica a riguardar oggetti visibili; ma lo strumento è ben diversificato, mutandosi in esso cosa essenzialissima, qual è l'intervallo da vetro a vetro. È adunque manifesto l'equivoco del Sarsi.

17. Ma seguitiamo più avanti: "At dicet: verissima hæc quidem esse, si summo geometriæ, iure res agatur; quod tamen in re nostra locum non habet, et cum saltem ad Lunam et stellas intuendas nullo longitudinis discrimine specillum adhiberi soleat, nihil hic etiam ponderis habituram esse maiorem minoremve distantiam ad maius minusve obiecti incrementum inferendum; quare si stellæ minus augeri videantur quam Luna, ex alio deducendam huius phœnomeni rationem, non ex obiecti remotione. Ita sit; et nisi aliunde etiam habeat tubus hic, stellas minus augere quam Lunam, minus fortasse ponderis argumento insit. Dum tamen illud præterea huic instrumento tribuitur, ut luminosa omnia larga illa radiatione, qua veluti coronantur, expoliet, ex quo fit ut, licet stellæ idem fortasse re ipsa capiant ex illo incrementum quod Luna, minus tamen augeri videantur (cum diversum plane sit id, quod tubo conspicitur, ab eo quod nudis prius oculis videbatur: hi siquidem nudi et stellam et circumfusum fulgorem spectabant; tubo vero adhibito, solum stellæ corpusculum intuendum obiicitur), verissimum etiam est, iis omnibus quæ ad opticam spectant consideratis, stellas hoc instrumento, quoad aspectum saltem, minus accipere incrementi quam Lunam, immo etiam aliquando, si oculis credas, nulla ratione augeri, ac, si Deo placet, etiam minui: quod nec ipse Galilæus negat. Mirari proinde desinat, quod stellas insensibiliter per tubum augeri dixerimus: neque enim hic huius aspectus causam quærebamus, sed aspectum ipsum."

Qui noti primieramente V. S. Illustrissima come la mia predizzione, fatta di sopra al numero 14, comincia a verificarsi. Là animosamente s'esibì il Sarsi a mantener, niuna cosa esser più vera del ricrescer gli oggetti veduti col telescopio tanto più quanto più son vicini, e tanto meno quanto più lontani: onde le stelle fisse, come lontanissime, non ricrescesser sensibilmente; ma la Luna, assaissimo, come vicina. Or qui mi pare che si cominci a vedere una gran ritirata ed una confession manifesta: prima, che la diversità delle lontananze degli oggetti non sia più la vera causa de' diversi ingrandimenti, ma che bisogni ricorrere all'allungamento e scorciamento del telescopio; cosa non detta, né pure accennata, né forse pensata, da loro avanti l'avvertimento del signor Mario: secondo, che né anco questo abbia luogo nel presente caso, atteso che niuna mutazione si faccia nello strumento, sì che, cessando questo rifugio ancora, l'argomento che sopra ciò si fondava resti invalido totalmente. Veggo, nel terzo luogo, ricorrere a cagioni lontanissime dalle portate da principio per vere e sole, e dire che il poco ricrescimento apparente nelle fisse non dependa più né da gran lontananza d'esse né da brevità di strumento, ma che è un'illusione dell'occhio nostro, il quale libero vede le stelle con un grandissimo irraggiamento non reale e che però ci sembrano grandi, ma collo strumento si vede il nudo corpo della stella, il quale, ben che ringrandito come tutti gli altri oggetti, non però par tale, paragonato colle medesime stelle vedute liberamente, in relazion delle quali l'accrescimento par piccolissimo: dal che ei conclude che almeno quanto all'apparenza le stelle fisse pur mostrano di ricrescer pochissimo, perloché io non mi devo maravigliare ch'eglino ciò abbiano detto, poi ch'ei non ricercavano la causa di tale aspetto, ma solamente l'aspetto istesso. Ma, signor Sarsi, perdonatemi: voi, mentre cercate di rimuovermi la meraviglia, non pur non me la levate, ma con altre nuove cagioni me la moltiplicate assai.

E prima, io non poco mi meraviglio nel vedervi portar questo precedente discorso con maniera dottrinale, quasi che voi lo vogliate insegnare a me, mentre l'avete di parola in parola imparato voi dal signor Mario; e di più soggiungete ch'io non nego queste cose, credo con intenzione che nel lettore resti concetto ch'io medesimo avessi in mano la risoluzione della difficoltà, ma che io non l'avessi saputa conoscere né prevalermene. Meravigliomi, secondariamente, che voi diciate che il vostro Maestro non andò ricercando la cagione dell'insensibil ricrescimento delle stelle fisse, ma solo l'istesso effetto dell'insensibilmente ricrescere, ancor ch'egli più d'una volta replichi esser di ciò la cagione l'immensa lontananza. Ma quello che, nel terzo luogo, m'accresce la meraviglia a cento doppi è che voi non v'accorgiate che, quando ciò vero fusse, voi figurereste, a gran torto, il vostro Maestro privo ancora di quella communissima logica naturale, in virtù della quale ogni persona, per idiota ch'ella sia, discorre e conclude direttamente le sue intenzioni. E per farvi toccar con mano la verità di quanto io dico, rimovete la considerazion della causa ed introducete il solo effetto (già che voi affermate che il vostro Maestro non ricercò la causa, ma il solo effetto), e poi discorrendo dite: "Le stelle fisse ricrescono insensibilmente; ma la cometa essa ancora ricresce insensibilmente"; adunque, signor Sarsi, che ne concluderete? Rispondete: "Nulla", se volete rispondere manco male che sia possibile: perché se voi pretenderete di poterne inferire una conseguenza, ed io pretenderò con altrettanta connessione poterne inferir mille; e se vi parrà di poter dire: "Adunque la cometa è lontanissima, perché anco le fisse sono lontanissime", ed io con non minor ragione dirò: "Adunque la cometa è incorruttibile, perché le fisse sono incorruttibili", ed appresso dirò: "Adunque la cometa scintilla, perché le fisse scintillano", e con non minor ragione potrò dire: "Adunque la cometa risplende di propria luce, perché così fanno le fisse": e s'io farò di queste conseguenze, voi vi riderete di me come d'un logico senza dramma di logica, ed avrete mille ragioni, e poi cortesemente m'avvertirete ch'io da quelle premesse non posso inferir altro per la cometa se non quei particolari accidenti che ànno necessaria, anzi necessariissima connessione coll'insensibil ricrescimento delle stelle fisse; e perché questo ricrescimento non depende né ha connession veruna coll'incorruttibilità, né colla scintillazione, né coll'esser lucido da per sé, però niuna di queste conclusioni si può concludere della cometa: e chi di là vorrà inferir, la cometa esser lontanissima, bisogna che di necessità abbia prima ben bene stabilito, l'insensibil ricrescimento delle stelle dependere, come da causa necessarissima, dalla gran lontananza, perché altrimenti non si sarebbe potuto servir del suo converso, cioè che quegli oggetti che insensibilmente ricrescono, sieno di necessità lontanissimi. Or vedete quali errori in logica voi immeritamente addossate al vostro Maestro: dico immeritamente, perché son vostri, e non suoi.

18. Or legga V. S. Illustrissima sin al fine di questo primo essame: “At videat hoc loco Galilæus, quam non insipienter ex his atque aliis in Sidereo Nuncio ab illo traditis inferamus, cometam supra Lunam statuendum. Ait ipse, cælestia inter lumina alia quidem nativa ac propria fulgere luce, quo in numero Solem ac stellas quas fixas dicimus collocat; alia vero, nullo a natura splendore donata, lumen omne a Sole mutuari, qualia sex reliqui planetæ haberi solent. Observavit præterea, stellas maxime inane illud lucis non suæ coronamentum adamasse, ac veluti comam alere consuevisse; planetas vero, Lunam præsertim, Iovem atque Saturnum, nullo fere huiusmodi fulgore vestiri; Martem tamen, Venerem atque Mercurium, quamvis nullo et ipsi generis splendore sint præditi, e Solis propinquitate tantum haurire luminis, ut, stellis quodammodo pares, earumdem et scintillationem et circumfusos radios imitentur. Cum ergo cometa, vel Galilæo auctore, lumen non a natura inditum habeat, sed Soli acceptum referat, nosque illum tanquam temporarium planetam existimaremus, cum cæteris non postremæ notæ viris, de eo etiam similiter philosophandum erat atque de Luna cæterisque errantibus: quorum cum ea sit conditio, ut, quo minus a Sole distant, eo splendeant ardentius, fulgoreque maiore vestiti (quod inde consequitur) tubo inspecti minus augeri videantur, dum cometa ex hoc eodem instrumento idem fere quod Mercurius caperet incrementum, an non valde probabiliter inferre inde potuimus, cometam eumdem non plus admodum circumfusi illius luminis admisisse quam Mercurium, nec proinde longiori multo a Sole dissitum intervallo; contra vero, cum minus augeretur quam Luna, maiori circumfusum lumine, ac Soli viciniorem statuendum? Ex quibus iure dixisse nos intelligit, cum parum admodum augeri visus sit cometa, multo a nobis remotiorem quam Lunam dicendum esse. Et sane, cum nobis ex parallaxi observata, ex cursu etiam cometæ decoro ac plane sidereo, satis iam de eius loco constaret; cum præterea eumdem tubus pari pene incremento ac Mercurium afficeret, contrarium certe nulla ratione suaderet; licuit hinc etiam non minimam momenti ac ponderis appendiculam in nostram derivare sententiam. Quamquam enim sciremus ex multis posse ista pendere, ex ea tamen ipsa quam lucidum hoc corpus in omnibus suis phœnomenis cum reliquis cælestibus corporibus servaret analogiam, satis magnum a tubo nos accepisse beneficium tunc putavimus, quod sententiam nostram, aliorum iam argumentorum pondere firmatam, suo etiam suffragio ipse vehementius confirmaret.

Quod autem reliquum est argumento additum, ea videlicet verba: "Scio hoc argumentum apud aliquos parvi fuisse momenti, etc." diserte ingenueque supra memoravimus, quorsum hæc addita fuerint; adversus eos nimirum qui, huic instrumento fidem elevantes, opticarum disciplinarum plane ignari, fallax illud ac nulla dignum fide prædicarent. Intelligit igitur, ni fallor, Galilæus, quam immerito nostram de tubo sententiam oppugnarit, quam veritati, immo et suis etiam placitis, nulla in re adversam agnoscit: agnoscere etiam ante poterat, si pacato magis illam animo aspexisset. Qui igitur nobis in mentem veniret unquam, fore aliquando, ut minus hæc illi grata acciderent, quæ prorsus ipsius esse censeremus? Sed quando hæc pro nostra sententia satis esse arbitror, ad ipsius Galilæi placita expendenda gradum faciamus.”

Qui primieramente, com'ella vede, aviamo un argomento rappezzato, come si dice, su 'l vecchio, di diversi fragmenti di proposizioni, per provar pure, il luogo della cometa essere stato tra la Luna ed il Sole: il qual discorso il signor Mario ed io gli possiamo, senza pregiudicio alcuno, conceder tutto, non avendo noi mai affermato cosa veruna attenente al sito della cometa, né negato ch'ella possa essere sopra la Luna, ma solamente si è detto che le dimostrazioni portate sin qui dagli autori non mancano di dubitazioni; per le quali rimuovere di niuno aiuto è che ora il Sarsi venga con altra nuova dimostrazione, quando bene ella fusse necessaria e concludente, a provar la conclusione esser vera, avvenga che anco intorno a conclusioni vere si può falsamente argumentare e commetter paralogismi e fallacie. Tuttavia, per lo desiderio ch'io tengo che le cose recondite vengano in luce e si guadagnino conclusioni vere, anderò movendo alcune considerazioni intorno ad esso discorso: e per più chiara intelligenza lo ristringerò prima nella maggior brevità ch'io possa.

Dic'egli dunque, aver dal mio *Nunzio Sidereo*, le stelle fisse, come quelle che risplendono di propria luce, irraggiarsi molto di quel fulgore non reale, ma solo apparente; ma i pianeti, come privi di luce propria, non far così, e massime la Luna, Giove e Saturno, ma dimostrarsi quasi nudi di tale splendore; ma Venere, Mercurio e Marte, benché privi di luce propria, irraggiarsi nondimeno assai per la vicinità del Sole, dal quale più vivamente vengon tocchi. Dice di più, che la cometa, di mio parere, riceve il suo lume dal Sole, e poi soggiunge, sé, con altri autori di nome, aver reputata la cometa come un pianeta per a tempo, e che però di lei si possa filosofare come degli altri pianeti; de' quali essendo che i più vicini al Sole più s'irraggiano, ed in conseguenza meno ricrescono veduti col telescopio, ed avvenga che la cometa ricresceva poco più di Mercurio ed assai meno che la Luna, molto ragionevolmente si poteva concluder, lei esser non molto più lontana dal Sole che Mercurio, ma assai più vicina a quello che la Luna. Questo è il discorso, il quale calza così bene, e così aggiustatamente s'assesta, al bisogno del Sarsi, come se la conclusione fusse fatta prima de' principii e de' mezi, sì che non quella da questi, ma questi da quella dependessero, e fussero non dalla larghezza della natura, ma dalla puntualità di sottilissima arte stati preparati per lei. Ma veggiamo quanto siano concludenti.

E prima, che io abbia scritto nel *Nunzio Sidereo* che Giove e Saturno non s'irraggino quasi niente, ma che Marte, Venere e Mercurio si coronino grandemente de' raggi, è del tutto falso; perché la Luna solamente ho sequestrata dal resto di tutte le stelle, tanto fisse quanto erranti.

Secondariamente, non so se per far che la cometa sia un quasi pianeta, e che, come tale, se gli convengano le proprietà degli altri pianeti, basti che il Sarsi, il suo Maestro ed altri autori l'abbiano stimata e nominata per tale: che se la stima e la voce loro avesser possanza di porre in essere le cose da essi stimate e nominate, io gli supplicherei a farmi grazia di stimar e nominar oro molti ferramenti vecchi che mi ritrovo avere in casa. Ma lasciando i nomi da parte, qual condizione induce questi tali a reputar la cometa quasi un pianeta per a tempo? forse il risplendere come i pianeti? ma qual nuvola, qual fumo, qual legno, qual muraglia, qual montagna, tocca dal Sole, non risplende altrettanto? Non ha veduto il Sarsi nel *Nunzio Sidereo* dimostrato, lo stesso globo terrestre risplender più che la Luna? Ma che dico io del risplender la cometa come un pianeta? Io, in quanto a me, non ho per impossibile che la sua luce possa esser tanto debole, e la sua sostanza tanto tenue e rara, che quando alcuno se gli potesse avvicinare assai, la perdesse del tutto di vista; come accade d'alcuni fuochi ch'escono dalla Terra, i quali solamente di notte e da lontano si veggono, ma da vicino si perdono; in quel modo che le nuvole lontane si veggono terminatissime, che poi da presso mostrano un poco di adombramento di nebbia talmente interminato, che altri quasi, nell'entrarvi dentro, non distingue il suo termine, né lo sa separar dall'aria sua contigua. E quelle proiezzioni de' raggi solari tra le rotture delle nuvole, tanto simili alle comete, quando mai son elle vedute, se non da quelli che da loro son lontani? Convien forse la cometa co' pianeti per ragion di moto? E qual cosa separata dalla parte elementare, ch'ubidisce allo stato terrestre, non si moverà al moto diurno col resto dell'universo? Ma se si parla dell'altro moto traversale, questo non ha che far col movimento de' pianeti, non essendo né per quel verso, né regolato, né forse pur circolare. Ma, lasciati gli accidenti, crederà forse alcuno, la sostanza o materia della cometa aver convenienza con quella de' pianeti? Questa si può credere esser solidissima, ché così ne persuade in particolare e quasi sensatamente la Luna, ed in universale la figura terminatissima ed immutabile di tutti i pianeti; dove, per l'opposito, quella della cometa in pochi giorni si può credere che si dissolva; e la sua figura, non circolarmente terminata, ma confusa ed indistinta, ci dà segno, la sua sostanza esser cosa più tenue e più rara che la nebbia o il fumo: sì che in somma ella si possa più tosto chiamare un pianeta dipinto, che reale.

Terzo, io non so quanto perfettamente ei possa aver paragonato l'irraggiamento ed il ricrescimento della cometa con quel di Mercurio, il quale, avvenga che rarissime volte dia occasion d'essere osservato, in tutto il tempo che apparve la cometa, sicuramente non la dette egli mai, né poté esser veduto, ritrovandosi sempre assai vicino al Sole; sì che io credo di poter senza scrupolo creder, che il Sarsi non facesse altrimenti questo paragone, difficile anco per altro e mal sicuro a potersi fare, ma ch'e' lo dica, perché, quando così fussi, servirebbe meglio alla sua causa. E del non essere egli venuto a questa esperienza me ne dà anco indizio questo, che nel riferir l'osservazioni fatte in Mercurio e nella Luna, colle quali paragona quelle della cometa, mi par ch'ei si confonda alquanto: atteso che, per voler concludere, la cometa esser più lontana dal Sole che Mercurio, aveva bisogno dire ch'ella s'irraggiava meno di lui, e veduta col telescopio ricresceva più di lui; tuttavia gli è venuto scritto a rovescio, cioè ch'ella non s'irraggiava assai più di Mercurio, e ch'ella riceveva quasi il medesimo ricrescimento, ch'è quanto a dire ch'ella s'irraggiava più, e ricresceva manco, di Mercurio: paragonandola poi colla Luna, scrive l'istesso (ben ch'egli dica di scrivere il contrario), cioè ch'ella ricresceva meno che la Luna, e s'irraggiava più: tuttavia poi, nel concludere, dalla identità di premesse ne deduce contrarie conclusioni, cioè che la cometa è più vicina al Sole che la Luna, ma più remota che Mercurio.

E finalmente, professando il Sarsi d'esser molto esatto logico, non so perché nella division de' corpi luminosi che s'irraggiano più o meno, e che in conseguenza, veduti col telescopio, ricevono ingrandimento minore o maggiore, ei non abbia registrati i nostri lumi elementari; avvenga che le candele, le fiaccole ardenti vedute in qualche distanza, e qualunque sassetto, legnuzzo o altro piccolo corpicello, insin le foglie dell'erbe e le stille della rugiada percosse dal Sole, risplendono, e da certe vedute s'irraggiano al pari di qualunque più folgorante stella, e viste col telescopio osservano nell'ingrandimento l'istesso tenore che le stelle: perloché cessa del tutto quell'aiuto di costa ch'altri si era promesso dal telescopio, per condur la cometa in cielo e rimuoverla dalla sfera elementare. Cessi pertanto ancora il Sarsi dal pensiero di poter sollevare il suo Maestro, e sia certo che per voler sostenere un errore è forza di commetterne cento, e, quel ch'è peggio, restar in ultimo a piedi. Vorrei anco pregarlo ch'ei cessasse di replicar, com'egli pur fa nel fine di questa parte, che queste sue sieno mie dottrine, perch'io né scrissi mai tali cose, né le dissi, né le pensai. E tanto basti intorno al primo essame.

19. Ora passiamo al secondo: "Quamvis ad hanc usque diem nemo cometam omni ex parte inania inter spectra numerandum dixerit, ex quo fieret ut necesse non haberemus illum ab hoc inanitatis crimine liberare, quia tamen Galilæus aliam inire viam explicandi cometæ satius sapientiusque duxit, par est in novo hoc illius invento diligentius expendendo commorari.

Duo sunt quæ ille excogitavit: alterum substantiam, alterum vero motum cometæ spectat. Quod ad prius attinet, ait lumen hoc ex eorum genere esse, quæ, per alterius luminis refractionem ostentata verius quam facta, umbræ potius luminosorum corporum quam luminosa corpora dicenda videntur; qualia sunt irides, coronæ, parelia, aliaque hoc genus multa. Quod vero spectat ad posterius, affirmat, motum cometarum rectum semper fuisse ac Terræ superficiei perpendicularem: quibus in medium prolatis, aliorum facile sententias se labefacturum existimavit. Nos, quantum hisce opinionibus tribuendum sit, paucis in præsentia ac sine ullo verborum fuco (quando satis sibi ornata est, vel nuda, veritas) videamus: et quamquam perdifficile est duo hæc dicta complecti singillatim, cum adeo inter se connexa sint ut alterum ab altero pendere ac mutuam sibi adiumenti vicem rependere videantur, curabimus tamen ne quid iacturæ lectoribus hinc existat.

Quare contra primum Galilæi dictum affirmo, cometam inane lucis figmentum, spectantium oculis illudens, non fuisse: quod nullo alio egere argumento apud eum existimo, qui vel semel cometam ipsum tum nudis oculis tum optico tubo inspexerit. Satis enim vel ex ipso aspectu sese huius natura luminis prodebat, ut ex verissimorum collatione luminum iudicare facile quivis posset, fictumne esset an verum quod cerneret. Sane Tycho, dum

Thaddæi Hagecii observationes examinat, hæc ex eiusdem epistola profert: "Corpus cometæ iis diebus magnitudine Iovis ac Veneris stellam adæquasse, et luce nitida ac splendore eximio eoque eleganti et venusto præditum fuisse, et puriorem eius substantiam apparuisse quam ut pure elementaribus materiis quadraret, sed potius cælestibus illis corporibus analogam extitisse." Quibus postea hæc Tycho subdit: "Atque in hoc sane rectissime sensit Thaddæus, et vel inde etiam non obscure concludere potuisset, minime elementarem fuisse hunc cometam."”

Di sopra il Sarsi s'andò figurando arbitrariamente i principii ed i mezi accommodati alle conclusioni ch'egli intendeva di dimostrare; adesso mi par ch'ei si vada figurando conclusioni, per oppugnarle come pensieri del signor Mario e miei, molto diverse, o almeno molto diversamente prese, da quello che nel *Discorso* del signor Mario son portate. Imperocché, che la cometa sia senz'altro un simulacro vano ed una semplice apparenza, non è mai risolutamente stato affermato, ma solo messo in dubbio e promosso alla considerazion de' filosofi con quelle ragioni e conghietture che par che possano persuadere che così possa essere. Ecco le parole del signor Mario in questo proposito: “Io non dico risolutamente che la cometa si faccia in tal modo, ma dico bene che, come di questo, così son dubbio degli altri modi assegnati dagli altri autori; i quali se pretenderanno d'indubitatamente stabilir lor parere, saranno in obligo di mostrar questa e tutte l'altre posizioni vane e fallaci.” Con simil diversità porta il Sarsi che noi con risolutezza abbiamo affermato, il moto della cometa dover necessariamente esser retto e perpendicolare alla superficie terrestre: cosa che non si è proposta in cotal forma, ma solo s'è messo in considerazione come questo più semplicemente, e più conforme all'apparenze, soddisfaceva alle mutazioni osservate in essa cometa; e tal pensiero vien tanto temperatamente proposto dal signor Mario, che nell'ultimo dice queste parole: “Però a noi conviene contentarci di quel poco che possiamo conghietturar così tra l'ombre.” Ma il Sarsi ha voluto rappresentar queste opinioni tanto più fermamente esser da me state credute, quanto egli si è immaginato di poterle con più efficaci mezi annichilare; il che se gli sarà venuto fatto, io gliene terrò obligo, perché per l'avvenire avrò a pensare a una opinion di manco, qualunque volta mi venga in pensiero di filosofar sopra tal materia. In tanto, perché mi pare che pur ancora resti qualche poco di vivo nelle conghietture del signor Mario, anderò facendo alcuna considerazione intorno al momento delle opposizioni del Sarsi.

Il quale, venendo con gran risolutezza ad oppugnar la prima conclusione, dice che a chi avesse pur una sola volta rimirata la cometa, di nissun altro argomento gli sarebbe stato di mestieri per conoscer la natura di cotal lume; il quale, paragonato cogli altri lumi verissimi, pur troppo apertamente mostrava sé esser vero, e non finto. Sì che, come vede V. S. Illustrissima, il Sarsi confida tanto nel senso della vista, che stima impossibil cosa restar ingannato, tuttavolta che si possa far parallelo tra un oggetto finto ed un reale. Io confesso di non aver la facoltà distintiva tanto perfetta, ma d'esser come quella scimia che crede fermamente veder nello specchio un'altra bertuccia, né prima conosce il suo errore, che quattro o sei volte non sia corsa dietro allo specchio per prenderla: tanto se le rappresenta quel simulacro vivo e vero. E supposto che quegli che il Sarsi vede nello specchio non sieno uomini veri e reali, ma vani simulacri, come quelli che ci veggiamo noi altri, grande curiosità avrei di sapere, quali sieno quelle visuali differenze per le quali tanto speditamente distingue il vero dal finto. Io, quanto a me, mi sono mille volte ritrovato in qualche stanza a finestre serrate, e per qualche piccol foro veduto un poco di reflession di Sole fatta da un altro muro opposto, e giudicatola, quanto alla vista, una stella non men lucida della Canicola e di Venere. E caminando in campagna contro al Sole, in quante migliaia di pagliuzze, di sassetti, un poco lisci o bagnati, si vedrà la reflession del Sole in aspetto di stelle splendentissime? Sputi solamente in terra il Sarsi, ché senz'altro, dal luogo dove va la reflession del raggio solare, vedrà l'aspetto d'una stella naturalissima. In oltre, qual corpo posto in gran lontananza, venendo tocco dal Sole, non apparirà una stella, massime se sarà tanto alto che si possa veder di notte, come si veggon l'altre stelle? E chi distinguerebbe la Luna, veduta di giorno, da una nuvola tocca dal Sole, se non fusse la diversità della figura e dell'apparente grandezza? Niuno sicuramente. E finalmente, se la semplice apparenza deve determinar dell'essenza, bisogna che il Sarsi conceda che i Soli, le Lune e le stelle, vedute nell'acqua ferma e negli specchi, sien veri Soli, vere Lune e vere stelle. Cangi pure il Sarsi, quanto a questa parte, opinione, né creda col citare autorità di Ticone, di Taddeo Agecio o d'altri molti, di megliorar la condizion sua, se non in quanto l'avere avuto uomini tali per compagni rende più scusabile il suo errore.

20. Segua V. S. Illustrissima di leggere. "Quia tamen toto eo tempore quo noster hic fulsit, Galilæus, ut audio, lecto affixus ex morbo decubuit, neque ei unquam fortasse per valetudinem licuit corpus illud pellucidum oculis intueri, aliis propterea cum illo agendum esse duximus argumentis. Ait igitur ipse, vaporem sæpe fumidum ex aliqua Terræ parte in altum supra Lunam etiam ac Solem attolli, et simul atque extra umbrosum Terræ conum progressus Solis lumen aspexerit, ex illius veluti luce concipere et cometam parere; motum autem sive ascensum vaporis huiusmodi, non vagum incertumque, sed rectum nullamque deflectentem in partem, existere. Sic ille: at nos harum positionum pondus ad nostram trutinam referamus.

Principio, materiam hanc fumidam et vaporosam per eos forte dies ascendisse constat e Terra, cum, vehementissimis boreæ flatibus toto late cælo dominantibus, dispergi facile ac disiici potuisset; ut mirum profecto sit, impune adeo tenuissimis levissimisque corpusculis licuisse inter sævientis aquilonis iras constantissimo gressu, qua cœperant via, in altum ferri, cum ne gravissima quidem pondera tunc aëri semel commissa eiusdem vim atque impetum superare possent. Ego vero adeo pugnare inter se existimo duo hæc, vaporem levissimum ascendere, et recta ascendere, ut inter instabiles saltem aëris huius vicissitudines fieri id posse vix credam. Illud etiam adde, auctore Galilæo, ne a sublimioribus quidem illis planetarum regionibus abesse concretiones ac rarefactiones huiusmodi corporum fumidorum, ac proinde nec motus illos vagos incertosque, quibus eadem ferri necesse est."

Che vapori fumidi da qualche parte della Terra sormontino sopra la Luna, ed anco sopra il Sole, e che usciti fuori del cono dell'ombra terrestre sieno dal raggio solare ingravidati e quindi partoriscano la cometa, non è mai stato scritto dal signor Mario né detto da me, ben che il Sarsi me l'attribuisca. Quello che ha scritto il signor Mario è, che non ha per impossibile che tal volta possano elevarsi dalla Terra essalazioni ed altre cose tali, ma tanto più sottili del consueto, che ascendano anco sopra la Luna, e possano esser materia per formar la cometa; e che talora si facciano sublimazioni fuor del consueto della materia de' crepuscoli, l'essemplifica per quella boreale aurora; ma non dice già che quella sia in numero la medesima materia delle comete, la qual è necessario che sia assai più rara e sottile che i vapori crepuscolini e che quella materia della detta aurora boreale, atteso che la cometa risplende meno assai dell'aurora; sì che se la cometa si distendesse, verbigrazia, lungo l'oriente nel candor dell'alba, mentre il Sole non fusse lontano dall'orizonte più di sei o vero otto gradi, ella senza dubbio non si discernerebbe, per esser manco lucida del campo suo ambiente. E coll'istessa, non risolutezza, ma probabilità si è attribuito il moto retto in su alla medesima materia. E questo sia detto non per ritirarci, per paura che ci facciano l'oppugnazioni del Sarsi, ma solo perché si vegga che noi non ci allontaniamo dal nostro costume, ch'è di non affermar per certe se non le cose che noi sappiamo indubitatamente, ché così c'insegna la nostra filosofia e le nostre matematiche. Or, posto che noi abbiamo detto come c'impone il Sarsi, sentiamo ed essaminiamo le sue opposizioni.

È la sua prima instanza fondata sopra l'impossibilità del salir vapori per linea retta verso il cielo mentre impetuoso aquilone di traverso spinge l'aria e ciò che per entro lei si ritrova; e tale si sentì egli per molti giorni appresso all'apparir della cometa. L'instanza veramente è ingegnosa; ma le vien tolto assai di forza da alcuni avvisi sicuri, per li quali s'ebbe che in quei giorni né in Persia né in China fu perturbazione alcuna di venti; ed io crederò che d'una di quelle regioni si elevasse la materia della cometa, se il Sarsi non mi prova ch'ella si movesse non di là, ma di Roma, dov'egli sentì l'impeto boreale. Ma quando ben anco il vapore si fusse partito d'Italia, chi sa ch'ei non si mettesse in viaggio avanti i giorni ventosi, de i quali ne fusser passati poi molti avanti il suo arrivo all'orbe cometario, lontano dalla Terra, per relazion del Maestro del Sarsi, 470.000 miglia in circa; ché pure a far tanto viaggio ci vuol del tempo, e non poco, perché l'ascender de' vapori, per quel che si vede qui vicini a Terra, non arriva alla velocità del volo degli uccelli a gran pezzo, sì che non basterebbe il tempo di quattro anni a far tanto viaggio. Ma dato anco che tali vapori si movessero in tempo ventoso, egli, che presta intera fede a gl'istorici ed a' poeti ancora, non dovrà negare che la commozion de' venti non ascenda più di due o tre miglia in alto, già che vi son monti la cima de' quali trascende la region ventosa; sì che il più che possa concludere sarà che dentro a tale spazio vadano i vapori non perpendicolarmente, ma trasversalmente fluttuando: ma fuor di tale spazio cessa l'impedimento che dal camin retto gli disvia.

21. Séguiti ora V. S. Illustrissima. "Sed demus, licuisse per ventos halitibus hisce cœptum semel cursum tenere, eoque contendere ubi Solis radios et directos excipere ac repercussos remittere ad nos possent. Cur ibi demum, cum se totis totum plane excipiunt Phœbum, parte sui tantum minima eumdem nobis ostendunt? Sane, vel ipso Galilæo teste, cum per æstivos dies non absimilis vapor, ad septemtrionem forte solito altius provectus, Soli se spectandum obiecerit, tunc enimvero, clarissimo perfusus lumine, candidissimum omni se ex parte exhibet, atque, ut eius verbis utar, borealem nobis, nocturnis etiam in tenebris, auroram refert; nec mutuati splendoris adeo se avarum præbet, ut, cum toto hauserit Solem sinu, vix una illum e rimula ad nos relabi patiatur. Vidi egomet, non per æstivum tantum tempus, sed Ianuario mense, quatuor post Solis occasum horis, quod admirabilius est, vertici fere imminentem, candido ac fulgenti habitu, nubeculam adeo raram, ut ne minimas quidem stellas velaret; at illa etiam, quæ a Sole acceperat lucis dona, largo apertoque sinu liberalissime undique profundebat. Nubes denique omnes (si quam tamen illæ cum cometarum materia affinitatem servant), si densæ adeo fuerint atque opacæ ut Solis radios libere non transmittant, ea saltem parte qua Solem respiciunt, eumdem ad nos reciproca liberalitate reflectunt; at si raræ ac tenues sint, easque facile lux omni ex parte pervadat, nulla se parte tenebricosas ostendunt, sed clarissimo undique perfusas lumine spectandas offerunt. Si igitur cometa non ex alia elucet materia quam ex vaporibus huiusmodi fumidis, non in unum veluti globum coactis, sed, ut ipse ait, satis amplum cæli spatium occupantibus omnique ex parte Solis luce fulgentibus, quid tandem causæ est, cur ex angusto tantum brevique orbiculo spectantibus semper affulgeat, neque reliquæ vaporis eiusdem partes, pari a Sole lumine illustratæ, unquam compareant? Neque facile id iridis exemplo solvitur, in cuius productione idem contingit, ut videlicet ex una tantum nubis parte ad oculum relabatur, cum tamen in toto spatio a Sole illustrato eadem colorum diversitas eiusdem lumine procreetur. Illa enim, et si qua alia huiusmodi sunt, roridam potius humentemque requirunt materiam et iam in aquam abeuntem; hæc siquidem materia tunc solum cum in aquam solvitur, lævium ac politorum corporum perspicuorumque naturam imitata, ea tantum ex parte qua anguli reflexionum refractionumque, ad id requisiti, fiunt, lumen remittit, ut experimur in speculis, aquis ac pilis cristallinis. Si qui vero halitus rariores ac sicciores extiterint, hi neque lævem habent superficiem, ut specula, neque multam radiorum refractionem efficiunt. Cum igitur ad reflexiones corporis lævitas, ad refractiones vero cum perspicuo densitas, requiratur (quæ omnia nunquam in meteorologicis impressionibus habentur, nisi cum earum materia aquæ multum habuerit, ut non Aristoteles modo, sed opticæ etiam magistri omnes docuerunt, ac ratio ipsa efficacius persuadet), hinc necessario sequitur, huiusmodi halitus graviores natura sua futuros, ac proinde minus aptos qui supra Lunam etiam ac Solem ascendant, cum vel Galilæus ipse fateatur, tenues valde ac leves esse eos debere, qui eo usque evolant. Non ergo ex vapore illo fumido ac raro, et nullius revera ponderis, revibrari ad nos poterit fulgidum

illud lucis simulacrum; vapor vero aqueus, ut pote gravis, in altum ferri nulla ratione poterit."

Parmi d'aver per lunghe esperienze osservato, tale esser la condizione umana intorno alle cose intellettuali, che quanto altri meno ne intende e ne sa, tanto più risolutamente voglia discorrerne; e che, all'incontro, la moltitudine delle cose conosciute ed intese renda più lento ed irresoluto al sentenziare circa qualche novità. Nacque già in un luogo assai solitario un uomo dotato da natura d'uno ingegno perspicacissimo e d'una curiosità straordinaria; e per suo trastullo allevandosi diversi uccelli, gustava molto del lor canto, e con grandissima meraviglia andava osservando con che bell'artificio, colla stess'aria con la quale respiravano, ad arbitrio loro formavano canti diversi, e tutti soavissimi. Accadde che una notte vicino a casa sua sentì un delicato suono, né potendosi immaginar che fusse altro che qualche uccelletto, si mosse per prenderlo; e venuto nella strada, trovò un pastorello, che soffiando in certo legno forato e movendo le dita sopra il legno, ora serrando ed ora aprendo certi fori che vi erano, ne traeva quelle diverse voci, simili a quelle d'un uccello, ma con maniera diversissima. Stupefatto e mosso dalla sua natural curiosità, donò al pastore un vitello per aver quel zufolo; e ritiratosi in se stesso, e conoscendo che se non s'abbatteva a passar colui, egli non avrebbe mai imparato che ci erano in natura due modi da formar voci e canti soavi, volle allontanarsi da casa, stimando di potere incontrar qualche altra avventura. Ed occorse il giorno seguente, che passando presso a un piccol tugurio, sentì risonarvi dentro una simil voce; e per certificarsi se era un zufolo o pure un merlo, entrò dentro, e trovò un fanciullo che andava con un archetto, ch'ei teneva nella man destra, segando alcuni nervi tesi sopra certo legno concavo, e con la sinistra sosteneva lo strumento e vi andava sopra movendo le dita, e senz'altro fiato ne traeva voci diverse e molto soavi. Or qual fusse il suo stupore, giudichilo chi participa dell'ingegno e della curiosità che aveva colui; il qual, vedendosi sopraggiunto da due nuovi modi di formar la voce ed il canto tanto inopinati, cominciò a creder ch'altri ancora ve ne potessero essere in natura. Ma qual fu la sua meraviglia, quando entrando in certo tempio si mise a guardar dietro alla porta per veder chi aveva sonato, e s'accorse che il suono era uscito dagli arpioni e dalle bandelle nell'aprir la porta? Un'altra volta, spinto dalla curiosità, entrò in un'osteria, e credendo d'aver a veder uno che coll'archetto toccasse leggiermente le corde d'un violino, vide uno che fregando il polpastrello d'un dito sopra l'orlo d'un bicchiero, ne cavava soavissimo suono. Ma quando poi gli venne osservato che le vespe, le zanzare e i mosconi, non, come i suoi primi uccelli, col respirare formavano voci interrotte, ma col velocissimo batter dell'ali rendevano un suono perpetuo, quanto crebbe in esso lo stupore, tanto si scemò l'opinione ch'egli aveva circa il sapere come si generi il suono; né tutte l'esperienze già vedute sarebbono state bastanti a fargli comprendere o credere che i grilli, già che non volavano, potessero, non col fiato, ma collo scuoter l'ali, cacciar sibili così dolci e sonori. Ma quando ei si credeva non potere esser quasi possibile che vi fussero altre maniere di formar voci, dopo l'avere, oltre a i modi narrati, osservato ancora tanti organi, trombe, pifferi, strumenti da corde, di tante e tante sorte, e sino a quella linguetta di ferro che, sospesa fra i denti, si serve con modo strano della cavità della bocca per corpo della risonanza e del fiato per veicolo del suono; quando, dico, ei credeva d'aver veduto il tutto, trovossi più che mai rinvolto nell'ignoranza e nello stupore nel capitargli in mano una cicala, e che né per serrarle la bocca né per fermarle l'ali poteva né pur diminuire il suo altissimo stridore, né le vedeva muovere squamme né altra parte, e che finalmente, alzandole il casso del petto e vedendovi sotto alcune cartilagini dure ma sottili, e credendo che lo strepito derivasse dallo scuoter di quelle, si ridusse a romperle per farla chetare, e che tutto fu in vano, sin che, spingendo l'ago più a dentro, non le tolse, trafiggendola, colla voce la vita, sì che né anco poté accertarsi se il canto derivava da quelle: onde si ridusse a tanta diffidenza del suo sapere, che domandato come si generavano i suoni, generosamente rispondeva di sapere alcuni modi, ma che teneva per fermo potervene essere cento altri incogniti ed inopinabili.

Io potrei con altri molti essempi spiegar la ricchezza della natura nel produr suoi effetti con maniere inescogitabili da noi, quando il senso e l'esperienza non lo ci mostrasse, la quale anco talvolta non basta a supplire alla nostra incapacità; onde se io non saperò precisamente determinar la maniera della produzzion della cometa, non mi dovrà esser negata la scusa, e tanto più quant'io non mi son mai arrogato di poter ciò fare, conoscendo potere essere ch'ella si faccia in alcun modo lontano da ogni nostra immaginazione; e la difficoltà dell'intendere come si formi il canto della cicala, mentr'ella ci canta in mano, scusa di soverchio il non sapere come in tanta lontananza si generi la cometa. Fermandomi dunque su la prima intenzione del signor Mario e mia, ch'è di promuover quelle dubitazioni che ci è paruto che rendano incerte l'opinioni avute sin qui, e di proporre alcuna considerazione di nuovo, acciò sia essaminata e considerato se vi sia cosa che possa in alcun modo arrecar qualche lume ed agevolar la strada al ritrovamento del vero, anderò seguitando di considerar l'opposizioni fatteci dal Sarsi, per le quali i nostri pensieri gli sono paruti improbabili.

Procedendo egli adunque avanti e concedendoci che, quando pur non fusse conteso a i vapori, o altra materia atta al formar la cometa, il sollevarsi da Terra ed ascendere in parti altissime, dove direttamente potesse ricevere i raggi solari e reflettergli a noi, muove difficoltà in qual modo, venendo illuminata tutta, da una sola sua particella venga poi fatta a noi la reflessione, e non faccia come quei vapori che ci rappresentano quella intempestiva aurora boreale, i quali, sì come tutti s'illuminano, tutti ancora luminosi ci si dimostrano; ed appresso soggiunge, aver veduto verso la meza notte cosa più meravigliosa, cioè una nuvoletta verso il vertice, la quale, sì come tutta era illuminata, così da ogni sua parte liberalissimamente ci rimandava lo splendore; e le nuvole tutte (segu'egli), se saranno dense ed opache, ci rendono il lume del Sole da tutta quella parte che da esso vengono vedute; ma se saranno rare, sì che il lume le penetri, ci si mostrano tutte lucide, ed in niuna parte tenebrose; se dunque la cometa non si forma in altra materia che in simili vapori fumidi largamente distesi, come dice il signor Mario, e non raccolti in figura sferica, essendo da ogni lor parte tocchi dal Sole, per qual cagione da un sol piccolo globetto, e non dal resto, benché egualmente illuminato, ci vien fatta la reflessione? Ancor che le soluzioni di queste instanze sieno a pien distese nel Discorso del signor Mario, nientedimeno l'anderò qui replicando e disponendole a' luoghi loro, coll'aggiunta di qualch'altra considerazione, secondo che l'opposizioni di passo in passo mi faranno sovvenire.

E prima, non dovrebbe aver difficoltà veruna il Sarsi nel conceder che da un luogo particolare solamente di tutta la materia sublimata per la cometa si possa far la reflessione del lume del Sole alla vista d'un particolare, benché tutta sia egualmente illuminata; avvenga che noi ne abbiamo mille simili esperienze in favore, per una che paia essere in contrario, e facilmente di quelle prodotte dal Sarsi come contrarianti a tal posizione ne troveremo la maggior parte esser favorevoli. Già non è dubbio, che di qualsivoglia specchio piano esposto al Sole tutta la superficie è da quello illuminata; il simile è di qualsivoglia stagno, lago, fiume, mare, ed in somma d'ogni superficie tersa e liscia, di qualunque corpo ella si sia: nulladimeno all'occhio d'un particolare non si fa la reflession del raggio solare se non da un luogo particolare d'essa superficie, il qual luogo si va mutando alla mutazion dell'occhio riguardante.

L'esterna superficie di sottili ma per grande spazio distese nuvole, è tutta egualmente illuminata dal Sole; tuttavia l'alone ed i parelii non si mostrano ad un occhio particolare se non in un luogo solo, e questo parimente al movimento dell'occhio va mutando sito in essa nuvola.

Dice il Sarsi: "Quella sottil materia sublimata che rende talvolta quella boreale aurora, si vede pur, qual ella è in fatto, illuminata tutta". Ma io domando al Sarsi, onde egli abbia questa certezza. Ed egli non mi può rispondere altro, se non che ei non vede parte alcuna che non sia illuminata, sì com'ei vede il resto della superficie degli specchi, dell'acque, de' marmi, oltr'a quella particella che ci rende la reflession viva del raggio solare. Sì, ma io l'avvertisco che quando la materia fusse in colore simile al resto dell'ambiente, o vero fusse trasparente, ei non distinguerebbe altro che quel solo splendido raggio reflesso, come accade talvolta che la superficie del mare non si distingue dall'aria, e pur si vede l'immagine reflessa del Sole; e così, posto un sottil vetro in qualche lontananza, ci potrà mostrar di sé quella sola particella in cui si fa la reflessione di qualche lume, rimanendo il resto invisibile per la sua trasparenza. Questo del Sarsi è simil all'error di coloro che dicono che nessun delinquente deve mai confidarsi che il suo delitto sia per restare occulto, né s'accorgono dell'incompatibilità ch'è tra 'l restar occulto e l'essere scoperto, e che senz'altro chi volesse tener due registri, uno de' delitti che restano occulti, e l'altro di quelli che si manifestano, in quel degli occulti non ci verrebbe mai registrato e notato cosa veruna. Vengo dunque a dir, che senza repugnanza alcuna posso credere che la materia di quella boreale aurora si distenda in ispazio grandissimo e sia tutta egualmente illuminata dal Sole; ma perché a me non si scopre e fa visibile se non quella parte onde vien all'occhio mio la refrazzione, restando tutto il rimanente invisibile, però mi par di vedere il tutto. Ma che più? De' vapori crepuscolini, che circondano tutta la Terra, non è egli sempre egualmente illuminato uno emisferio da' raggi solari? Certo sì; tuttavia quella parte che direttamente s'interpone tra 'l Sole e noi, ci si mostra più luminosa assai delle parti più lontane: e questa, come l'altre ancora, è una pura apparenza ed illusion dell'occhio nostro, avvenga che, siamo noi in qualsivoglia luogo, sempre veggiamo il corpo solare come centro d'un cerchio luminoso, ma che di grado in grado va perdendo di splendore secondo ch'è più remoto da esso centro a destra o a sinistra; ma ad altri più verso borea quella parte che a me è più chiara apparisce più fosca, e più lucida quella che a me si rappresentava più oscura; sì che noi possiamo dire d'avere un perpetuo e grande alone intorno al Sole, figurato nella convessa superficie che termina la sfera vaporosa, il quale alone, nel modo stesso dell'altro che talora si forma in una sottil nuvola, si va mutando di luogo secondo la mutazion del riguardante. Quanto alla nuvoletta che 'l Sarsi afferma aver veduta tutta lucida nella profonda notte, lo potrei parimente interrogare, qual certezza egli abbia ch'ella non fusse maggior di quella ch'ei vedeva, e massime dicendo egli ch'ella era in modo trasparente, che non celava le stelle fisse, ancor che minime perloché, niuno indizio gli poteva rimanere onde potesse assicurarsi, quella non distendersi invisibilmente, come trasparentissima, molto e molto oltre a' termini della parte lucida veduta: e però resta dubbio se essa ancora fusse una dell'apparenze, la quale alla mutazion di luogo dell'occhio, come l'altre, s'andasse mutando. Oltre che non repugna ch'ella potesse apparir luminosa tutta, ed esser nondimeno una illusione, il che accaderebbe quand'ella non fusse maggior di quello spazio che viene occupato dall'immagine del Sole, in quel modo che se, vedendo il simulacro del Sole occupar, verbigrazia, in uno specchio tanto spazio quant'è un'ugna, noi tagliassimo via il rimanente, ché non ha dubbio alcuno che questo piccolo specchietto potrà apparirci lucido tutto. Ma di più ancora, quando lo specchietto fusse minore del simulacro, allora non solamente si potrebbe vedere illuminato tutto, ma il simulacro in lui non ad ogni movimento dell'occhio apparirebbe esso ancora muoversi, com'ei fa nello specchio grande; anzi, per essere egli incapace di tutta l'immagine del Sole, seguirebbe che, movendosi l'occhio, vederebbe la reflession fatta or da una ed or da un'altra parte del disco solare; e così l'immagine parrebbe immobile, sin che venendo l'occhio verso la parte dove non si dirizza la reflessione, ella del tutto si perderebbe. Assaissimo, dunque, importa il considerar la grandezza e qualità della superficie nella quale si fa la reflessione; perché, secondo che la superficie sarà men tersa, l'immagine del medesimo oggetto vi si rappresenterà maggiore e maggiore, sì che talvolta, avanti che l'immagine trapassi tutto lo specchio, molto spazio converrà che cammini l'occhio, ed essa immagine apparirà fissa, se ben realmente sarà mobile.

E per meglio dichiararmi in un punto importantissimo e che forse, non dirò al Sarsi, ma a qualunqu'altro sopraggiungerà pensier nuovo, si figuri V. S. Illustrissima d'esser lungo la marina in tempo ch'ella sia tranquillissima, ed il Sole già declinante verso l'occaso: vederà nella superficie del mare ch'è intorno al verticale che passa per lo disco solare, il reflesso del Sole lucidissimo, ma non allargato per molto spazio; anzi, se, come ho detto, l'acqua sarà quietissima, vederà la pura immagine del disco solare, terminata come in uno specchio. Cominci poi un leggier venticello a increspare la superficie dell'acqua: comincerà nell'istesso tempo a veder V. S. Illustrissima il simulacro del Sole rompersi in molte parti, ma allargarsi e diffondersi in maggiore spazio; e benché, mentre ella fosse vicina, potrebbe distinguer l'un dall'altro de i pezzi del simulacro rotto, tuttavia da maggior lontananza non vederebbe tal separazione, sì per l'angustia degl'intervalli tra pezzo e pezzo, sì pel gran fulgor delle parti splendenti, che insieme s'anderebbono mescolando e facendo l'istesso che molti fuochi tra sé vicini, che di lontano appariscono un solo. Cresca in onde maggiori e maggiori l'increspamento: sempre per intervalli più e più larghi si distenderà la moltitudine degli specchi, da' quali, secondo le diverse inclinazioni dell'onde, si refletterà verso l'occhio l'immagine del Sole spezzata. Ma recandosi in distanze maggiori e maggiori, e per poter meglio scoprire il mare montando sopra colline o altre eminenze, un solo e continuato parrà il campo lucido: ed io mi sono incontrato a veder da una montagna altissima e lontana dal mar di Livorno sessanta miglia, in tempo sereno ma ventoso, un'ora in circa avanti il tramontar del Sole, una striscia lucidissima diffusa a destra ed a sinistra del Sole, la quale in lunghezza occupava molte decine e forse anco qualche centinaio di miglia, la quale però era una medesima reflessione, come l'altre, della luce del Sole. Ora s'immagini il Sarsi che della superficie del mare, ritenendo il medesimo increspamento, se ne fusse rimosso verso gli estremi gran parte, e lasciatone solamente verso il mezo, cioè incontro al Sole, una lunghezza di due o tre miglia: questa sicuramente si sarebbe veduta tutta illuminata, ed anco non mobile ad ogni mutazion che il riguardante avesse fatto a questa o a quella mano, se non dopo essersi mosso forse per qualche miglio, ché allora comincerebbe a perdersi la parte sinistra del simulacro, s'egli caminasse alla destra, e l'imagine splendida si verrebbe restringendo, sin che, fatta sottilissima, del tutto svanirebbe. Ma non perciò resta che il simulacro non sia mobile al moto del riguardante, anzi, pur vedendolo tutto, tutto lo vederemmo ancor muovere, attalché il suo mezo risponderebbe sempre alla drittura del Sole, il quale ad altri ed altri che nel medesimo momento lo rimirano, risponde ad altri e ad altri punti dell'orizonte.

Io non voglio tacere a V. S. Illustrissima in questo luogo quello che mi è sovvenuto per la soluzion d'un problema marinaresco. Conoscono talora i marinari esperti il vento che da qualche parte del mare dopo non molto intervallo è per sopragiunger loro, e di questo dicono esser argomento sicuro il veder l'aria, verso quella parte, più chiara di quel che per consueto dovrebbe essere. Or pensi V. S. Illustrissima se ciò potesse derivare dall'esser di già in quella parte il vento in campo, e commosse l'onde, dalle quali nascendo, come da specchi moltiplicati a molti doppi e diffusi per grande spazio, la reflession del Sole assai maggiore che se 'l mare vi fusse in bonaccia, possa da questa nuova luce esser maggiormente illuminata quella parte dell'aria vaporosa per la quale tal reflession si diffonde, la qual, come sublime, renda ancora qualche reflesso di lume agli occhi de' marinari, a' quali, per esser bassi, non poteva venir la primaria reflession di quella parte di mare di già increspato da' venti e lontana per avventura, da loro, venti o trenta o più miglia; e che questo sia il lor vedere o prevedere il vento da lontano.

Ma seguitando il nostro primo concetto, dico che non in tutte le materie, o vogliamo dire in tutte le superficie, stampano i raggi solari l'immagine del Sole della medesima grandezza; ma in alcune (e queste sono le piane e lisce come uno specchio) ci si mostra il disco solare terminato ed eguale al vero, nelle convesse pur lisce ci apparisce minore, e nelle concave talor minore, talor maggiore, ed anco talvolta eguale, secondo le diverse distanze tra lo specchio e l'oggetto e l'occhio. Ma se la superficie sarà non eguale, ma sinuosa e piena d'eminenze e cavità, e come se dicessimo composta di gran moltitudine di piccoli specchietti locati in varie inclinazioni, in mille e mille modi esposte all'occhio, allora l'istessa immagine del Sole da mille e mille parti, ed in mille e mille pezzi divisa, verrà all'occhio nostro, i quali per grande ispazio s'allargheranno, stampando in essa superficie un ampio aggregato di moltissime piazzette lucide, la frequenza delle quali farà che da lontano apparirà un sol campo sparso di luce continuata, più gagliarda e viva nel mezo che verso gli estremi, dov'ella va languendo, e finalmente sfumando svanisce, quando per l'obliquità dell'occhio ad essa superficie i raggi visivi non trovano più onde reflettersi verso il Sole. Questo gran simulacro è esso ancora mobile al movimento dell'occhio, pur che oltre a i suoi termini si vada continuando la superficie dove si fanno le reflessioni: ma se la quantità della materia occuperà piccolo spazio, e minore assai di quello del simulacro intero, potrà accadere che, restando la materia fissa e movendosi l'occhio, ella continui ad apparer lucida, sin che pervenuto l'occhio a quel termine dal quale, per l'obliquità de' raggi incidenti sopra essa materia, le reflessioni non si dirizzano più verso il Sole, la luce svanisce e si perde. Ora io dico al Sarsi che quando ei vede una nuvola sospesa in aria, terminata e tutta lucida, la quale resta ancor tale benché l'occhio per qualche spazio si vada mutando di luogo, non perciò si tenga sicuro, quella illuminazione esser cosa più reale di quella dell'alone, de' parelii, dell'iride e della reflession nella superficie del mare; perché io gli dico che la sua consistenza ed apparente stabilità può dependere dalla piccolezza della nuvola, la quale non è capace di ricevere tutta la grandezza del simulacro del Sole; il qual simulacro, rispetto alla posizion delle parti della superficie di essa nuvola, s'allargherebbe, quando non gli mancasse la materia, per ispazio molte e molte volte maggiore della nuvola, ed allora quando si vedesse intero e che oltre di lui avanzasse altro campo di nubi, dico che al movimento dell'occhio esso ancora così intero s'anderebbe movendo. Argomento necessario ci sia di ciò il veder noi spessissime volte, nel nascere o nel tramontar del Sole, molte nuvolette sospese vicino all'orizonte, delle quali quelle che son vicine all'incontro del Sole si mostrano splendentissime e quasi di finissimo oro, dell'altre laterali le men remote dal mezo lucide esse ancora più delle più lontane, le quali di grado in grado ci si vanno dimostrando men chiare, sì che finalmente delle molto remote lo splendore è quasi nullo: dico nullo a noi, ma a chi fusse in tal sito che queste restassero interposte tra l'occhio suo e 'l luogo dell'occaso del Sole, lucidissime se gli mostrerebbono, ed oscure le nostre più risplendenti. Intenda dunque il Sarsi, che quando le nubi non fussero spezzate, ma una lunghissima distesa e continuata, accaderebbe che a ciaschedun riguardante la parte sua di mezo apparisse lucidissima, e le laterali di grado in grado, secondo la lontananza dal suo mezo, men chiare, sì che dove a me comparisce il colmo dello splendore, ad altri è il fine ed ultimo termine.

Ma qui potrebbe dir alcuno che, già che quel pezzo di nube riman fisso, ed il lume in esso non si vede andar movendo alla mutazione di luogo del riguardante, questo basta a far che la paralasse operi nel determinar della sua altezza, e che però, potendo accader l'istesso della cometa, l'uso della paralasse resti atto al bisogno di chi cerchi dimostrare il suo luogo. A questo si risponde che ciò sarebbe vero quando si fusse prima dimostrato che la cometa fusse non un intero simulacro del Sole, ma un pezzo solamente, sì che la materia in cui si forma la cometa fusse non solamente illuminata tutta, ma che 'l simulacro del Sole eccedesse dalle bande, in modo ch'ei fusse bastante ad illuminar campo assai maggiore, quando vi fusse materia disposta alla reflession del lume; il che non solamente non s'è dimostrato, ma si può molto ragionevolmente creder l'opposito, cioè che la cometa sia un simulacro intero, e non mutilato e tronco, ché così ne persuade la sua figura regolata e con bella simmetria disegnata. E di qui si può trar facile ed accommodata risposta all'instanza che fa il Sarsi, mentre mi domanda come possa essere che, figurandosi, per detto del signor Mario, la cometa in una materia distesa per grande spazio in alto, ella non s'illumini tutta, ma ci rimandi solo da un piccolo cerchietto la reflessione, senza che l'altre parti, pur viste dal Sole, compariscano già mai. Imperò che io farò la medesima interrogazione ad esso o al suo Maestro, il quale non volendo che la cometa sia un incendio, ma inclinando a credere (s'io non erro) ch'almeno la sua coda sia una refrazzione de' raggi solari, io gli domanderò s'ei credono che la materia nella quale si fa tal refrazzione sia tagliata appunto alla misura d'essa chioma, o pur che di qua e di là e d'ogn'intorno ve n'avanzi; e se ve n'avanza (come credo che sarà risposto), perché non si vede, essendo tocca dal Sole? Qui non si può dire che la refrazzione si faccia nella sostanza dell'etere, la quale, come diafanissima, non è potente a ciò dare, né meno in altra materia, la quale, quando fusse atta a rifrangere, sarebbe ancor atta a reflettere i raggi solari. In oltre, io non so con qual ragione chiami ora un piccolo cerchietto il capo della cometa, il quale con sottili calcoli il suo Maestro ha ritrovato contenere 87127 miglia quadre, che forse nessuna nuvola arriva a tanta grandezza.

Segue il Sarsi, ed ad imitazion di colui che per un pezzo ebbe opinion che 'l suono non si potesse produrre se non in un modo solo, dice non esser possibile che la cometa si generi per reflessione in quei vapori fumidi, e che l'essempio dell'iride non agevola la difficoltà, se ben essa veramente è una illusion della vista: imperocché la procreazion dell'iride e d'altre simili cose ricercano una materia umida e che già si vada risolvendo in acqua, la quale allora solamente, imitando la natura de' corpi lisci e tersi, reflette il lume da quella parte dove si fanno gli angoli della reflessione e della refrazzione, che a tale effetto si ricercano, come accade negli specchi, nell'acqua e nelle palle di cristallo; ma in altri rari e secchi, non avendo la superficie liscia come gli specchi, non si fa molta refrazzione: ricercandosi, dunque, per questi effetti una materia acquosa, ed in conseguenza grave assai ed inabile a salir sopra la Luna ed il Sole, dove non possono salire (anco per mio parere) se non essalazioni leggerissime, adunque la cometa non può esser prodotta da tali vapori fumidi. Risposta sofficiente a tutto questo discorso sarebbe il dire come il signor Mario non si è mai ristretto a dir qual sia la materia precisa nella quale si forma la cometa, né s'ella sia umida né fumosa né secca né liscia, e so ch'egli non si arrossirà a dire di non la sapere; ma vedendo come in vapori, in nuvole rare e non acquose, ed in quelle che già si risolvono in minute gocciole, nell'acque stagnanti, negli specchi ed altre materie, si figurano per reflessi e refrazzioni molto varie illusioni di simulacri diversi, ha stimato di non essere impossibile che in natura sia ancora una materia proporzionata a renderci un altro simulacro diverso dagli altri, e che questo sia la cometa. Tal risposta, dico, è adeguatissima all'instanza, quando anco ciascuna parte d'essa instanza fusse vera: tuttavia il desiderio (com'altre volte ho detto) d'agevolar, per quanto m'è conceduto, la strada all'investigazion di qualche vero, m'induce a far alcuna considerazione sopra certi particolari contenuti in esso discorso.

E prima, è vero che in uno effluvio di minutissime stille d'acqua si fa l'illusion dell'iride, ma non credo già che, pel converso, simile illusione non possa farsi senza tale effluvio. Il prisma triangolare cristallino, appressato a gli occhi, ci rappresenta tutti gli oggetti tinti de' colori dell'iride; molte volte si vede l'iride in nubi asciutte, e senza che pioggia veruna discenda in terra. Non si veggono le medesime illusioni di colori diversi nelle piume di molti uccelli, mentre il Sole in varie maniere le ferisce? Ma che più? Direi al Sarsi cosa forse nuova, se cosa nuova se gli potesse dire. Prenda egli qualsivoglia materia, o sia pietra o sia legno o sia metallo, e tenendola al Sole, attentissimamente la rimiri, ch'egli vi vederà tutti i colori compartiti in minutissime particelle; e s'ei si servirà, per riguardargli, d'un telescopio accommodato per veder gli oggetti vicinissimi, assai più distintamente vederà quant'io dico, senza verun bisogno che quei corpi si risolvano in rugiada o in vapori umidi. In oltre, quelle nuvolette che ne' crepuscoli si mostrano lucidissime, e ci fanno una reflession del lume del Sole tanto viva che quasi ci abbaglia, sono delle più rare asciutte e sterili che sieno in aria, e quelle che sono umide, quanto più son pregne d'acqua, tanto più si dimostrano oscure. L'alone e i parelii si fanno senza piogge e senza umido nelle più rare ed asciutte nuvole, o più tosto caligini, che sieno in aria.

Secondo, è vero che le superficie terse e ben lisce, come quelle degli specchi, ci rendono una gagliarda reflession del lume del Sole, e tale ch'appena la possiamo rimirar senza offesa; ma è anco vero che da superficie non tanto terse si fa la reflessione, ma men potente, secondo che la pulitezza sarà minore. Vegga ora V. S. Illustrissima, se lo splendore della cometa è di quegli ch'abbagliano la vista, o pur di quegli che per la lor debolezza non offendon punto; e da questo giudichi, se per produrlo sia necessaria una superficie somigliante a quella d'uno specchio, o pure basti un'assai men tersa. Io vorrei mostrar al Sarsi un modo di rappresentare una reflession simile assai alla cometa. Prenda V. S. Illustrissima una boccia di vetro ben netta, ed avendo una candela accesa, non molto lontana dal vaso, vederà nella sua superficie un'immagine piccolina d'esso lume, molto chiara e terminata: presa poi colla punta del dito una minima quantità di qualsivoglia materia che abbia un poco di untuosità, sì che s'attacchi al vetro, vada, quanto più sottilmente può, ungendo in quella parte dove si vede l'immagine del lume, sì che la superficie venga ad appannarsi un poco; subito vederà la detta immagine offuscarsi: volga poi il vaso, sì che l'immagine esca dell'untuosità e si fermi al contatto di essa, e poi dia una fregata sola per diritto col dito sopra detta parte untuosa; ché subito vederà derivare un raggio dritto ad imitazion della chioma della cometa, e questo raggio taglierà in traverso ed ad angoli retti il fregamento ch'ella averà fatto col dito, sì che s'ella tornerà a fregar per un altro verso, il detto raggio si dirizzerà in altra parte: e questo avviene perché, avendo noi la pelle de' polpastrelli delle dita non liscia, ma segnata d'alcune linee tortuose ad uso del tatto per sentir le minime differenze delle cose tangibili, nel muovere il dito sopra detta superficie untuosa, lascia alcuni solchi sottilissimi, ne i colmi de' quali si fanno le reflessioni del lume, ch'essendo molte ed ordinatamente disposte, rappresentano poi una striscia lucida; in capo della quale se si farà, col muovere il vaso, venir quella prima immagine fatta nella parte non unta, si vederà il capo della chioma più lucido, e la chioma poi alquanto meno risplendente: ed il medesimo effetto si vederà, se in vece d'ungere il vetro s'appannerà coll'alitarvi sopra. Io prego V. S. Illustrissima che se mai le venisse accennato questo scherzo al Sarsi, se gli protesti per me largamente e specificatamente, ch'io non intendo perciò affermar che in cielo vi sia una gran caraffa e chi col dito la vada ungendo, e così si faccia la cometa; ma ch'io arreco questo caso e che altri ne potrei arrecare e che forse molti altri ce ne sono in natura, inescogitabili a noi, come argomenti della sua ricchezza in modi differenti tra di loro per produrre i suoi effetti.

Terzo, che la reflessione e refrazzione non si possa far da materie ed impressioni meteorologiche se non quando contengono in sé molt'acqua, perché allora solamente sono di superficie lisce e terse, condizioni necessarie per produr tal effetto, dico non esser talmente vero, che non possa esser anco altrimenti. E quanto alla necessità della pulitezza, io dico che anco senza quella si farà la reflession dell'immagine unita e distinta: dico così, perché la rotta e confusa si fa da tutte le superficie, quanto si voglia scabrose ed ineguali; che però quell'immagine d'un panno colorato che distintissima si scorge in uno specchio oppostogli, confusa e rotta si vede nel muro, dal quale certo adombramento del color di esso panno ci vien solamente ripercosso. Ma se V. S. Illustrissima piglierà una pietra o una riga di legno, non tanto liscia che ci renda direttamente l'immagini, e quella s'esporrà obliquamente all'occhio, come se volesse conoscer s'ella è piana e diritta, vederà distintamente sopra d'essa l'immagini de gli oggetti che fossero accostati all'altro capo della riga, così distinte che tenendovi un libro scritto, potrà commodamente leggerlo. Ma di più, s'ella si costituirà coll'occhio vicino all'estremità di qualche muraglia diritta ed assai lunga, prima vederà un perpetuo corso d'essalazioni verso il cielo, e massime quando il parete sia percosso dal Sole, per le quali tutti gli oggetti opposti appariscono tremare; dipoi, se farà che alcun dall'altro capo del muro se le vada pian piano accostando, vederà, quando le sarà assai vicino, uscirgli incontro l'immagine sua reflessa da quei vapori ascendenti, non punto umidi né gravi, anzi aridissimi e leggieri. Ma che più? Non è ancor giunto al Sarsi il rumore che si fa, in particolare da Ticone, delle refrazzioni che si fanno nell'essalazioni e vapori che circondano la Terra, ancor che l'aria sia serenissima, asciuttissima e lontanissima dalle piogge e da ogni umidità? Né mi citi, com'egli fa, l'autorità d'Aristotile e di tutti i maestri di perspettiva; perch'egli non farà altro che dichiararmi più cauto osservatore di loro, cosa, per mio credere, diametralmente contraria alla sua intenzione. E tanto basti in risposta al primo argomento del Sarsi: e vegniamo al secondo.

22. "Quod si forte quis nihilominus affirmare audeat, nihil prohibere quominus vapor aqueus ac densus vi aliqua altius provehatur ab eoque refractio hæc atque reflexio cometæ proveniat (nullum enim aliud huic effugium patere videtur, cum longa experientia compertum sit, quo rariora corpora fuerint magisque perspicua, minus ea illuminari, saltem quoad aspectum, magis vero quo densiora et cum plus opacitatis habuerint; cum ergo cometa ingenti adeo luce fulgeret, ut stellas etiam primæ magnitudinis ac planetas ipsos splendore superaret, densior eius materia atque aliqua ex parte opacior dicenda erit: trabem enim eodem tempore, quod eius summa esset raritas, albicantem potius quam splendentem, nullisque radiis micantem, vidimus); verum, si densus adeo fuit vapor hic fumidus, ut lumen tam illustre atque ingens ad nos retorqueret, atque, ut Galilæo placet, si satis amplam cæli partem occupavit, qui tandem factum est ut stellæ, quæ per hunc subiectum vaporem intermicabant, nullam insolitam paterentur refractionem, neque minores maioresve quam antea comparerent? Certe, cum eodem tempore stellarum cometam undique circumsistentium distantias inter se quam exactissime metiremur, nihil illas a Tychonicis distantiis discrepare invenimus; variari tamen stellarum magnitudines earumque distantias inter se ex interpositione vaporum huiusmodi, et experientia nos docuit, et Vitello et Halazen scriptis consignarunt. Aut igitur dicendum est, vapores hosce tenues adeo ac raros fuisse, ut astrorum lumini nihil officerent (qui tamen cometæ per refractionem luminis producendo minus apti probati iam sunt), vel, quod longe verius sit, fuisse nullos."

Molte cose son da considerarsi in questo argomento, le quali mi pare che lo snervano assai.

E prima, né il signor Mario né io abbiamo mai ardito di dire, che vapori aquei e densi sieno stati attratti in alto a produr la cometa; onde tutta l'instanza che sopra l'impossibilità di questa posizione s'appoggia, cade e svanisce.

Secondo, che i corpi meno e meno s'illuminino, quanto all'apparenza, secondo ch'ei sono più rari e perspicui, e più e più quanto più densi, come dice il Sarsi aver per lunghe esperienze osservato, l'ho per falsissimo; e questo mi persuade un'esperienza sola, ch'è il vedere egualmente illuminata una nuvola come s'ella fusse una montagna di marmi, e pur la materia della nuvola è alquanto più rara e perspicua di quella delle montagne: onde io non veggo qual necessità abbia il Sarsi di far la materia della cometa più densa e più opaca di quella de' pianeti (che così mi par ch'ei dica, se bene ho capita la construzzion delle sue parole), e tanto più, quanto io non ho per chiaro ch'ella fusse più splendida delle stelle della prima grandezza e de' pianeti. Ma quando ben ella fusse stata tale, a che proposito introdur questa tanta densità di materia, se noi veggiamo i vapori crepuscolini risplendere assai più delle stelle e di lei? Oltre a quelle nuvolette d'oro, lucide cento volte più.

Terzo, che posto che un fumido e denso vapore fusse stato quello in cui la cometa si producesse, ei ne dovesse seguir notabile discrepanza negli intervalli presi da stella a stella, come ch'ei dovessero, per causa della refrazzione per entro esso vapore, discordar da' misurati da Ticone, e che, per l'opposito, niuna diversità vi fusse da loro osservata nel misurargli con ogni somma esattezza; io, se devo dire il vero, ci scorgo due cose le quali grandemente mi dispiacciono. L'una è, ch'io non veggo modo di poter prestar fede al detto del Sarsi senza negarla a quel del suo Maestro: atteso che l'uno dice d'aver loro con somma esattezza misurate le distanze tra le stelle, e l'altro ingenuamente si scusa di non avere avuto il commodo di far tali osservazioni coll'esquisitezza che sarebbe stata di bisogno, per mancamento di strumenti grandi ed esatti come quelli di Ticone; per lo che si contenta anco che altri non faccia gran capitale delle sue instrumentali osservazioni. L'altra è, ch'io non trovo via di poter dire a V. S. Illustrissima con quella modestia e riservo ch'io desidero, com'io dubito che il signor Sarsi non intenda perfettamente che cosa sieno queste refrazzioni, e come e quando elle si facciano e producano loro effetti. Però ella, che lo saperà fare colla sua infinita gentilezza, gli dica una volta, come i raggi che nel venir dall'oggetto all'occhio segano ad angoli retti la superficie di quel diafano in cui si deve far la refrazzione, non si rifrangono altrimenti, onde la refrazzione non è nulla: e però le stelle verso il vertice, come quelle che mandano a noi i raggi loro perpendicolari alla superficie sferica de i vapor che circondano la Terra, non patiscono refrazzione; ma le medesime, secondo che più e più declinano verso l'orizonte, ed in conseguenza più e più obliquamente segano co' raggi loro la detta superficie, più e più gli rifrangono, e con fallacia maggiore ci mostrano il sito loro. L'avvertisca poi, che per essere il termine di questa materia non molto alto, onde la sfera vaporosa non è molto maggiore del globo terrestre, nella cui superficie siamo noi, l'incidenza de' raggi che vengono da' punti vicini all'orizonte è molto obliqua: la qual obliquità si farebbe sempre minore, quanto più la superficie de' vapori si sublimasse in alto; sì che, quando ella s'elevasse tanto che nella sua lontananza comprendesse molti semidiametri della Terra, i raggi che da qualsivoglia punto del cielo venissero a noi, pochissimo obliquamente potrebbon segar la detta superficie, ma sarebbon come se tendessero al centro della sfera, ch'è quanto a dire che fussero perpendicolari alla sua superficie. Ora, perché il Sarsi colloca la cometa alta assai più che la Luna, ne' vapori che in tanta altezza fussero distesi, niuna sensibile refrazzione far si dovrebbe, ed in conseguenza niuna sensibile apparenza di diversità di sito nelle stelle fisse. Non occorre dunque che 'l Sarsi assottigli altrimenti cotali vapori per iscusar la mancanza di refrazzione, e molto meno che per tal rispetto gli rimuova del tutto. In questo medesimo errore sono incorsi alcuni, mentre si sono persuasi di poter mostrare, la sostanza celeste non differir dalla prossima elementare, né potersi dare quella moltiplicità d'orbi, avvenga che, quando ciò fusse, gran diversità caderebbe negli apparenti luoghi delle stelle mediante le refrazzioni fatte in tanti diafani differenti: il qual discorso è vano, perché la grandezza di essi orbi, quando ben tutti fussero diafani tra loro diversissimi, non permetterebbe alcuna refrazzione agli occhi nostri, come riposti nell'istesso centro di essi orbi.

23. Or passiamo al terzo argomento. "Asserit præterea Galilæus, cometæ materiam non differre a materia illorum corpusculorum quæ circa Solem certa conversione moventur, ac vulgo solares maculæ nominantur. Non abnuo; quin illud etiam addo, eo tempore quo visus est cometa nullam per mensem integrum in Sole maculam inspectam, perque raro postea in eodem sordes huiusmodi observatas; ut non immerito poëtarum aliquis hinc arripere occasionem ludendi possit, per eos forte dies Solem solito diligentius os lucidissimum aqua proluisse, cuius per cælum dispersis loturæ reliquiis cometam ipse conformaverit, miratusque sit postea clarius multo sordes suas fulgere quam stellas. Sed quid ego etiam nunc poëticas consector nugas? Ad me redeo. Sit ergo eadem cometæ et solarium, ut ita loquar, variolarum materia: cum igitur hæc, cometam paritura, recto ac perpendiculari sursum semper feratur motu, quid illud postea est quod eam circa Solem in orbem agit, cogitque perpetuo, dum Solis vultum maculis illis deturpat, eamdem in partem per lineas eclipticæ parallelas circumvolvi? Si enim levium natura est sursum tantummodo ferri, quid ergo vapor unus atque idem modo recta sursum agitur, modo in orbem certis adeo legibus rotatur? Ac si forte quis dixerit, hunc quidem vi sua summa semper rectissimo cursu petere, at, ubi propius ad Solem accesserit, eius nutibus obsequentem eo moveri, quo regia domini virtus annuerit, mirabor profecto, dum reliqua corpora, eadem materia constantia, avide adeo Solem complectuntur, unum cometam, proximum Soli natum, illud votis omnibus optasse, ut a Sole abesset quam longissime, maluisseque gelidos inter Triones obscuro loco extingui, quam, cum posset, Solis inter radios Soli ipsi, obiectu corporis sui, tenebras offundere. Sed hæc physica potius sunt quam mathematica."

Séguita il Sarsi, come altra volta di sopra notai, d'andarsi formando conclusioni di suo arbitrio ed attribuirle al signor Mario ed a me, per confutarle ed in questa guisa farci autori d'opinioni assurde e false. Il signor Mario per essemplificare come non è impossibile che materie tenui e sottili si sollevino assai da Terra, disse di quella boreale aurora; ma il Sarsi volse ch'egli intendesse anco, questa medesima esser la materia della cometa. Quindi a poco, non contento di questo, avendo egli stesso opinione che la reflession del lume non si potesse fare in altre impressioni meteorologiche fuor che nell'umide ed acquose, attribuì al signor Mario ed a me che noi fussimo quelli che affermassimo che vapori acquosi e gravi salissero in cielo a formar la cometa. Ora vuol che noi abbiamo affermato, la materia della cometa esser la medesima che quella delle macchie solari, nominate solamente dal signor Mario per dichiarar com'egli stima che per entro la sostanza celeste si possano muovere, generare e dissolvere alcune materie, ma non mai per affermar, di queste prodursi la cometa. Di qui comprenda meglio V. S. Illustrissima come la protestazion, ch'io feci di sopra, del non dire che la cometa si figurasse in un grandissimo caraffone unto, non fu ridicola né fuor di proposito.

Io non ho mai affermato, la cometa e le macchie solari esser dell'istessa materia; ma mi fo intender ben ora, che quando io non temessi d'incontrar più gagliarde opposizioni che le prodotte in questo luogo dal Sarsi, io non mi spaventerei punto ad affermarlo ed a poterlo anco sostenere. Egli mette una gran repugnanza nel potere essere ch'una materia sottile vada rettamente verso il corpo solare, e che, quivi giunta, sia poi portata in giro: ma perché non perdona egli questo assunto al signor Mario, ed ad Aristotile sì ed a tutta la sua setta, i quali fanno ascendere il fuoco rettamente sino all'orbe lunare, e quivi poi cangiare il suo moto retto in circolare? E come fa il Sarsi a sostenere per impossibil cosa, che un legno caschi da alto perpendicolarmente in un fiume rapido, e che giunto nell'acqua cominci subito ad esser portato in giro intorno all'orbe terrestre? Più valida sarebbe veramente l'altra instanza mossa da lui, cioè com'esser possa che, bramando tutte l'altre materie consorti della cometa d'andare avidamente ad abbracciare il Sole, ella sola l'abbia fuggito, ritirandosi verso settentrione. Questa difficoltà, com'io dico, stringerebbe, se egli medesimo non l'avesse poco di sopra sciolta, quando, nel far che Apollo si lavi il viso e poi getti via la lavatura, della quale si generi la cometa, e non ci avesse dichiarato di tenere opinione che la materia delle macchie si parta dal Sole e non vi concorra.

24. Sentiamo ora il quarto argomento. "Venio nunc ad opticas rationes, quibus longe probatur efficacius, cometam nunquam vanum spectrum fuisse, neque larvatum unquam nocturnas inter tenebras ambulasse; sed uno se omnibus loco unum eumdemque, vultu quo semper fuit, spectandum præbuisse. Quæcunque enim ea sunt quæ per refractionem luminis appareant verius quam sint, ut iris, corona aliaque huiusmodi, ea semper lege producuntur, ut luminosum corpus, ex cuius existunt lumine, quocunque illud sese converterit, sequaci obsequentique motu consequantur.

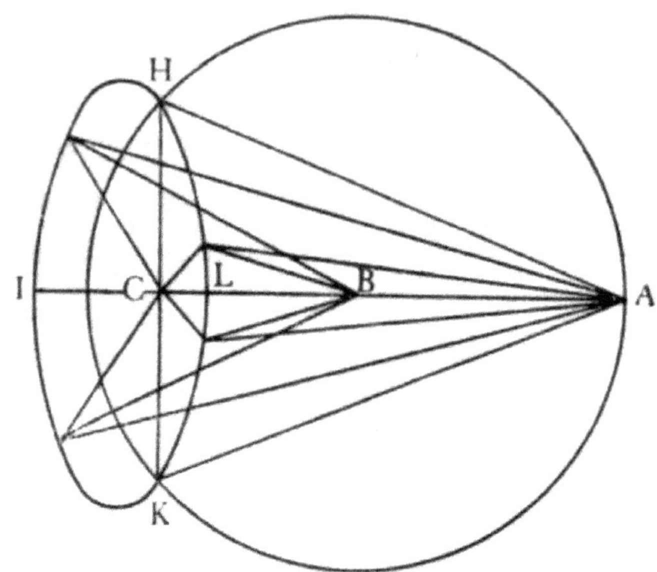

Ita iris IHL, quæ, Sole existente in horizonte A, verticem sui semicirculi habet in H, si Sol intelligatur elevari ex A usque ad D [v. figura 4], descendet ipsa ex opposita parte, et verticem sui arcus H ad horizontem inclinabit; et quo altius Sol elevabitur, eo magis iridis vertex H deprimetur: ex quo patet, eamdem semper in partem iridem moveri, in quam Sol ipse fertur.

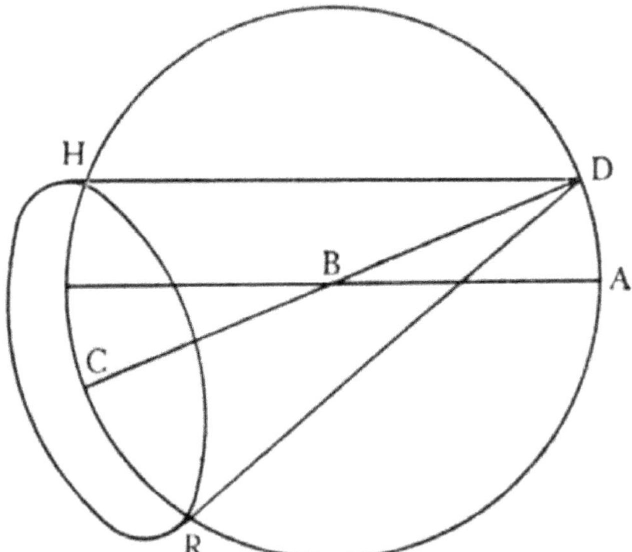

Idem observari potest in areis, coronis et pareliis: hæc siquidem omnia, cum luminosum, a quo fiunt, certo intervallo coronent, ad illius etiam motum in eamdem semper partem feruntur.

Idem etiam apertissime deprehenditur in imagine luminosa quam Sol, ad occasum flectens, in superficie maris ac fluminum formare solet: hæc enim, quo magis a nobis Sol removetur, eo etiam abscedit magis, donec, illo occumbente, evanescat. Sit enim superficies maris visa BI,

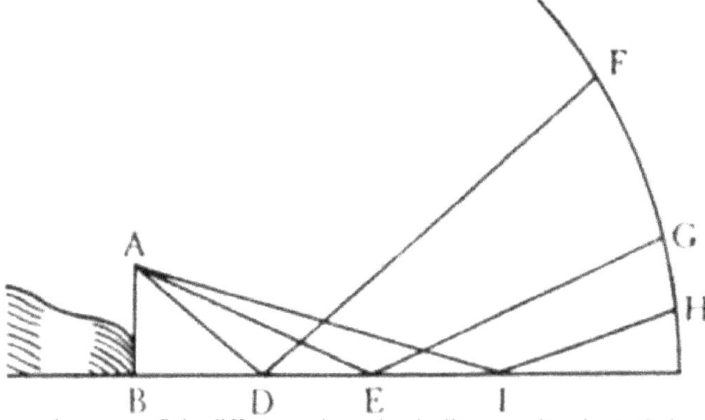

insensibiliter a plana superficie differens; sit oculus in litore positus in A, Sol primum in F; ducantur ad D radii FD, DA, facientes angulos ADB, FDE incidentiæ et reflexionis æquales in D; videbitur ergo lumen Solis in D. Descendat iam idem Sol ad G, atque, eadem ratione qua prius, ducantur a Sole G atque ab oculo A duæ lineæ, facientes cum recta BE angulos incidentiæ et reflexionis æquales: hæ coincident in puncto E, et non alio, ut est manifestum; lumen ergo Solis apparebit in E: et propter eamdem causam, Sole magis adhuc depresso in H, lumen apparebit in I. Contrarium vero accidit quotiescumque idem lumen a Sole oriente in aquis producitur: tunc enim sicuti Sol magis ad verticem nostrum accedit, ita et lumen spectanti fit propius: prius enim, verbi gratia, apparebit in I, secundo in E, tertio in D. Ex quibus quilibet intelligat, in eam semper partem isthæc apparentia moveri, in quam luminosa ipsa, a quibus producuntur, feruntur. Cum ergo ex Solis lumine cometa sine controversia producatur, Solis etiam motum sequi debuit; quod si non præstitit, inter apparentia lumina numerandus non erit. Aio igitur, in cometa nihil unquam tale observatum fuisse. Cum enim primo quo visus est die, hoc est 29 Novembris, Sol in gradu Sagittarii 6, m. 43 reperiretur, atque ad Capricornum etiam tunc tenderet, necessario singulis sequentibus diebus usque ad 22 Decembris in quocumque verticali depressior fieri debuit; et si motus hic attendatur, Sol ab æquatore magis et magis in austrum movebatur; quare si de genere refractorum luminum aut repercussorum fuit cometa, in austrum etiam ferri debuit; a quo tamen motu tantum abfuit, ut in septentrionem potius tendere voluerit; ut fortasse vel ex hoc suam Galilæo testaretur libertatem, doceretque nihil se amplius a Sole habuisse, quam homines habeant in eiusdem Solis luce ambulantes et, quo sua illos libido impulerit, libere contendentes. Quod si quis forte hoc loco aliam aliquam reflexionis refractionisve regulam a superioribus diversam invexerit, quam cometis tribuendam, nescio qua occulta prærogativa, existimet; illud saltem statuendum est, ut, quam semel admiserit motus regulam, servet postea exacte. Sit igitur, quando hoc aliquis vult, ut libet. Fuerit cometarum, non Solis motu moveri, sed contrario; ut proinde dum hic in austrum tenderet, illi in septentrionem aufugerent: debuerant ergo iidem illi, Sole ad septentrionem redeunte, in austrum contra, propter eamdem rationem, moveri. Cum ergo a die 22 Decembris, hoc est a solstitio brumali, in septentrionem iterum Sol regrederetur, debuit noster cometa in austrum contra, unde discesserat, remeare: hic tamen constantissime eumdem semper motus tenorem in septentrionem servavit: ex quo satis constare potest, nullam cum Solis motu cognationem habuisse incessum cometæ, cum, sive in hanc sive in illam partem moveretur Sol, eadem ille, qua primum cœperat, semita progrederetur."

Qual sia stato il momento de' passati tre argomenti, si è veduto sin qui; il quale credo che anco l'istesso Sarsi non abbia reputato molto, per esser discorsi fisici, onde egli stesso nomina e stima i seguenti, presi dalle dimostrazioni ottiche, di gran lunga più concludenti e più efficaci de' passati: indizio manifesto di non aver avuto l'intera sua soddisfazzione in quei progressi naturali. Ma avvertisca bene al caso suo, e consideri che per uno che voglia persuader cosa, se non falsa, almeno assai dubbiosa, di gran vantaggio è il potersi servire d'argomenti probabili, di conghietture, d'essempi, di verisimili ed anco di sofismi, fortificandosi appresso e ben trincerandosi con testi chiari, con autorità d'altri filosofi, di naturalisti, di rettorici e d'istorici: ma quel ridursi alla severità di geometriche dimostrazioni è troppo pericoloso cimento per chi non le sa ben maneggiare; imperocché, sì come *ex parte rei* non si dà mezo tra il vero e 'l falso, così nelle dimostrazioni necessarie o indubitabilmente si conclude o inescusabilmente si paralogiza, senza lasciarsi campo di poter con limitazioni, con distinzioni, con istorcimenti di parole o con altre girandole sostenersi più in piede, ma è forza in brevi parole ed al primo assalto restare o Cesare o niente. Questa geometrica strettezza farà ch'io con brevità e con minor tedio di V. S. Illustrissima mi potrò dalle seguenti prove distrigare; le quali io chiamerò ottiche o geometriche più per secondare il Sarsi, che perché io ci ritrovi dentro, dalle figure in poi, molta prospettiva o geometria.

È, come V. S. Illustrissima vede, l'intenzion del Sarsi, in questo quarto argomento, di concludere che la cometa non sia del genere de' simulacri solamente apparenti, cagionati da reflessione e da refrazzione de' raggi solari, per la relazione ch'ella osserva e ritiene verso il Sole, diversa da quella ch'osservano e ritengon quelle che noi sappiamo certo esser pure apparenze, quali sono l'iride, l'alone, i parelii, le reflessioni del mare: le quali tutte, dic'egli, al movimento del Sole si vanno esse ancora movendo, con tenor tale che la mutazion loro è sempre verso la medesima parte che quella del Sole; ma nella cometa è accaduto il contrario; adunque ella non è un'illusione. Qui, ancorché assai competente risposta fusse il dire che non si vede necessità veruna per la quale la cometa debba seguitar lo stile dell'iride o dell'alone o dell'altre nominate illusioni, poi che ella è differente dall'iride, dall'alone e dall'altre; tuttavia io voglio conceder qualche cosa di più dell'obbligo, purché il Sarsi nel resto non voglia aver più privilegio di me, sì che alcun modo d'argomentare che per lui dovesse esser concludente, per me poi avesse da esser reputato inutile. Per tanto io domando al Sarsi, s'ei reputa l'argomento preso dalla contrarietà dello stile osservato dalla cometa e da i puri simulacri, in contrariar quella, ed in secondar questi, il moto del Sole, sia necessariamente concludente o no? S'ei risponde di no, già tutto il suo progresso è vano, né io più vi aggiungo parola: ma se ei risponde di sì, giusta cosa sarà che altrettanto vaglia per me, per concluder che la cometa sia un'illusione, il dimostrar io ch'ella osservi lo stile d'alcun vano simulacro, in quel che appartiene al secondare o contrariare al moto del Sole. Ma per trovare tal simulacro non occorre né anco che io mi parta da uno prodotto dall'istesso Sarsi per opportunissimo a manifestamente farci conoscere, il progresso della cometa esser contrario a quello d'esso simulacro; il quale però a me pare non contrario, ma il medesimo a capello. Prenda dunque V.
S. Illustrissima la sua terza figura, nella quale ei fa parallelo della cometa con la reflession del Sole fatta nella superficie del mare; dove, quando il Sole sia in H, il suo simulacro vien veduto dall'occhio A secondo la linea AI; e quando il Sole sarà in G, si vedrà il simulacro per la linea AE; ed essendo in F, il simulacro apparirà nella linea AD. Resta ora che veggiamo, mentre che il Sole ci apparisce essersi mosso in cielo per l'arco HGF, per qual verso ci apparisca essersi mosso parimente il suo simulacro rispetto al cielo, dove il Sarsi osservò il moto della cometa e del Sole: per lo che bisogna continuar l'arco FGHLMN

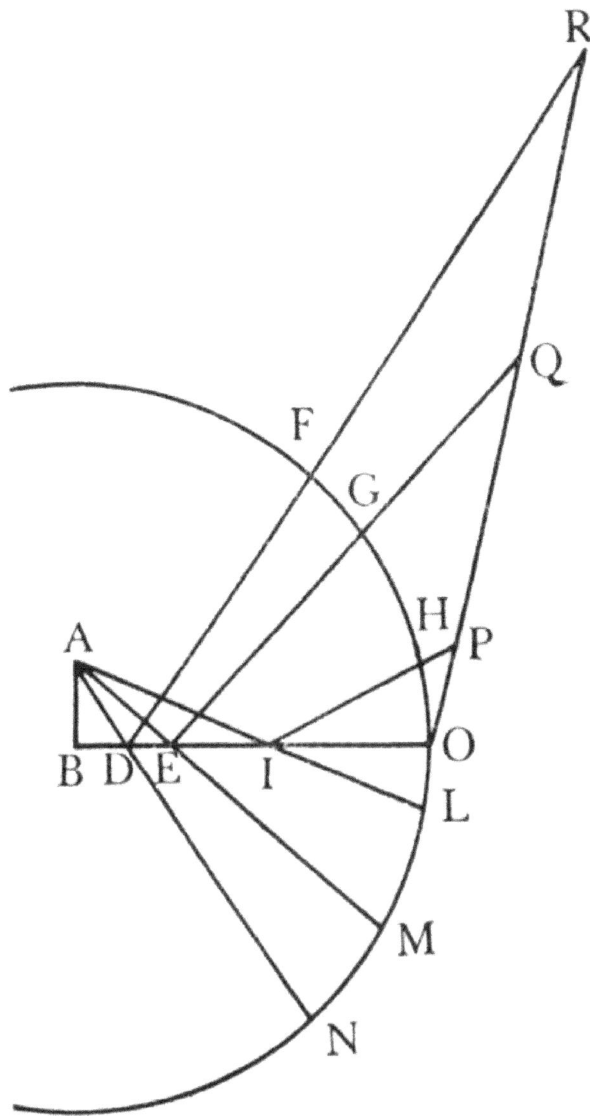

e prolungar le linee AI, AE, AD in L, M, N, e poi dire: Quando il Sol era in H, il suo simulacro si vedeva per la linea AI, che in cielo risponde nel punto L; e quando il Sole venne in G, il suo simulacro si vedeva per la linea AE, ed appariva in M; e finalmente, giunto il Sole in F, il suo simulacro apparse in N. Adunque, movendosi il Sole da H verso F, il suo simulacro apparisce muoversi da L in N: ma questo, signor Sarsi, è apparir muoversi al contrario del Sole, e non pel medesimo verso, come avete creduto o più tosto voluto dare a creder voi.

Io, Illustrissimo Signore, dico così, perché non mi posso persuadere com'egli avesse avuto a equivocare in cosa tanto manifesta. Oltre che si vede anco, che nel dichiararsi usa certe maniere di dire assai improprie e non consuete, solo per accommodare al suo bisogno quello ch'accommodar non vi si può, perché non è nulla: verbigrazia, ei vede che passando il Sole da H in G, e da G in F, la sua immagine viene da I in E, e da E in D, il qual progresso IED è un vero e realissimo avvicinarsi e muoversi verso l'occhio A; e perché il bisogno del Sarsi è di poter dir che l'immagine ed il Sole si muovano pel medesimo verso, ei si risolve liberamente a dire che 'l moto del Sole per l'arco HGF sia un avvicinarsi al punto A, e che l'andar verso il vertice sia il medesimo che andar verso il centro. È, di più, forza ch'ei dissimuli di non s'accorgere d'un altro più grave assurdo, che gli verrebbe addosso quand'ei volesse sostenere che il simulacro secondasse il movimento dell'oggetto reale; perché, quando questo fusse, bisognerebbe di necessità che parimente, pel converso, l'oggetto secondasse il simulacro; dal che vegga V. S. Illustrissima quel che ne seguirebbe. Tirisi dal termine del diametro O la linea retta OR, cadente fuor del cerchio e colla BO contenente qualsivoglia angolo, e si prolunghino sino ad essa le DF, EG, IH ne i punti R, Q, P: è manifesto che quando l'oggetto reale si fusse mosso per la linea PQR, il simulacro sarebbe venuto per la IED, e perché questo è uno avvicinarsi e muoversi verso l'occhio A, e quel che fa il simulacro lo fa ancora (per detto del Sarsi) l'oggetto, adunque l'oggetto, movendosi dal termine P in R, si è venuto avvicinando al punto A; ma egli si è discostato; ecco, dunque, l'assurdo manifesto. Notisi di più, che quanto il Sarsi va considerando in questo luogo accader tra l'oggetto reale e la sua immagine, è preso come se la materia in cui si deve formare il simulacro resti sempre immobile, e solo si muova l'oggetto; ché quando s'intendesse muoversi detta materia ancora, altre ed altre conseguenze ne seguirebbono circa l'apparenze del simulacro: e però da quel che aggiunge il Sarsi, del non esser ritornata indietro la cometa al ritorno del Sole, non se ne inferirà mai nulla, se prima non si determina dello stato o del movimento della materia in cui la cometa si produsse.

25. Passo al quinto argomento. "Præterea, si de apparentium simulacrorum numero cometa fuit, debuit ad certum ac determinatum angulum spectari; quod in iride, area, corona aliisque huiusmodi accidit: meminisse autem hoc loco debet Galilæus, se affirmasse satis amplum cæli spatium huiusmodi vaporibus occupatum: quod si ita est, aio circularem vel circuli segmentum apparere cometam debuisse. Sic enim argumentari libet. Quæcumque sub uno certo ac determinato angulo conspiciuntur, ibi videntur ubi certus ille ac determinatus angulus constituitur; sed pluribus in locis, in circulari linea positis, determinatus hic et certus cometæ angulus constituitur; ergo pluribus in locis, in linea circulari dispositis, cometa videbitur. Maior certissima est, neque ullius probationis indigens. Minorem sic probo.

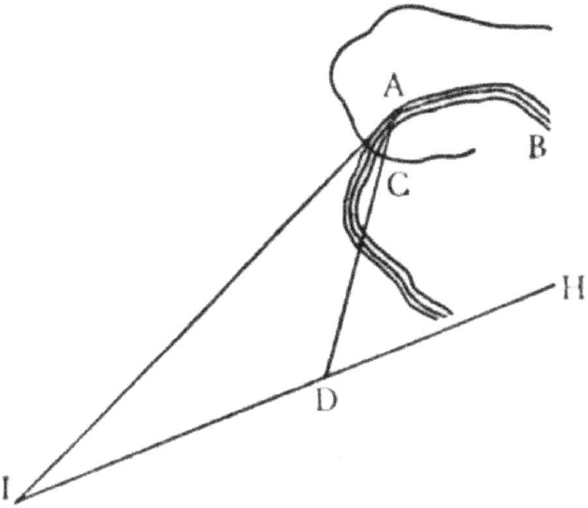

Sit Sol infra horizontem in I, locus vaporis fumidi circa A, cometa vero ipse se se, verbi gratia, spectandum ostendat in A, posito oculo in D; occupet autem vapor idem et alias partes circa A constitutas, quod Galilæus ultro concedit. Intelligatur iam ducta linea recta per centrum Solis I et per centrum visus D; ex punctis vero I et D ad locum cometæ A concurrant radii IA, DA, constituentes triangulum IAD: erit ergo angulus IAD ille certus et determinatus sub quo ad nos cometæ species remittitur. Concipiamus iam circa axem IDH triangulum IAD moveri; tunc vertex illius A describet segmentum circuli, in quo semper radii Solis, IA directus et AD reflexus, angulum eundem IAD efficient: cum autem in hac verticis A circumductione multæ ab illo circumfusi vaporis partes attingantur, in iis omnibus fiet determinatus ille ac certus angulus, ad quem cometa necessario consequitur: in toto ergo circuli segmento BAC, quod vaporem attingit, cometa comparebit; eadem prorsus ratione, qua in roridis nubibus irides et coronas fieri contingit aut circulares aut circulorum segmenta. Cum ergo nihil tale in cometa observatum fuerit, non erit proinde in apparentium simulacrorum numero collocandus, cum nulla in re hic illis se similem præbeat."

Séguita, anzi pur cresce, in me la meraviglia nata dal veder quanto frequentemente il Sarsi vada dissimulando di vedere le cose ch'egli ha dinanzi agli occhi, con speranza forse che la sua dissimulazione abbia negli altri a partorire non una simulata, ma una vera cecità. Ei vuole nel presente suo argomento provar che quando la cometa fusse una nuda apparenza, ella dovrebbe dimostrarsi in figura di cerchio o di parte di cerchio, perché così avviene dell'iride, dell'alone, della corona e dell'altre varie immagini: il che non so com'ei possa affermare, sendosi cento volte ricordata la reflession nel mare dell'immagine solare, e quelle proiezzioni dall'aperture delle nuvole, le quali compariscono strisce dritte e similissime alla cometa. Ma forse ei si persuade che senz'altre avvertenze la dimostrazione ottica, ch'ei n'arreca, concluda nella cometa necessariamente la sua intenzione; del che però io grandemente dubito, e parmi, s'io non m'inganno, che 'l suo progresso sia mutilo, e che gli manchi una parte principalissima del dato (che sarebbe gran difetto in logica); e questa è la disposizion locale, in relazione all'occhio, della superficie di quella materia nella quale si ha a far la reflessione, la qual disposizione non vien messa in considerazion dal Sarsi: di che non saperei addur più modesta scusa, che il non l'avere egli avvertito; ché quando ei l'avesse conosciuto, ma dissimulato per mantenere il lettore nell'ignoranza, mi parrebbe mancamento assai più grave. La considerazion poi di cotal disposizione opera il tutto: imperocché la dimostrazion del Sarsi non concluderà mai, se non quando la superficie del vapore intorno al punto A della sua figura sarà opposta all'occhio D direttamente, sì che l'asse IDH caschi perpendicolarmente sopra il piano nel quale essa superficie si distendesse; perché allora, nel girare il triangolo IDA intorno all'asse IH, il punto A anderebbe terminando continuamente in essa superficie e descrivendovi una circonferenza di cerchio: ché quando la superficie detta fusse esposta all'occhio obliquamente, l'angolo A non la toccherebbe se non in un sol punto, e nel girar del triangolo il medesimo angolo A o penetrerebbe oltre ad essa superficie, o non v'arriverebbe. Ed in somma, a voler che la cometa apparisse circolare, bisognerebbe che la superficie dov'ella si genera fusse piana ed esposta direttamente alla linea che passa per li centri dell'occhio e del Sole; la qual costituzione non può mai accadere se non nella diametrale opposizione o vero nella linear congiunzione de' vapori e del Sole: e però l'iride si vede sempre opposta, l'alone o la corona sempre congiunti al Sole, onde appariscono circolari; ma delle comete non so che se ne sien mai vedute né in opposizione né in congiunzione al Sole. Se al Sarsi, nello scrivere la sua dimostrazione, fusse una volta passato per la fantasia di chiamar quella materia ch'ei si figura intorno al punto A, non vapori, ma acqua del mare, ei si sarebbe accorto che 'l suo argomento avrebbe nel modo stesso e coll'istesse parole concluso che la reflessione nel mare di necessità si deve distender per linea circolare; dal che poi mercé del senso, che mostra il contrario, avrebbe scoperta la fallacia del suo sillogismo.

26. Or sentiamo l'argomento sesto. "Sed placet ex ipsius etiam Galilæi verbis hoc idem confirmare. Ait enim ipse, quod etiam fortasse verissimum est, spectra huiusmodi et vana simulacra eam in parallaxi legem servare, quam servat luminosum illud corpus a quo proveniunt; ita, si qua illorum Lunæ effecta fuerint, hæc parem cum Luna parallaxim pati; quæ vero a Sole fiunt, eamdem cum Sole aspectus diversitatem sortiri. Præterea, dum adversus Aristotelem disputat et argumentum ex parallaxi ductum assumit, hæc habet: "Denique cometam ignem esse, ac sublunarem asserere, omnino impossibile est; cum obstet parallaxis exiguitas, tot insignium astronomorum solertissima inquisitione observata." Ex quibus ita rem conficio. Auctore Galilæo, quæcumque mere apparentia a Sole producuntur, illam eamdem patiuntur parallaxim quam patitur Sol; sed cometa non passus est eamdem parallaxim quam Sol patitur: ergo cometa non est apparens quid a Sole productum. Si quis autem de minori huius argumenti propositione ambigat, Tychonis observationes cum observationibus aliorum conferat, dum agunt de cometa anni 1577: ipse certe Tycho ex suis observationibus illud tandem deducit, demonstratam nimirum distantiam cometæ a centro Terræ die 13 Novembris fuisse semidiametrorum eiusdem Terræ 211 tantum, cum Sol ab eodem centro ponatur distare semidiametris saltem 1150, Luna vero semidiametris 60. De hoc vero nostro, si quis eas observationes inter se contulerit quas in Disputatione ab uno ex Patribus habita edidit in lucem Magister meus, satis illi inde constabit huius propositionis veritas; nam fere semper longe maiorem cometæ parallaxim inveniet, quam Solis. Neque observationes huiusmodi Galilæo suspectæ esse nunc possunt, cum easdem summorum astronomorum opera exquisitissime ad astronomiæ calculos castigatas testatus sit."

Che il signor Mario ed io abbiamo mai scritto o detto che i simulacri prodotti dal Sole ritengano la medesima paralasse che quello (come il Sarsi in questo luogo afferma per fondamento del suo sillogismo), è del tutto falso; anzi il signor Mario, dopo aver nominati e considerati molti di tali simulacri, soggiugne così: "E avvenga che de' sopranominati simulacri in alcuni la paralasse sia nulla, ed in altri operi molto diversamente da quello ch'ella fa negli oggetti reali." Non si trova nella scrittura del signor Mario ch'egli affermi, la paralasse esser l'istessa che quella del Sole o della Luna, se non nell'alone; negli altri, ed anco nell'istessa iride, vien posta diversa. Falsa dunque è la prima proposizion del sillogismo. Or veggiamo quanto sia vera la seconda e quanto concludente, posto anco che la paralasse di tutti i simulacri vani dovesse essere eguale a quella del Sole.

Vuole il Sarsi, e coll'autorità di Ticone e con quella del suo Maestro, provare (e così è in obligo di fare) che la paralasse osservata nelle comete sia maggiore di quella del Sole: ma si astiene poi di produrre l'osservazioni particolari di Ticone e di molti altri astronomi di nome, fatte circa la paralasse della cometa; e ciò fa egli perché il lettore non vegga come quelle sono tra di loro differentissime. E qualunque elle si sieno, o sono giuste, o sono errate: se giuste, sì che a loro si debba prestare intera fede, bisogna necessariamente concludere, o che la medesima cometa fusse nell'istesso tempo e sotto il Sole e sopra ed anco nel firmamento, o vero che, per non essere ella un oggetto fisso e reale, ma vago e vano, non soggiace alle leggi dei fissi e reali: ma se tali osservazioni sono errate, mancano d'autorità, né per esse si può determinar cosa veruna; e l'istesso Ticone tra tante diversità andò eleggendo, come se fussero più certe, quelle che più servivano alla sua determinazione fatta innanzi, di voler assegnar luogo alla cometa tra il Sole e Venere. Quanto poi all'altre osservazioni prodotte dal suo Maestro, sono tanto fra sé differenti, ch'egli medesimo le determina inette a potere stabilire il luogo della cometa, dicendo quelle esser state fatte con istrumenti non esatti e senza la necessaria considerazion dell'ore e della refrazzione e d'altre circostanze; per lo che egli stesso non obliga altrui a prestargli molta fede, ma si riduce ad una sola osservazione, la quale, non ricercando strumento alcuno, ma potendo colla semplice vista farsi esattissimamente, egli l'antepone a tutte l'altre: e questa fu la puntual congiunzione del capo della cometa con una stella fissa, la qual congiunzione fu vista nel medesimo tempo da luoghi tra di sé molto distanti. Ma, signor Sarsi, se così è seguito, questo è del tutto contrario al bisogno vostro, poi che di qui si raccoglie, la paralasse essere stata nulla, mentre che voi producete questa autorità per confermar la vostra proposizione, che dice tal paralasse esser maggiore che quella del Sole. Or vedete come gli stessi autori chiamati da voi testificano contro alla causa vostra.

A quello poi che voi dite, che noi stessi abbiamo confessato, l'osservazioni degli astronomi grandi essere state fatte esattissimamente, vi rispondo che se voi meglio considererete il dove e 'l quando sono state chiamate tali, comprenderete che esatte si potevano dire quando elle fussero state anco assai più differenti tra loro di quello che state sono. Furon chiamate esatte e sufficienti a confutar l'opinione di Aristotile, mentr'egli voleva che la cometa fusse oggetto reale e vicinissimo alla Terra. E non sapete che il vostro Maestro stesso dimostra che il solo intervallo tra Roma ed Anversa in un oggetto reale che fusse anco sopra la suprema region dell'aria, può cagionar paralasse maggiore di 50, di 60, di 100 ed anco di 140 gradi? E se questo è, non si potranno elleno chiamar osservazioni esatte e potenti quelle che, essendo tutte minori d'un grado solo, differiscono tra di loro di pochi minuti?

27. Or legga V. S. Illustrissima l'ultimo argumento. "Denique neque illud omittendum, quod vel unum, homini veritatis potius investigandæ quam altercandi cupido, satis id quod agimus persuadere possit. Experimur enim quotidie, ea omnia quibus certa ac stabilis species non est, sed vana colorum ac lucis imagine hominum illudunt oculis, angustissimis vitæ spatiis finiri, brevissimo etiam temporis intervallo varias sese in formas mutare; modo extingui, modo iterum accendi; nunc pallescere, nunc ardentiori luce micare; partes illorum nunc interrumpi, nunc iterum coalescere; nunquam denique eadem diu specie apparere: quæ omnia si cum cometæ stabili motu aspectuque conferantur, ostendent quanta demum inter illum atque huiusmodi vanas imagines morum ac naturæ discordia sit. Quare si nihil plane reperias in quo se illis cometa similem probet, cur non potius nullam cum iisdem naturæ affinitatem aut cognationem habere dixeris? Dixerunt enimvero philosophorum antiquissimi atque optimi, dixerunt recentiorum eruditissimi; unus nunc Galilæus illis repugnat; at Galilæo, nisi fallor, repugnare veritas videtur."

Il qual argomento egli stima tanto, che gli par ch'esso solo possa esser bastante a persuader l'intento suo: tuttavia io non ci scorgo efficacia che mi persuada, mentr'io considero che, nel produr questi vani simulacri, v'interviene il Sole com'efficiente, e le nuvole e vapori o altre cose come materia; e perché l'efficiente è perpetuo, quando non mancasse dalla materia, e l'iride e l'alone ed i parelii e tutte l'altre apparenze sarebbono perpetue; la breve, dunque, o lunga durazione dalla stabilità e posizion della materia si deve attendere. Or qual ragione ci dissuade, poter esser sopra le regioni elementari alcuna materia di più lunga durazione delle nubi, della caligine, della pioggia cadente in minute stille, o d'altre materie elementari, sì che la reflessione o refrazzion del Sole fatta in quelle ci si mostri più lungamente dell'iride, de' parelii, dell'alone? Ma senza partirsi da' nostri elementi, l'aurora, ch'è una refrazzion de' raggi solari nella region vaporosa, e le reflessioni nella superficie del mare non son elleno apparenze perpetue, sì che se il riguardante, il Sole, i vapori e la superficie del mare stessero sempre nella medesima disposizione, perpetuamente si vederebbe l'aurora e la striscia splendida nell'acqua? In oltre, dalla minore o maggior durazione poco concludentemente s'inferisce un'essenzial differenza; anzi delle comete stesse, senza cercar altre materie, se ne son vedute alcune durare 90 e più giorni, ed altre dissolversi il quarto ed anco il terzo. E perché si è osservato, le più diuturne mostrarsi, anco nel lor primo apparire, assai maggiori dell'altre, chi sa che non ve ne sieno, ed anco frequentemente, di quelle che durino non solamente pochi giorni, ma anco non molte ore, ma che per la lor piccolezza non vengano facilmente osservate? E per concluderla, che nel luogo dove si formano le comete vi sia materia atta nata a conservarsi più della nuvola e della caligine elementare, l'istesse comete ce n'assicurano, producendosi di materia o in materia non celeste ed eterna, né anco che necessariamente in brevissimi tempi si dissolva, sì che il dubbio resta ancora, se quello che si produce in detta materia sia una pura e semplice reflession di lume, ed in conseguenza uno apparente simulacro, o pure se sia altra cosa fissa e reale. E per tanto niuna cosa conclude l'argomento del signor Sarsi, né concluderà, s'egli prima non dimostra che la materia cometaria non sia atta a reflettere o rifrangere il lume solare, perché, quanto all'esser atta a durar molti giorni, la durazion delle medesime comete ce ne rende più che certi.

28. Or passiamo alla seconda questione di questo secondo essame. "Venio nunc ad motum: quem rectum fuisse Galilæus asserit, ego tamen diserte nego. Ea primum ratio hoc mihi persuadet ut faciam, quam ipse solvere vel nescire se vel non audere, ingenue profitetur: illa enim ratio adeo aperta est, adeoque ad hunc motum dissuadendum efficax, ut, cum forte id maxime vellet, dissimulare tamen eam non potuerit. "Si enim" (verba eius sunt) "solus hic motus cometæ tribuatur, explicari non potest, qui factum sit ut non ad verticem solum magis ac magis accesserit, sed ulterius ad polum usque pervenerit: quare vel præclarum hoc inventum abiiciendum, quod sane haud sciam, vel motus alius addendus, quod non ausim." Ubi mirandum sane est, hominem apertum ac minime meticulosum repentino adeo timore corripi, ut conceptum sermonem proferre non audeat. Ego vero non is sum, qui divinare norim. "

E qui, prima ch'io proceda più avanti, non posso far ch'io non mi risenta alquanto col Sarsi della non punto meritata imputazione ch'egli m'attribuisce di dissimulatore, essendo cotal nota lontanissima dalla profession mia, la qual è di liberamente confessare, come sempre ho fatto, di ritrovarmi abbagliato e quasi del tutto cieco nel penetrare i secreti di natura, ma ben d'esser desiderosissimo di conseguir qualche piccola cognizione d'alcuno di essi, alla quale intenzione niun'altra cosa è più contraria che la finzione o dissimulazione. Il signor Mario nella sua scrittura mai non ha finto cosa alcuna, né ha avuto di mestieri di fingerla, poi che, quanto egli di nuovo ha proposto, l'ha portato sempre dubitativamente e conghietturalmente, né ha cercato di fare ad altri tener per certo e sicuro quello ch'egli ed io per dubbio, ed al più per probabile, abbiamo arrecato ed esposto alla considerazion de' più intelligenti di noi, per trarne, co 'l loro aiuto, o la confermazione di alcuna conclusion vera, o la totale esclusion delle false. Ma se la scrittura del signor Mario è schietta e sincera, ben altrettanto è piena di simulazioni la vostra, signor Lottario; poi che, per farvi strada alle oppugnazioni, delle 10 volte le 9 fingete di non intendere quel che ha scritto il signor Mario, e dandogli sensi molto lontani dall'intenzion di quello, e spesso aggiungendovi o levandone, preparate ad arbitrio vostro la materia, onde il lettore, prestando fede a quanto voi producete poi in contrario, resti in concetto che noi abbiamo scritte gran semplicità, e che voi acutamente l'avete scoperte e ributtate: il che sin qui si è da me osservato, e nel restante s'osserverà non meno.

Ma venendo al fatto, qual cagione vi muove a scrivere che noi abbiamo sommamente voluto, ma non potuto dissimulare che movendosi la cometa di semplice moto retto, fusse necessario ch'ella andasse sempre verso il vertice, né da quello declinasse già mai? Chi ha fatto avvertito voi di tal conseguenza, altri che l'istesso signor Mario che la scrive? la quale al sicuro a voi avrebbe egli potuto dissimulare, e voi, per vostra benignità, avereste dissimulata la sua dissimulazione. Ma che più? Voi stesso due soli versi di sopra scrivete che io ingenuamente ho confessato di non sapere o non ardir di sciorre cotal ragione da me prodotta, ed accanto accanto soggiungete ch'io massimamente avrei voluto dissimularla: e qual contradizzion è questa, che uno ingenuamente porti e scriva e stampi una proposizione, e sia il primo a portarla e scriverla e stamparla, e che voi poi diciate, lui aver grandemente desiderato di dissimularla ed asconderla? Veramente, signor Lottario, voi siete molto bisognoso che nel lettore sia una gran semplicità ed una piccola avvertenza.

Or veggiamo se in questo detto, dove nulla si trova di nostra simulazione, ve ne fusse per sorte di quella del Sarsi. E certo in poche parole ve n'è più d'una. E prima, per aprirsi il campo a dichiararmi per tanto ignorante geometra che non abbia capito quelle conseguenze che per lor dimostrazione non ricercano maggiore scienza che di alcune poche e tritissime proposizioni del primo libro degli Elementi, egli mi fa dir quello che già mai non s'è detto né scritto; e mentre noi diciamo, che se la cometa si movesse di moto retto, ci apparirebbe muoversi verso il vertice e zenit, esso vuole che noi abbiamo detto ch'ella, movendosi, dovesse arrivare al vertice e zenit. Qui bisogna che il Sarsi confessi, o di non avere inteso quel che vuol dir *muoversi verso un luogo*, o d'aver voluto con finzione e simulazione attribuirci una falsità. Il primo non credo che possa essere, perché così verrebbe anco a stimare che il dir *navigare verso il polo* e *tirar una pietra verso il cielo* importasse che la nave arrivasse al polo e la pietra in cielo: adunque resta ch'egli, dissimulando d'intender il vero scritto da noi, ci attribuisca il falso per poter poi attribuirci le non meritate note. Di più, non sinceramente riferisce egli le presenti parole del signor Mario anco in un altro particolare; poi che dove quello dice, che o bisogna rimuovere il moto retto attribuito alla cometa, o vero, ritenendolo, aggiungere qualche altra cagione dell'apparente deviazione, il Sarsi di suo arbitrio muta le parole "qualche altra cagione" in "qualch'altro moto", per poter poi, fuor d'ogni mia intenzione, tirarmi nel moto della Terra, e qui scriver varie girandole e vanità. Conclude finalmente il Sarsi, non esser di quelli che sanno indovinare; e pure assai frequentemente si getta al voler penetrare gl'interni sensi altrui.

29. Or segua V. S. Illustrissima. "Quæro igitur, an motus hic alius, quo belle explicare omnia posset nec eum proferre audet, vapori huic cometico tribuendus sit, an alii cuipiam, ad cuius postea motum moveri, in speciem tantum, videatur cometa. Non primum, arbitror; hoc enim esset motum illum rectum et perpendicularem destruere: siquidem, si vapor ex Terra, æquatori, verbi gratia, subiecta, motu perpendiculari sursum ascendat, et motu alio idem ipse in septentrionem feratur, motus hic secundus necessario priorem destruet. Quod si nihilominus ad septentrionem moveri, saltem in speciem, videatur, ad alterius alicuius corporis motum id consequi dicendum erit. Certe dum Galilæus ait, eum motum qui addendus esset, causam tantummodo futurum apparentis deviationis cometæ, satis aperte innuit, motum hunc in alio quam in vapore cometico ponendum esse, cum illum apparenter solum ad septentrionem moveri velit. Quod si ita est, non video cuiusnam corporis hic futurus sit motus. Cum enim nulli Galilæo sint cælestes Ptolemæi orbes, nihilque, ex eiusdem Galilæi systemate, in cælo solidi inveniatur, non igitur ad motum eorum orbium, quos nusquam reperiri existimat, cometam moveri putabit.

Sed audio hic mihi nescio quem tacite ac timide in aurem insusurrantem Terræ motum. Apage dissonum veritati ac piis auribus asperum verbum. Næ, tu caute id submissa insusurrasti voce. Sed si ita res se haberet, conclamata esset Galilæi opinio, quæ non alii quam huic falso inniteretur fundamento. Si enim Terra non moveatur, motus hic rectus cum observationibus cometæ non congruit; sed Terram certum est, apud Catholicos, non moveri; erit ergo æque certum, motum hunc rectum cum observationibus cometicis minime concordare, ac propterea ineptum ad rem nostram iudicandum. Neque id ego unquam Galilæo in mentem venisse existimo, quem pium semper ac religiosum novi."

Qui, com'ella vede, si va il Sarsi affaticando per mostrar, niun altro moto che si attribuisca o all'istessa cometa o ad altro corpo mondano, poter esser atto a mantenere il movimento per linea retta introdotto dal signor Mario ed a supplire insieme all'apparente deviazion dal vertice: il qual discorso è tutto superfluo e vano, atteso che né il signor Mario né io abbiamo mai scritto, la cagion di tal deviazione depender da qualch'altro moto, né di Terra né di cieli né d'altro corpo. Il Sarsi di suo capriccio l'ha introdotto; egli stesso si risponda, né pretenda d'obligar altri a sostener quello che non ha detto, né scritto, né forse pensato, ancor per confessione dell'istesso Sarsi, il quale apertamente afferma di non creder che mai mi sia caduto in mente d'introdurre il movimento della Terra per salvar tal deviazione, avendomi egli conosciuto sempre per persona pia e religiosa. Ma s'è così, a che proposito l'avete voi nominato, ed a qual fine cercato di mostrarlo inetto a cotal bisogno? Ma è bene che passiamo avanti.

30. Segua, dunque, V. S. Illustrissima di leggere. "Verum, ni fallor, non quilibet cometæ motus Galilæum torsit, coëgitque aliquid aliud præterea excogitare quod proferre vel nesciat vel non audeat; sed is tantum, quo ultra nostrum verticem, seu zenith, propius ad polum accessit. Si igitur ultra verticem cometa progressus non fuisset, nil erat quod de hoc alio motu cogitaret. Hoc enim ipsemet verbis illis innuere videtur, quibus ait, "si nullus alius ponatur motus quam rectus ac perpendicularis, tunc ad nostrum tantum verticem recta cometam ascensurum, non tamen progressurum ulterius". Demus igitur, nullum unquam cometam verticem nostrum prætergressum: aio tamen, ne sic quidem eius cursum explicari posse motu hoc recto.

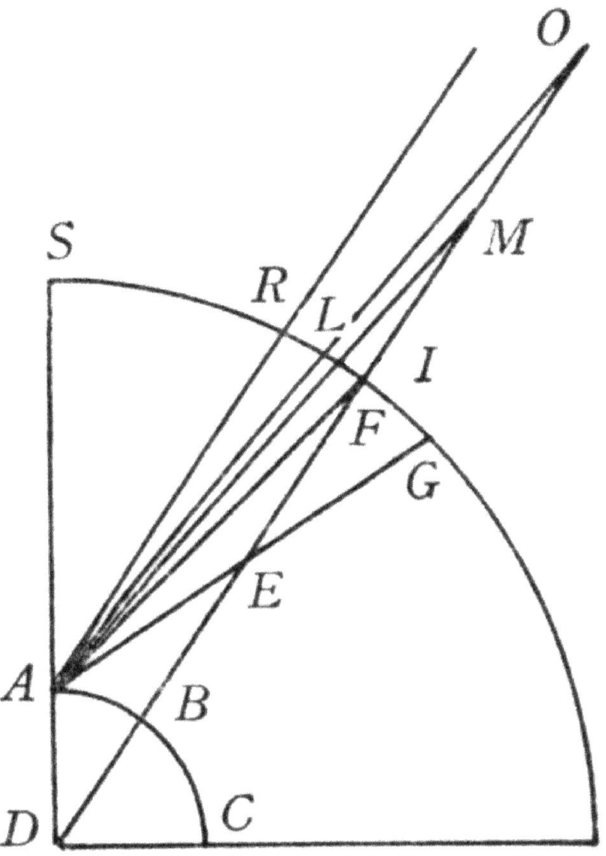

Sit enim Terræ globus ABC, locus ex quo vapor ascendit sit B, oculus vero spectantis in A, visusque sit primum cometa, verbi gratia, in E, et locus eidem respondens in cælo sit G; intelligatur moveri cometa sursum in linea BO per partes æquales EF, FM, MO: affirmo, quantumvis vapor ille per lineam DO ascendat, etiam in omni æternitate nunquam ad verticem nostrum, ne apparenter quidem, perventurum. Ducatur enim linea AR ipsi BO parallela: nunquam tantus erit cometæ motus apparens, quantus est arcus GR, et nunquam radius visualis coincidet cum linea AR. Cum enim semper radius visivus concurrere debeat cum recta BO, in qua apparet cometa, cumque radius AR sit lineæ BO parallelus, non poterit cum illa unquam concurrere, ex definitione parallelarum: ergo nunquam radius per quem cometa videtur, poterit ad R pervenire; et, consequenter, motus apparens cometæ non solum non perveniet ad nostrum verticem S, sed neque ad punctum R, quod longissime adhuc a vertice distat. Apparebit enim primo in G, secundo in F, tertio in I, deinde in L, etc.; sed nunquam perveniet ad R."

Torna il Sarsi, come V. S. Illustrissima vede, ad alterar la scrittura del signor Mario, volendo pure ch'egli abbia scritto, che il moto perpendicolare alla Terra dovesse condur finalmente la cometa al punto verticale; il che non si trova nel suo libro, ma sì bene che tal moto sarebbe verso il vertice: e ciò fa, per mio parere, il Sarsi per pigliare occasione di portarci questa geometrica dimostrazione, fabbricata sopra fondamenti non più profondi della sola intelligenza della diffinizione delle linee parallele; dalla quale azzione alcuno potrebbe dedurre forse una conseguenza non molto insigne pel Sarsi. Imperocché o egli stima questa sua conclusione e dimostrazione per cosa ingegnosa e da persone non vulgari, o vero per una cosuccia da essere anco ritrovata da' fanciulli: s'egli la stima per cosa puerile, poteva ben esser sicuro che né il signor Mario ned io siamo costituiti in sì infelice stato di cognizione, che per mancamento di cotal notizia avessimo ad incorrere in errore; ma se ei l'ha per cosa sottile e di momento, io non saperei come non far giudicio ch'ei fusse povero affatto e bisognoso di ritornar sotto la disciplina del Maestro. È vero, dunque, che il moto perpendicolare alla superficie terrestre non arriva mai al vertice (eccetto però che quello che si parte dall'istesso luogo del riguardante, il che forse il Sarsi non ha osservato), ma è anco vero che noi non abbiamo detto mai ch'ei v'arrivi.

31. "Præterea, quoniam, ut Galilæus ipse fatetur, cometæ motus in principio velocior visus est, et paulatim postea remitti, videndum est, in qua proportione hæc motus remissio procedere debeat in hac linea recta. Certe, si Galilæi figuram expendamus, quando cometa fuerit in E, apparebit in G; cum vero, paria percurrens spatia EF, FM, MO, motum suum apparentem in punctis F, I, L ostendet, videbitur motus eius decrescere decrementis maximis; nam arcus FI vix est medietas ipsius GF, et IL ipsius FI, atque ita de reliquis: debuit ergo cometæ motus apparens in eadem proportione decrescere. Sciendum autem est, motum cometæ observatum non in hac proportione decrevisse, immo primis diebus adeo exiguum ipsius decrementum fuisse, ut non facile animadverteretur. Cum enim in suo exordio tres circiter gradus quotidie percurreret, diebus iam 20 elapsis vix quicquam de illa priori contentione remisisse visus est. Immo, si in iudicium advocentur cometæ duo Tychonici annorum 1577 et 1585, ex ipsorum motibus apertissime colligemus, quam longe abfuerint ab immani hoc decremento. Si quis iam ex me quærat, quantus tandem futurus sit cometæ motus per lineam hanc rectam ascendentis, respondeo: si cometa tunc primum appareat, cum vapor ex quo producitur non longe abest a Luna, quod valde probabile est, et præterea ponamus locum, ex quo in Terræ globo fumus ille ascendit, distare a nobis gradibus 60, respondeo, inquam, apparentem cometæ motum toto durationis suæ tempore non absoluturum gradum unum et minuta 31.

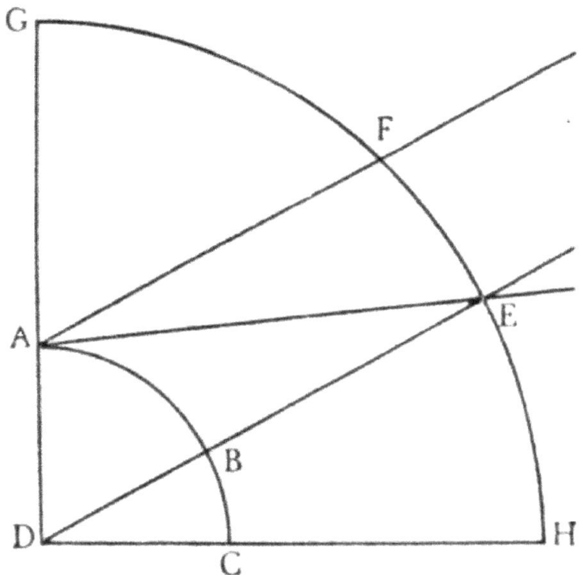

Sit enim Terræ globus ABC, Lunæ concavum GFH, distans a centro D Terræ semidiametris 33, ex Ptolemæo; Tycho enim duplam fere ponit distantiam, quod magis e re mea foret; sitque A locus ex quo spectatur cometa, B vero locus ex quo vapor ascendit. Dico, cum visus fuerit cometa in E, futurum angulum DEA gradus 1, minuta 31; ac proinde, si ducatur AF parallela ipsi DE, erit etiam angulus FAE gradus 1, minuta 31, cum sit alternus ipsi DAE inter easdem parallelas; duæ ergo lineæ AE, AF intercipient in firmamento arcum gradus 1, minuta 31. Sed ad lineam AF, parallelam ipsi DE, nunquam perveniet cometa, ut probavimus superius: ergo nunquam absolvet motum gradum 1, minuta 31. Quod autem angulus DEA futurus sit in concavo Lunæ gradus 1, minuta 31, probatur. Quia, cum cognitus sit, ex suppositione, angulus EDA graduum 60 in triangulo ADE, et præterea latus AD unius Terræ semidiametri, et latus DE semidiametrorum 33; si fiat, ut 34, aggregatum duorum laterum AD, DE, ad 32, differentiam eorumdem laterum, ita 173205, tangens dimidii summæ reliquorum duorum angulorum, hoc est tangens anguli graduum 60, ad quartum numerum, invenietur 163016, tangens anguli graduum 58, minutorum 29: qui, detracti ex gradibus 60, hoc est ex dimidio duorum reliquorum angulorum, relinquent angulum DEA quæsitum gradus 1, minutorum 31, ex regulis trigonometricis."

Io credetti dalla precedente dimostrazion del Sarsi, ch'ei potesse essere ch'egli avesse veduto, e forse inteso, il primo libro degli Elementi della geometria; ma quello ch'egli scrive qui mi mette in gran dubbio s'egli abbia prattica veruna sopra le cose matematiche, poi che dalla figura delineata di sua fantasia da se medesimo, ei vuol ritrarre qual sia la proporzion della diminuzion dell'apparente velocità del moto attribuito dal signor Mario alla cometa: dove, prima, egli dimostra di non avere osservato che in tutti i libri de' matematici niun riguardo si ha già mai delle figure, tutta volta che vi è la scrittura che parla; e che in astronomia, in particolare, si tratterebbe poco meno che dell'impossibile a voler mantenere nelle figure le proporzioni che realmente hanno tra di loro i moti, le distanze e le grandezze degli orbi celesti, le quali proporzioni senza verun pregiudicio della dottrina si alterano sì fattamente, che quel cerchio o quell'angolo che dovrebbe esser mille volte maggiore d'un altro, non si fa né anco due o ver tre. Si veda anco il secondo errore del Sarsi, ch'è ch'ei s'immagina che 'l medesimo movimento debba apparir fatto colle stesse apparenti inegualità da tutti i luoghi ond'ei venga osservato ed in tutte le distanze o altezze dove il mobile si ritrovi: tuttavia la verità è, che segnati nel moto retto perpendicolarmente ascendente molti spazii eguali, i movimenti apparenti, verbigrazia, di quattro parti vicine a Terra importeranno mutazioni in cielo tra di sé molto più disuguali che quelli di quattro altre parti assai lontane; sì che finalmente in gran lontananza la disugualità che nelle parti basse era grandissima, nell'altre resterà insensibile. Così parimente in altra proporzione appariranno fatti i medesimi ritardamenti se il riguardante sarà vicino al principio della linea del moto, che s'egli ne sarà lontano. Tuttavia il Sarsi, perché nella figura [*v. figura a pag.70*] trova che gli archi GF, FI, IL, che sono i moti apparenti, decrescono grandemente ed assai più che non si scorse nel movimento della cometa, si è persuaso che simil moto in conto niuno possa a quella adattarsi; né ha avvertito come cotali decrementi possano apparir meno e meno disuguali, secondo che l'altezza del mobile sarà posta maggiore. Egli pur sa che nelle figure né si osserva, né importa nulla il non osservar, le debite proporzioni; della qual notizia egli medesimo ce ne rende certi nella sua seguente figura, [*v. figura a pag.72*] nella quale prova l'angolo DEA esser solamente un grado e mezo, se bene in disegno è più di gradi 15, ed il semidiametro del concavo lunare DE appena è triplo del semidiametro terrestre DB, il qual tuttavia egli nomina 33 volte maggiore; sì che questo solo era bastante a fargli conoscere quanto grande sia la semplicità di chi volesse raccor la mente d'un geometra dal misurar colle seste le sue figure. Concludendo dunque dico, signor Lottario, che può star benissimo in un istesso moto retto ed uniforme un'apparente diminuzione e grande e mezana e piccola e minima ed insensibile ancora; e se voi vorrete provare che niuna di queste corrisponda al moto della cometa, bisognerà che facciate altra fattura che misurar le dipinture; e v'assicuro che scrivendo voi cose tali, non v'acquisterete l'applauso d'altri, che di chi, non intendendo né il signor Mario né voi, ripon la vittoria nel più loquace e ch'è l'ultimo a parlare.

Ma sentiamo, Illustrissimo Signore, quello che in ultimo il Sarsi produce. Esso, per mio credere, vuol da questo ch'ei soggiunge, ch'è la piccolezza del moto apparente, provare, il già più volte nominato moto retto non competere in verun modo alla cometa (e dico di creder così, e non d'esserne sicuro, poi che l'istesso autore, doppo sue dimostrazioni e calcoli, non raccoglie conclusione alcuna): e per ciò fare egli suppone, la cometa nel suo primo apparire esser stata lontana dalla superficie della Terra 32 semidiametri terrestri, e che il riguardante sia situato 60 gradi lontano dal punto della superficie della Terra che perpendicolarmente risponde sotto alla linea del moto d'essa cometa; e fatte tali due supposizioni, dimostra la quantità del moto apparente potere appena arrivare in cielo a un grado e mezzo; e qui finisce, senza applicare il detto a proposito alcuno o raccorne altra conclusione. Ma già che il Sarsi non l'ha fatto, ne raccorrò io due delle conclusioni: la prima sarà quella che l'istesso Sarsi vorrebbe che il semplice lettore n'inferisse da per se stesso, e l'altra quella che per vera conseguenza, e non per inavvertenza di persone semplici, si raccoglie. Ecco la prima: "Dunque, o lettore, nel cui orecchio ancora risuona quello che di sopra è stato scritto, cioè che il moto apparente della nostra cometa valicò in cielo molte e molte decine di gradi, fa' tu ora concetto e tieni per sicuro che il moto retto del signor Mario in veruna maniera se gli assesta, per lo quale a gran fatica si può valicare un sol grado e mezo." E questa è la conseguenza de' semplici. Ma chi averà fior di logica naturale, congiungendo le premesse del Sarsi colla conclusione da quelle dependente, formerà cotal sillogismo: "Posto che la cometa nel suo apparire fusse stata alta 32 semidiametri terrestri, e che il riguardante fusse gradi 60 lontano dalla linea del suo moto, la quantità del suo moto apparente non poteva eccedere un grado e mezo; ma egli eccedette molte decine di gradi; (venga ora la conseguenza vera) adunque nel tempo delle prime osservazioni la nostra cometa non era in altezza da Terra di 32 semidiametri, e l'osservator lontano 60 gradi dalla linea del moto di quella." Il che liberamente si conceda al Sarsi, essendo una conclusione che distrugge i suoi medesimi assunti: ben che per un altro rispetto ancora il suo sillogismo resti imperfetto, né punto vaglia contro al signor Mario, il qual già apertamente ha scritto che un semplice moto retto non può bastare a soddisfare all'apparente mutazion della cometa, ma vi bisogna aggiunger qualch'altra cagione della sua deviazione; la qual condizione, tralasciata dal Sarsi, snerva del tutto ogni sua illazione.

Ma noto, di più, un altro non piccolo errore in logica in questo suo discorso. Vuole il Sarsi, dalla gran mutazion di luogo che fece la cometa provar che 'l moto retto del signor Mario non gli poteva competere, perché la mutazione che segue a cotal moto è piccola: e perché la verità è che a questo moto retto ne possono seguir mutazioni piccole, mediocri ed anco grandissime, secondo che il mobile sarà più alto o più basso, ed il riguardante più lontano o meno dalla linea d'esso moto, il Sarsi, senza domandar all'avversario in qual altezza e in qual lontananza ei ponga il mobile e 'l riguardante, ripone l'uno e l'altro in luoghi accommodati al suo bisogno e sconci per quel dell'avversario, e dice: "Pongasi che la cometa nel principio fusse alta 32 semidiametri, e l'osservatore lontano 60 gradi." Ma, signor Lottario mio, se l'avversario dirà ch'ella non era tanto lontana a molte migliaia di miglia, e l'osservatore parimente assai più vicino, che farete voi del vostro sillogismo? che ne concluderete? niente. Bisognava che noi, e non voi, avessimo attribuito alla cometa ed all'osservatore cotali distanze, ed allora ci avreste colle nostre proprie armi trafitti; o se pur volevate trafiggerci colle vostre, dovevate prima necessariamente provare, tali essere state in fatto le lontananze (il che non avete fatto), e non arbitrariamente fingervele, ed elegger delle più pregiudiciali alla causa dell'avversario. Questo particolare solo mi fa inclinare un poco a credere che possa esser vero quello che sin qui non ho creduto già mai, cioè che possiate essere stato scolare di quello di chi voi vi fate, avvenga ch'egli ancora caschi, s'io non m'inganno, nell'istessa fallacia, mentre vuol dimostrar falsa l'opinion d'Aristotile e d'altri ch'ànno stimato la cometa esser cosa elementare e dentro alla regione elementare aver sua residenza: a i quali egli oppone, come grandissimo inconveniente, la smisurata mole ch'ella dovrebbe avere, e quanto incredibil cosa sarebbe che dalla Terra potesse esserle somministrato pabulo e nutrimento; per dimostrarla poi una smisuratissima machina, la costituisce, senza licenza degli avversari, nella più sublime parte della sfera elementare, cioè nell'istessa concavità dell'orbe lunare, e di quivi, dall'apparirci ella quale la veggiamo, va calcolando la sua mole dover esser poco manco di cinquecento milioni di miglia cubiche (e noti il lettore che lo spazio d'un sol miglio cubo è tanto grande, che capirebbe più d'un milion di navi, che forse tante non se ne trovano al mondo), machina veramente troppo sconcia e disonesta, e di troppo grande spesa al genere umano, che di quaggiù le avesse a mandar la pietanza per cibarsi e nutrirsi. Ma Aristotile e i suoi aderenti risponderanno: "Padre mio, noi diciamo che la cometa è elementare, e che può esser ch'ella sia lontana dalla terra 50 o 60 miglia e forse manco, e non cento ventun mila settecento e quattro, come, solamente di vostra semplice autorità, la fate voi; e per tanto il corpo suo non viene ad esser a mille miglia grande quanto voi credete, né insaziabile o impasturabile"; e qui poi non ci è altro da fare per l'oppugnatore se non istringersi nelle spalle e tacere. Quando si ha da convincer l'avversario, bisogna affrontarlo colle sue più favorevoli, e non colle più pregiudiciali, asserzioni; altrimenti se gli lascia sempre da ritirarsi in franchigia, lasciando l'inimico come attonito ed insensato, e qual restò Ruggiero allo sparir d'Angelica.

32. Or sentiamo quel che segue: e legga V. S. Illustrissima questo quarto argomento. "Iam vero quamvis Terra non moveatur, neque tutum homini pio sit id asserere, si quis tamen scire ex me cupiat, an per motum Terræ possit hic cometæ cursus per rectam lineam explicari, respondeo: si nullus alius in Terra motus concipiatur præter eum quem Copernicus excogitavit, ne sic quidem motu hoc recto salvari cometæ phænomena. Quamvis enim per motum Copernici annuum Sol, ex ipsius sententia, videatur ab æquatore modo in

austrum modo in septentrionem flectere (quem tamen ipse immobilem existimat), quilibet tamen horum motuum integro semestri completur, et brevi illo spatio dierum 40, quo ferme cometa comparuit, parum admodum Sol moveri visus est, hoc est per gradus tres, neque multo maior, ex hoc Terræ motu, videri potuit cometæ apparens deviatio; cui etiam si addatur totus ille motus qui ex incessu illo recto apparenter oriretur, nunquam motum cometæ observatum exæquabit."

Qui egli vuol mostrare che né anco ponendosi il moto della Terra, quale dal Copernico fu assegnato, si potrebbe esplicare e sostenere questo moto per linea retta e quella deviazion dal vertice; perché, se bene al moto della Terra ne conséguita l'apparente declinazione del Sole ora verso austro ora verso borea, tuttavia nello spazio di 140 giorni, ne i quali si osservò la cometa, tal declinazione non importò più di gradi 3, né molto maggior di tanto poteva apparir quella della cometa; sì che, congiunta questa con quel solo grado e mezo che poteva importar l'altra dependente dal proprio moto retto, tuttavia noi rimagniamo assai lontani da quel moto grandissimo che in lei si vide. Qui, non avendo noi affermato né detto che di tal deviazione apparente ne sia cagione movimento alcuno di qualch'altro corpo, e men di tutti del corpo terrestre, il quale l'istesso Sarsi confessa di sapere che noi reputiamo falso, chiaramente apparisce ch'egli l'ha introdotto di suo capriccio per farsi adito a crescere il suo volume; per lo che niuno obligo cade in noi di risposta per mantenimento di quello che non abbiamo prodotto. Non però voglio restar di dire, ch'io fortemente dubito che il Sarsi non abbia ancora formatasi perfetta idea de' moti attribuiti alla Terra, né delle varie e moltiplici apparenze che da quelli negli altri corpi mondani scorger si dovrebbono; già che io veggo ch'egli senza niuna differenza di positura, o sotto o fuori dell'eclittica, o dentro o fuori dell'orbe magno, o di meridionale o settentrionale, o di vicino o lontano da essa Terra, stima che qual deviazione apparisce nel corpo solare, collocato nel centro di essa eclittica, debba ancor la medesima, o pochissimo differente, scorgersi in ogn'altro visibile oggetto, in qualsivoglia luogo del mondo collocato; cosa ch'è remotissima dal vero, e non repugna che, mediante la differente postura, quella mutazione che nel Sole apparisce tre gradi, in altro oggetto possa apparire 10, 20, 30. Ed in conclusione, se il movimento attribuito alla Terra, il quale io, come persona pia e cattolica, reputo falsissimo e nullo, s'accommoda al render ragione di tante e sì diverse apparenze le quali s'osservano ne' corpi celesti; io non m'assicurerò ch'egli, così falso, non possa anco ingannevolmente rispondere all'apparenze delle comete, se il Sarsi non discende a più distinte considerazioni di quelle che sin qui ha prodotte.

33. Legga ora V. S. Illustrissima il quinto argomento. "Atque hæc quidem, si omnium, quotquot adhuc fuerunt, cometarum motus æque certus ac regularis fuisset: at si alios etiam in quæstionem vocemus, quorum motus longe diversus ab his fuit, multo clarius ex illis constabit, possit ne cometis motus hic rectus præscribi. Adi igitur Cardanum; hæc apud illum, ex Pontano, leges: "Cometes tenui capite comaque admodum brevi a nobis conspectus est, qui mox, miræ magnitudinis factus, ab ortu in septentrionem cœpit deflectere, nunc citato motu nunc remisso; et quoad Mars Saturnusque regrederentur, ipse aversus, coma progrediente, ferebatur, donec ad Arctos pervenit; unde, cum primum Saturnus et Mars recto cursu pergere cœperunt, in occasum iter flexit tanta celeritate, ut die uno 30 gradus emensus sit; atque ubi ad Arietem et Taurum commeavit, videri desiit." Præterea apud eumdem, ex Regiomontano, hæc habes: "Idibus Ianuariis anno Domini 1475 visus est nobis cometa sub Libra cum stellis Virginis, cuius caput tardi erat motus donec propinquum esset Spicæ; nunc incedebat per crura Bootis versus eius sinistram, a qua discedendo, die uno naturali, portionem circuli magni graduum 40 descripsit, ubi, cum esset in medio Cancri, maxime distabat ab orbe signorum gradibus 67; et tunc per duos polos zodiaci et æquinoctialis ibat, usque ad intermedia pedum Cephæi, deinde per pectus Cassiopeiæ super Andromedæ ventrem; post, gradiendo per longitudinem Piscis septentrionalis, ubi valde remittebatur motus

eius, propinquabat zodiaco, etc." Quare in principio ac fine tardissimi fuit motus, in medio vero celerrimi, quod motui isti per lineam rectam apertissime repugnat; hic enim semper in principio velocior est, postea sensim remittitur; cui tamen adhuc apertius obstat prior cometa Pontani, in principio tardus, in fine velocissimus. Audi illum in Meteoris ita concinentem:

Nam memini quondam, Icario de sidere lapsum
squalentem præferre comam, tardoque meatu
flectere sub gelidum boreæ penetrabilis orbem;
hinc rursum præferre caput, cursuque secundo
vertere in occasum, ac laxis insistere habenis;
donec Agenorei sensit fera cornua Tauri.

In his duobus porro cometis difficilius multo motus ille rectus explicari potest; cum hi, brevissimo temporis spatio, integrum semicirculum maximum motu suo percurrerint, cui motui explicando perexiguo futurus est adiumento quicumque Terræ motus. Neque hoc loco catalogum cometarum variorumque illorum motuum texere mei est instituti: si quis vero eos adeat qui de his egerunt, multa inveniet quæ cum motu hoc recto stare nulla ratione possunt. Satis igitur superque de cometæ substantia ac motu dictum."

Qui col produrre il Sarsi altre varie mutazioni fatte in altre comete e descritte da altri autori, pensa pur di confermare il suo detto. Ma quello che ho scritto di sopra risponde ancora a questo, né altro ci bisogna, se prima, lasciando il Sarsi le troppo larghe generalità, non viene alle particolari considerazioni de' particolari stati d'esse comete, quanto all'essere alte, basse, australi o boreali, ed apparse ne' tempi de' solstizi o degli equinozzi; condizioni tralasciate da esso, e necessarissime in cotali decisioni, com'egli stesso potrà conoscere qualunque volta con maggiore attenzione si ridurrà a questa speculazione.

34. Passo ora all'ultima questione del presente esame: "Reliqua nunc est cometæ coma seu barba, vel, si mavis, cauda, quæ sua illa curvitate non parum astronomis negotii facessit: in qua tamen explicanda triumphare plane sibi videtur Galilæus. Verum illud primum hoc loco ei suggerere habeo, nihil esse quod novum hunc modum comarum explicandarum sibi adscribat; nihil ipsum sua hac in disputatione protulisse, quod Keplerus multo ante non viderit, et scriptis planissime consignarit: nam dum rationes inquirit, cur cometarum caudæ curvæ aliquando videantur, ait id non ex parallaxi oriri, quod alio etiam loco probat, neque ex refractione, multa in hanc sententiam afferens; ubi tandem ait, hoc phænomenon inter naturæ arcana relinquendum. Hoc igitur præmissum volui, quandoquidem ipse ait, se vidisse neminem qui hac de re scripserit, præter Tychonem. Hoc uno inter se differunt Keplerus et Galilæus, quod hic iis rationibus assentitur, quas non tanti ponderis ille existimavit, ac propterea sub iudice litem relinquendam statuit."

Troppo veramente si dimostra il Sarsi desideroso di spogliarmi, anzi del tutto denudarmi, d'ogni ben che lieve ornamento di gloria: e qui, non contento di scoprire, la ragion prodotta per mia dal signor Mario, onde avvenga che la chioma della cometa talora ci apparisca piegarsi in arco, esser falsa e non concludente, aggiunge, in quella non esser da me arrecato niente di nuovo, ma il tutto molto innanzi essere stato scritto e publicato, e poi come falso rifiutato, da Giovanni Kepplero; tal che nell'animo del lettore, qualunque volta egli si fermasse sopra la relazion del Sarsi, io resterei in concetto non solo d'involator delle cose altrui, ma di ladruccio dappoco, che andasse raggranellando sino alle cose rifiutate. Ma chi sa che anco forse la piccolezza del furto non mi renda più colpevole, nel concetto del Sarsi, che s'io con maggiore animo mi fussi applicato a prede maggiori? e se per avventura io, in cambio di rubacchiar qualche cosarella, mi fussi con maggior generosità messo alla cerca di libri non così noti in queste nostre parti, ed incontratone alcuno di qualche bravo autore avessi tentato di sopprimere il suo nome ed attribuire a me tutta l'opera intera, forse cotal impresa gli saria paruta altrettanto eroica e grande, quanto l'altra pusillanima ed abietta. Ma io non son di tanto cuore, e liberamente confesso la mia codardia. Ma s'io son poveretto e d'ardire e di forze, sono almanco da bene, né voglio, signor Lottario, immeritamente restar con questo fregio su 'l viso, ma voglio liberamente scrivere e palesare il vostro mancamento, e non penetrando io da quale affetto possa esser nato, lascerò che voi stesso lo specifichiate poi nella vostra scusa.

Volse già Ticone assegnar la causa di cotale apparente curvità, riducendola ad alcune proposizioni dimostrate da Vitellione; ma il signor Mario mostrò che quello non aveva comprese le cose scritte da quell'autore, le quali sono remotissime dal servire al proposito di tal piegatura. Soggiunse l'istesso signor Mario quella che a sé ed a me era paruta la vera causa e dimostrativa ragione: si leva su il Sarsi, e volendo confutarla, e di più, manifestarla cosa del Kepplero, cade con Ticone nell'istessa fossa, e si dichiara non avere inteso niente di quello che scrivono il Kepplero ed il signor Mario, o almeno dissimula l'intender l'uno e l'altro, e vuole che ambedue scrivano l'istessa cosa, mentre scrivono cose differentissime. Il Kepplero vuol render ragione della curvità come ch'essa chioma sia realmente, e non in apparenza solamente, curva; il signor Mario la suppone realmente diritta, e cerca la causa della piegatura apparente. Il Kepplero la riduce ad una diversità di refrazzioni de' raggi stessi solari, fatte nell'istessa materia celeste in cui si forma l'istessa chioma, la qual materia, in quella parte solamente che serve alla produzzion della chioma, in altri ed altri gradi di vicinità all'istessa stella sia più e più densa, sì che, facendo altre ed altre refrazzioni, dal composto finalmente di tutte ne risulti una total refrazzione distesa non direttamente, ma in arco; il signor Mario introduce una refrazzione fatta non da' raggi del Sole, ma dalla spezie dell'istessa cometa, non nella materia celeste aderente al capo di quella, ma nella sfera vaporosa che circonda la Terra: sì che l'efficiente, la materia, il luogo ed il modo di queste produzzioni sono diversissimi, né ànno altra communicanza tra di loro questi due autori, che questa sola parola *refrazzione*. Ecco le parole precise del Kepplero: "Non refractio potest esse causa inflexionis huius, ni nescio quod monstri confingamus, materiam ætheream certis gradibus propinquitatis ad hoc sydus magis magisque crassam, nec nisi ex una sola parte in quam caudam vergit." Ah, signor Lottario, è possibile che voi vi siate lasciato trasportar tant'oltre dal desiderio d'oscurare il mio nome, qual egli si sia in materia di scienze, che non solo non abbiate avuto riguardo alla reputazion mia, ma né anco a quella di tanti amici vostri? a' quali con fallacie e simulazioni avete cercato di far credere la vostra dottrina ferma e sincera e con tal mezo avete fatto acquisto del loro applauso e delle lor lodi, che adesso, se mai accaderà ch'essi veggano questa mia scrittura e per essa comprendano quante volte ed in quante maniere voi gli avete voluti trattar da troppo semplici, ei si terranno scherniti da voi, e la stima e la grazia vostra negli animi loro muterà stato e condizione. Differentissima è dunque la ragione prodotta e rifiutata poi dal Kepplero; il quale, come persona conosciuta da me sempre per non men libera e sincera che intelligente e dotta, son sicuro che ei confesserebbe, il nostro detto essere in tutto diverso dal suo, e che come il suo meritò il rifiuto, questo merita l'assenso, perché è vero e dimostrativo, ben che il Sarsi s'ingegni di confutarlo.

35. Ma sentiamo la forza delle sue confutazioni. "Sed videamus iam, an ex refractione, quod Galilæus asserit, huius caudæ curvitas oriri potuerit. Neque enim eas leges illa servasse videtur, quas eidem ipse præscribit; ut nimirum quoties ad horizontem inclinaretur eidemque fere incederet parallela ac plures verticales intersecaret, tunc solum curvaretur, ubi vero ad verticem nostrum spectaret, illico dirigeretur: nam vix tribus quatuorve diebus suam illam primam curvitatem servavit, idque sive horizonti proxima sive ab eodem remota; postea vero declinare quidem visa est ab ea linea quæ per cometæ caput a Sole recta duceretur, sed nullam curvitatem præ se tulit, cum tamen sæpissime ductus illæ caudæ ad horizontem inclinatus compareret. At si ita se res haberet ut Galilæus asserit, longe rectior videri debuisset in ipso exortu, quam cum altius elevaretur. Sæpissime enim ita ab horizonte ascendit, ut tota in eodem fere verticali existeret; in ascensu vero ipso fiebat ad horizontem

inclinatior, et plures verticales intersecabat; ut ex globo ipso cognoscere quivis potest, si observet, exempli gratia, in globo aliquo cælesti locum cometæ et ductum caudæ respondentem diei 20 Decembris. Transibat enim tunc coma inter duas postremas stellas caudæ Ursæ Maioris, ipsum vero cometæ caput distabat ab Arcturo gradibus 25, minutis 54, a Corona vero gradibus 24, minutis 23. Si igitur locus cometæ in globo inveniatur et ductus caudæ describatur, in ipsa globi circumvolutione apparebit cauda, ab horizonte emergens, in uno fere verticali; mox, altius provecta, fiet ferme horizonti parallela: et tamen hæc ne in hac quidem positione curvitatem ullam ostendit."

Troppo inefficace maniera di confutare una dimostrazion di prospettiva necessariamente concludente è questa del Sarsi, mentr'egli vuole che altri la posponga a sue relazioni, le quali possono essere alterate e francamente accommodate al suo bisogno; e perdonimi il Sarsi se io ho tal sospetto, poi ch'egli stesso dà tanto frequentemente occasione di sospender la credenza delle cose ch'ei produce. E qual fede si deve prestare alle relazioni d'uno circa cose già passate e che niente di loro più si ritrova né vede, mentre il medesimo, parlando di cose permanenti, presenti, publiche e stampate, non s'astiene di riferirne delle dieci le nove alterate diversificate ed in somma trasformate in senso contrario? Io torno a dire che la dimostrazione scritta dal signor Mario è pura, geometrica, perfetta e necessaria; questa doveva il Sarsi procurar prima d'intendere perfettamente, e poi, non gli parendo concludente, mostrar la sua fallacia o nella falsità degli assunti o nel progresso della dimostrazione: del che egli non ha fatto niente o pochissimo. La nostra dimostrazione prova che l'oggetto veduto, essendo disteso per linea retta e costituito fuori della sfera vaporosa, vicino ed inclinato all'orizonte, necessariamente si dimostra incurvato all'occhio posto lontano dal centro di essa sfera vaporosa; ma se quello sarà eretto all'orizonte o molto sopra quello elevato, del tutto diritto o insensibilmente incurvato ci si rappresenterà. La presente cometa per quei primi giorni che si vide bassa ed inclinata, si vide anco incurvata; fatta poi sublime, restò diritta, e tale si mantenne, perché sempre s'andò dimostrando in grande elevazione: la cometa del 77, la qual io continuamente vidi, perché sempre si mantenne bassa e molto inclinata, sempre si vide incurvata notabilmente: altre minori, che io ho viste altissime, sempre sono state dirittissime: sì che l'effetto si troverà conformarsi colla conclusione dimostrata, qualunque volta d'esso si abbiano veridiche relazioni. Ma sentiamo quanto il Sarsi oppone alla nostra dimostrazione, e di quanto momento siano le sue instanze.

36. "Præterea non video, qui fieri possit ut adeo secure asseveret Galilæus, vaporosam regionem ipsi Terræ sphærice circumfundi; cum tamen ipse huiusmodi vapores altius alicubi elevari quam alibi, constantissime doceat, dum suam de motu recto sententiam astruere nititur. Immo vero cometas ipsos non aliunde quam ex his ipsis vaporibus, Terræ umbrosum conum prætergressis, formatos dictitat. Quid ergo, si hic, vapor a Terræ superficie tribus absit passuum millibus, ibi vero ultra mille leucas protendatur, an sic etiam sphæræ figuram servabit vaporosa isthæc regio? Certe qui ad hanc diem sphæræ rudimenta tradiderunt, ii mediam aëris partem, quæ maxime vaporibus constat (si quam tamen illa certam figuram servat), sphæroidalem potius seu ovalem esse, quam rotundam, docent, cum in iis partibus, quæ polis subiectæ sunt, vapores minus a Sole solvantur, eleventurque proinde altius, quam in iis quæ æquinoctiali circulo et torridæ zonæ subiacent, ubi a calore finitimi Solis facillime dissolvuntur. Si ergo vaporosa hæc regio sphærica non est, nec æquis ubique intervallis a Terra removetur, neque æqualem in omnibus partibus crassitiem et densitatem servat, caudæ curvitas ex eiusdem regionis rotunditate, quæ nusquam est, existere nunquam poterit.

Atque hæc de Galilæi sententia, in iis quæ cometam immediate spectant, dicta sint. Plura enim dici vetat ipsemet, qui, in bene longa disputatione, quid sentiret paucis admodum atque involutis verbis exposuit, nobisque plura in illum afferendi locum præclusit. Qui enim refelleremus quæ ipse nec protulit, neque nos divinare potuimus? Ad reliqua nunc accedamus."

Alla dimostrazione, come V. S. Illustrissima vede, viene opposto dal Sarsi l'essere ella fabbricata sopra un fondamento falso, cioè che la superficie della region vaporosa sia sferica, la quale egli in diverse maniere prova essere altrimenti. E prima, egli dice che noi stessi constantissimamente affermiamo, tali vapori elevarsi più in un luogo che in un altro. Ma tal proposizione non si trova altrimenti nel libro del signor Mario: v'è ben, che in alcun tempo è accaduto che alcuni vapori si innalzino più del consueto, ma ciò di rado e per brevissimo tempo; onde, per tal rispetto, il dire che la figura della region vaporosa non sia rotonda, è detto arbitrario del Sarsi. Il qual soggiunge, appresso, l'altra falsità, cioè che noi abbiam detto che la cometa si formi di quelli stessi vapori che, sormontando il cono dell'ombra, formano quella boreale aurora; cosa che non si trova nel libro del signor Mario. Aggiunge nel terzo luogo e dice: "Se cotal vapore in un luogo s'elevasse tre miglia, ed in un altro mille leghe, domin'se anco in questo modo riterrebbe la figura sferica?" Signor no, signor Sarsi, e chi dicesse tal cosa sarebbe, per mio avviso, un gran balordo; ma io non trovo niuno che l'abbia mai né detta, né, credo, pur sognata. Nominate voi l'autore. A quello ch'ei mette nel quarto luogo, cioè che quelli che insegnano i primi abbozzamenti della sfera, insegnano la figura di tal region vaporosa esser più tosto ovale che rotonda, rispondo che il Sarsi non si meravigli s'egli ha saputa questa cosa, ed io no; perché la verità è che io non ho imparato astronomia da questi maestri delle prime bozze, ma da Tolomeo, il quale non mi sovviene che scriva questa conclusione. Ma finalmente, quando fosse vero e certo, cotal figura essere ovale, e non rotonda, che ne cavereste, signor Lottario? niente altro se non che la chioma della cometa non fusse piegata in arco di cerchio, ma di linea ovale; la qual cosa, senza un minimo pregiudicio della nostra intenzione e del nostro metodo per dimostrar la causa di tale apparente curvatura, io vi posso concedere, ma non già quello che ne vorreste dedur voi, mentre concludete così: "Se dunque questa region vaporosa non è sferica, né per tutto egualmente lontana dalla Terra, né in tutte le parti egualmente grossa (proposizione replicata tre volte con diverse parole, per ispaventare i sempliciotti), la curvità della chioma non può derivar da cotal rotondità, la quale non è al mondo". Non ne segue, dico, in buona logica questa conclusione, ma il più che ne possa seguire è che tal curvità non è parte di cerchio, ma di linea ovale e questo sarebbe il vostro infelice e miserabil guadagno, quando voi poteste aver per sicurissimo, la region vaporosa essere ovata, e non isferica. Se poi in fatto tal piegatura sia in figura d'arco di cerchio, o d'ellisse, o di linea parabolica, o iperbolica, o spirale, o altre, non credo ch'alcuno possa in verun modo determinare, essendo le differenze di cotali inclinazioni, in un arco di due o tre gradi al più, del tutto impercettibili.

Mi restano da considerare l'ultime parole, dalle quali vo raccogliendo misticamente varie conseguenze e vani sensi interni del Sarsi. E prima, assai apertamente si comprende ch'egli si messe intorno alla scrittura del signor Mario non con animo indifferente circa il notarla o lodarla, ma con ferma risoluzione di tassarla ed impugnarla (come notai anco da principio); che però si scusa di non le aver fatto più numerose opposizioni, dicendo: "E come potev'io confutare le cose ch'ei non ha profferite e ch'io non ho potute indovinare?", se ben la verità è tutta all'opposito, cioè ch'ei non ha impugnato altre cose, per lo più, che le non profferite dal signor Mario e ch'egli s'è messo per indovinarle. Dice insieme, che il signor Mario ha scritto con parole oscure ed inviluppate, e che in una ben lunga disputazione non si comprende qual sia stato il suo senso. A questo gli rispondo che il signor Mario ha avuta diversa intenzione da quella del Maestro del Sarsi. Questo, come si raccoglie dal principio della scrittura del Sarsi, scrisse al vulgo, e per insegnargli con suoi responsi quello che per se stesso non avrebbe potuto penetrare; ma il signor Mario scrisse a i più dotti di noi, e non per insegnare, ma per imparare, e però sempre dubitativamente propose, e non mai magistralmente determinò, ma si rimise alle determinazioni de' più intelligenti: e se la nostra scrittura pareva così oscura al Sarsi, doveva, prima che censurarla, farsela dichiarare, e non mettersi a contradire a quello ch'ei non intendeva, con pericolo di restarne a bocca rotta. Ma s'io devo dir liberamente il mio parere, non credo veramente che il Sarsi trapassi senza impugnare la maggior parte delle cose scritte dal signor Mario perch'ei non l'abbia benissimo capite, ma sì bene perché, per l'opposito, elle sien troppo apertamente chiare e vere, e ch'egli abbia stimato miglior consiglio il dire di non l'intendere, che contro a suo gusto prestar loro applauso e lode.

Vengo ora al terzo essame, dove il Sarsi in quattro proposizioni, spezzatamente cavate di più di 100 che ne sono nel *Discorso* del signor Mario, si sforza di farci apparire poco intelligenti: l'altre tutte, assai più principali di queste, le chiude egli sotto silenzio, e queste, o con aggiungervi o con levarne o con torcerle in altro senso da quello in che son profferite, le va accommodando al suo dente.

37. Vegga ora V. S. Illustrissima. "Antequam ad nonnullas Galilæi propositiones accuratius expendendas, quod nunc molior, accedam, illud testatum omnibus velim, nihil hic minus velle me quam pro Aristotelis placitis decertare: sint ne vera an falsa magni illius viri dicta, nil moror in præsentia; illud unum interim ago, ut ostendam, admotas a Galilæo machinas minus firmas ac validas fuisse, ictus irritos cecidisse, atque, ut apertissime dicam, præcipuas propositiones quibus, veluti fundamentis, universa disputationis ipsius moles innititur, nonnullam fortasse veritatis speciem præseferre, illas vero si quis diligentius introspexerit, falsas, ut arbitror, deprehensurum.

Dum igitur is Aristotelis sententiam refutare conatur, illud inter cætera habet, ad cæli lunaris motum circumferri aërem non posse; ex quo postea consequitur, neque per hunc motum accendi, quod inde deducebat Aristoteles. "Cum enim, inquit Galilæus, cælestibus corporibus figura perfectissima debeatur, dicendum erit, concavam huius cæli superficiem sphæricam esse ac politam, nullamque admittere asperitatem: politis autem lævibusque corporibus neque aër neque ignis adhærescit; quare hæc neque ad motum illorum movebuntur." Quæ omnia probat argumento ab experientia ducto. "Si enim, inquit, circa suum centrum circumagatur vas aliquod hemisphæricum, politum ac nullius asperitatis, inclusus aër ad eius motum non movebitur; quod persuadet accensa candela internæ superficiei vasis proxime admota, cuius flamma nullam in partem ad vasis motum se se convertet; at si aër ad motum vasis raperetur, secum etiam flammam illam traheret." Hactenus Galilæus. In his porro quædam reperias quæ tamquam certa assumuntur, et certa non sunt; alia vero quæ etiam pro certis habentur, et falsa comprobantur.

Primum enim, dictum illud quo asserit, concavo lunari sphæricam et politam figuram deberi, si quis negarit, qua via quave ratione contrarium evincet? Nam si lævitas atque rotunditas cælestibus corporibus debetur, ideo debetur maxime, ne eorumdem motus impediatur. Si enim superficies secundum quas sese contingunt orbes illi, asperitatem aliquam admitterent, asperitas hæc procul dubio remoraretur eorum motum. Præterea, extima summi cæli superficies ideo rotunditatem requirit, ex Aristotele, ne si forte angulis constet, ad eius motum vacuum existat. Hæc autem omnia nullam prorsus vim habent in re nostra. Si enim concava hæc lunaris cæli superficies nec rotunda nec lævis sit, sed aspera et tuberosa, nihil absurdi consequitur, cum eius motui obsistere non possit corpus illi proximum, sive aër sive ignis sit, neque vacuum ullum sequatur, succedente semper uno corpore in alterius locum. Præterea, si hæc asperitas admittatur, longe melius servatur corporum omnium mobilium nexus: sic enim ad motum cæli moventur superiora elementa, ex quorum motu multa gigni, multa destrui, quotidie videmus. Veram, dum Galilæus nobilissimis corporibus rotundam flguram deberi asserit, numquid homines, cælo longe nobiliores, idcirco teretes atque rotundos optabit? Quos tamen quadratos, ex sapientum oraculis, malumus. Dixerim igitur potius, eam cuique figuram tribuendam, quæ ad eiusdem finem consequendum sit aptissima. Ex quo non immerito aliquis sic inferat: Cum ergo Lunæ concavum inferiora hæc sublimioribus illis orbibus nectere quodammodo ac colligare debeat, asperum potius ac tenax, quam politum ac læve, fabricandum fuit."

Qui, senza passar più oltre, si ritrovano le solite arti del Sarsi. E prima, non si trova nella scrittura del signor Mario che noi abbiamo detto mai che a i corpi lisci e puliti né l'aria né il fuoco aderiscano e s'attacchino: il Sarsi ci impone questo falso di suo capriccio, per farsi strada a poter dir, poco di sotto, di certa piastra di vetro. Di più, finge il Sarsi di non s'accorgere che il dir noi che 'l concavo della Luna sia di superficie perfettissimamente sferica tersa e pulita, non è perché tale sia la nostra opinione, ma perché così vuole Aristotile ed i suoi seguaci, contro al quale noi argomentiamo *ad hominem*: e fingendo di trovar nel libro del signor Mario quello che non v'è, simula di non vedere quello che più volte e molto apertamente v'è scritto, cioè che noi non ammettiamo quella sin qui ricevuta moltiplicità d'orbi solidi, ma che stimiamo diffondersi per gl'immensi campi dell'universo una sottilissima sostanza eterea, per la quale i corpi solidi mondani vadano con lor proprii movimenti vagando. Ma che dico? pur ora mi sovviene ch'egli aveva ciò veduto e notato di sopra, a car. 34, dov'egli scrive: "Cum enim nulli Galilæo sint cælestes Ptolemæi orbes, nihilque, ex eiusdem Galilæi systemate, in cœlo solidi inveniatur." Qui, signor Sarsi, non potete voi mai nasconder di non avere internamente compreso, che il dir noi che il concavo lunare è perfettamente sferico e liscio, sia detto non perché tale lo crediamo, ma perché tale lo stimò Aristotile, contro al quale *ad hominem* noi disputiamo; perché se voi creduto aveste, ciò essere stato detto di propria nostra sentenza, non ci avereste mai perdonata una tanta contradizzione, di negare in tutto le distinzioni degli orbi e la solidità, e poi ammettere l'una e l'altra: errore di molto maggior considerazione, che tutte l'altre vostre note prese insieme. Vanissimo, dunque, è tutto il restante del vostro progresso, dove voi v'andate ingegnando di provare, il concavo lunare dover più tosto esser sinuoso ed aspro, che liscio e terso: è, dico, vano, né m'obliga a veruna risposta. Tuttavia voglio che (come dice il gran Poeta)

Tra noi per gentilezza si contenda,

e considerar quanta sia l'energia delle vostre prove.

Voi dite, signor Sarsi: "Se alcuno negasse che la concava superficie lunare sia liscia e tersa, in qual modo o con qual ragione si proverebbe in contrario?" Soggiungete poi, come per prova prodotta dall'avversario, un discorso fabbricato a vostro modo e di facile discioglimento. Ma se l'avversario vi rispondesse, e dicesse: "Signor Lottario, posto che gli orbi celesti sieno di materia solida e distinta da quella che dentro al concavo lunare è contenuta, vi dico asseverantemente, doversi di necessità dire, tal superficie concava esser pulita e tersa più di qualsivoglia specchio: imperocché quando ella fusse sinuosa, le refrazzioni delle specie visibili delle stelle, nel venire a noi, farebbono continuamente un'infinità di stravaganze, come accade a punto nel riguardar noi gli oggetti esterni per una finestra vetriata, nella quale sieno vetri altri spianati e puliti, ed altri non lavorati; ché, o perché gli oggetti si muovano, o perché noi moviamo la vista, le specie loro mentre passano per li vetri ben lisci niuna alterazione ricevono, né quanto al sito né quanto alla figura, ma nel passar per li vetri non lavorati non si può dir quali e quanto stravaganti sieno le mutazioni; e così appunto quando il concavo lunare fosse sinuoso, mirabil cosa sarebbe il veder con quante trasformazioni di figure, di movimenti e di situazioni le stelle erranti e fisse di momento in momento ci si mostrerebbono, secondo che or per una or per un'altra parte del sottoposto orbe lunare passassero a noi le loro specie; ma niuna cotal difformità si scorge; adunque il concavo è tersissimo"; a questo che direte, signor Sarsi? Bisogna che v'affatichiate in persuader che tal discorso non vi giunga nuovo, e che l'avete trapassato come superfluo, e finalmente che non sia mio, ma d'altri, e già dismesso come rancido e muffo, e ch'in ultimo l'atterriate. Sia, dunque, questa la mia ragione per provare, il concavo lunare esser liscio, e non sinuoso. Sentiamo ora quella che producete voi per prova del contrario, e ricordiamoci che noi siamo in contesa degli elementi superiori, se sieno rapiti in giro dal moto celeste o no (ché tal è il vostro titolo della conclusione che voi impugnate, cioè: "Aër et exhalatio ad motum cæli moveri non possunt"), e ch'io ho detto di no, perché il concavo lunare è liscio, e questo ho provato per l'uniformità delle refrazzioni. Voi, provando il contrario, scrivete così: "Se si pone il concavo sinuoso, molto meglio si conserva la connession di tutti i corpi mobili, perché così al moto del cielo si muovono gli elementi superiori". Ma, signor Lottario, questo è quell'errore che i logici chiamorno petizion di principio, mentre che voi pigliate per conceduto quello ch'è in questione e ch'io di già nego, cioè che gli elementi superiori si muovano. Noi abbiam quattro conclusioni, due mie e due vostre. Le mie sono: "Il concavo è liscio", e questa è la prima; la seconda è: "Però gli elementi non son rapiti". Che il concavo sia liscio, lo provo per le refrazzioni delle stelle, e concludo benissimo. Le vostre sono, prima: "Il concavo è aspro"; seconda: "Però rapisce gli elementi". Provate poi che il concavo sia aspro perché così, al moto di quello, vengon rapiti gli elementi, e lasciate l'avversario nel medesimo stato di prima, senza niun vostro guadagno, il qual né più né meno persisterà in dire che il concavo non è aspro né rapisce gli elementi. Bisognava dunque, per isfuggire il circolo, che voi aveste provata l'una delle due conclusioni per altro mezo. Né mi diciate, avere a bastanza provata l'inegualità di superficie mentre dite che così meglio si collegano le cose inferiori colle superiori, perché per connetterle basta il semplice toccamento, e voi stesso più a basso ammettete l'istessa aderenza ed unione quando bene il concavo sia liscio, e non aspro, tal che frivolissima resterebbe cotal prova. Né di più forza sarebbe l'altra, quando per avventura voi pretendeste d'aver provato il ratto degli elementi superiori perché per cotal moto si fanno quaggiù le generazioni e le corruzzioni, e forse perché per esso viene spinto a basso il fuoco e l'aria superiore, che son pur fantasie fondate appunto in aria; e tardi ci riscalderemmo se avessimo aspettare l'espulsione del fuoco verso la Terra e massime che voi stesso adesso adesso direte ch'ei fa forza all'in su, e che però spinge, e, spingendo, aggrava in certo modo e più saldamente aderisce alla celeste superficie: pensieri e discorsi appunto fanciulleschi, che or vogliono ed or rifiutano le medesime cose, secondo che la sua puerile inconstanza loro detta.

38. Ma sentiamo con quali altri mezi nel seguente secondo argomento e' provi l'istessa conclusione. "Sed quid ego adversus Galilæum argumenta aliunde conquiro, quando ea ipse mihi abunde suppeditat? Nihil apud illum verius, quam Lunam non asperam modo esse, sed, alterius Telluris in modum, Alpes suas, Olympum, Caucasum suum habere, in valles deprimi, in campos latissimos extendi, Lunæ certe montes in Luna desiderari non posse. An non cæleste corpus ac nobilissimum est Luna? Numquid non longe nobilius quam cælum ipsum, quo veluti curru vehitur, quod veluti domum inhabitat? Cur igitur Luna tornata non est, sed aspera ac tuberosa? Stellæ ipsæ an non, Galilæo teste, figura varia atque angulari constarit? Quid autem inter sublimes substantias nobilius? Addo etiam, ne Solem quidem, si aspectui credas, hanc adeo nobilem figuram sortitum; dum in illo faculæ quædam conspiciuntur reliquis longe partibus clariores, quæ vel asperum, vel non æque undique lumine perfusum, eumdem ostendunt. Quare si nihil hæc Galilæi ratio persuadet, licetque in concavo lunari asperitatem admittere, nemo, arbitror, negabit, ad eius motum ferri exhalationes atque aërem posse. Asperitatem autem hanc admittendam non esse, non facile probabit Galilæus. Illud hoc loco omittendum non est, quod in Epistola 3 ad Marcum Velserum ipse habet, hoc est, solares maculas fumidos vapores esse, ad motum solaris corporis circumductos. Vel igitur solare corpus politum est ac læve, et non poterit huiusmodi vapores circumferre: vel asperum est et tuberosum, atque ita nobilissimum inter cælestia corpora neque sphæricum est nec politum. Præterea, in Epistola 2 ad eumdem Marcum ait: "Solem circa suum centrum ad ambientis motum rotari; corpus autem ambiens ipso etiam aëre longe tenuius esse debet." Quare, si corpus solare solidum ad motum circumfusi corporis rarissimi et tenuissimi movetur, non video cur postea cælum ipsum solidum motu suo secum rapere non possit corpus inclusum quamvis tenuissimum, quale est sphæra elementaris."

E prima che più avanti io proceda, torno a replicare al Sarsi, che non son io che voglia che il cielo, come corpo nobilissimo, abbia ancora figura nobilissima, qual è la sferica perfetta, ma l'istesso Aristotile, contro al quale si argomenta dal signor Mario *ad hominem*: ed io, quanto a me, non avendo mai lette le croniche e le nobiltà particolari delle figure, non so quali di esse sieno più o men nobili, più o men perfette; ma credo che tutte sieno antiche e nobili a un modo, o, per dir meglio, che quanto a loro non sieno né nobili e perfette, né ignobili ed imperfette, se non in quanto per murare credo che le quadre sien più perfette che le sferiche, ma per ruzzolare o condurre i carri stimo più perfette le tonde che le triangolari. Ma tornando al Sarsi, egli dice che da me gli vengon abbondantemente somministrati argomenti per provar l'asprezza della concava superficie del cielo, perché io stesso voglio che la Luna e gli altri pianeti (corpi pur essi ancor celesti ed assai più dell'istesso cielo nobili e perfetti) sieno di superficie montuosa, aspra ed ineguale; e se questo è, perché non si deve dire tale inegualità ritrovarsi ancora nella figura celeste? Qui può l'istesso Sarsi metter per risposta quello ch'ei risponderebbe ad uno che gli volesse provare che il mare dovrebbe esser tutto pieno di lische e di squamme, perché tali sono le balene, i tonni e gli altri pesci che l'abitano.

All'interrogazione, ch'egli mi fa, per qual cagione la Luna non è liscia e tersa, io gli rispondo che la Luna e gli altri pianeti tutti, che, essendo per se stessi tenebrosi, risplendono solamente per l'illuminazione del Sole, fu necessario che fussero di superficie scabrosa, perché, quando fussero di superficie liscia e tersa come uno specchio, niuna reflession di lume arriverebbe a noi, essi ci resterebbono del tutto invisibili, ed in conseguenza del tutto nulle resterebbon l'azzioni loro verso la Terra e scambievolmente tra di loro, ed in somma, essendo ciascheduno anco per se stesso come nulla, per gli altri sarebbon del tutto come se non fussero al mondo. All'incontro poi, quasi altrettanto disordine seguirebbe quando i cieli fussero d'una sostanza solida e terminata da una superficie non perfettissimamente pulita e tersa: imperocché (come di sopra ho pur detto), mediante le refrazzioni continuamente perturbate in cotal sinuosa superficie, né i movimenti de i pianeti, né le lor figure, né le proiezzioni de' lor raggi verso noi, ed in conseguenza gli aspetti loro, altrimenti che confusissimi e disregolati non si ritroverebbono. Eccovi, signor Sarsi, un'efficace ragione in risposta del vostro quesito; in premio della quale cancellate di grazia dalla vostra scrittura quelle parole dove voi dite che io ho scritto in molti luoghi che le stelle son di figure varie ed angolari, ché sapete bene in coscienza che questa è una bugia e ch'io non ho mai scritta cotal proposizione; ed il più che voi potete avere inteso o letto, è che le stelle fisse sono di lume così vivo e folgorante, che il lor piccolo corpicello non si può scorgere distinto e circolato tra così splendenti raggi.

Quanto poi a quello che il Sarsi scrive nel fine, del Sole e delle fumosità che in esso si generano e dissolvono e del suo ambiente, io non ho mai risolutamente parlato se questo al moto di quello o pur quello al moto di questo si raggirino, perché non lo so, e potrebbe essere anco che né l'ambiente né il corpo solare fusser rapiti, ma che d'ambedue fusse egualmente naturale quella conversione, per la quale son ben sicuro, perché lo veggo, ch'esse macchie si raggirano in quattro settimane in circa. Ma quando di ciò s'avesse anco perfetta scienza, non veggo quale utilità ne arrecasse alla presente contesa, dove solamente *ad hominem* ed argumentando *ex suppositione*, e fatte anco supposizioni sicuramente false, in materie diversissime dal Sole e suo ambiente, si cerca se il concavo lunare, duro e liscio, che tale non è al mondo, girandosi (che pur è un'altra falsità), rapisce seco il fuoco, che forse anch'esso non v'è. Aggiungasi l'altra dissimilitudine grandissima, la quale il Sarsi dice di non saper vedere, anzi la stima una identità, e che egualmente e coll'istessa naturalezza e facilità possa esser ch'un corpo fluido contenuto dentro la concavità d'un solido sferico, il quale si volga in giro, venga da quello rapito, come se il contenuto fusse una sfera solida e l'ambiente un liquido; ch'è quasi l'istesso che se altri credesse, che sì come al moto del fiume vien portata e rapita la nave, così al moto della nave dovesse esser rapita l'acqua di uno stagno, il che è falsissimo: perché, prima, quanto all'esperienza, noi veggiamo la nave, ed anco mille navi che riempissero tutto il fiume, esser mosse al moto di quello, ma all'incontro il corso d'una nave spinta da qualsivoglia velocità non vien seguito da una minima particella d'acqua: la ragion poi di questo non dovrebbe esser molto recondita; imperocché non si può far forza alla superficie della nave, che non si faccia similmente a tutta la macchina, le cui parti, essendo solide, cioè saldamente attaccate insieme, non si possono separare o distrarre, sì che alcune cedano all'impeto dell'ambiente esterno, e l'altre no; il che non avvien così dell'acqua o di altro fluido, le cui parti, non avendo in sé tenacità o aderenza appena sensibile, facilissimamente si separano e distraggono, sì che quel sol velo sottilissimo d'acqua che tocca il corpo della nave vien per avventura forzato ad ubidire al moto di quella, ma l'altre parti più remote, abbandonando le più propinque, e queste le contigue, in piccolissima lontananza dalla superficie si liberano del tutto dalla sua forza ed imperio. Aggiungesi a questo, che l'impeto e la mobilità impressa, assai più lungamente e gagliardamente si conserva ne i corpi solidi e gravi, che ne i fluidi e leggieri: e così veggiamo in un gran peso pendente da una corda, per molte ore conservarsi l'impeto e moto communicatogli una volta sola; ed all'incontro, sia quanto si voglia agitata l'aria rinchiusa in una stanza, non prima cessa l'impeto di quel che la commoveva, ch'ella totalmente si quieta, né ritien punto l'agitazione. Quando, dunque, l'ambiente e movente è liquido, e fa forza in un contenuto solido, corpulento e grave, va imprimendo la mobilità in un soggetto atto nato a ritenerla e conservarla lungo tempo; per lo che il secondo impulso sopravenente trova il moto impresso di già dal primo, il terzo impulso trova l'impeto conferito dal primo e dal secondo, il quarto sopragiunge alle operazioni del primo, secondo e terzo, e così di mano in mano, onde il moto nel mobile vien non pur conservato, ma augumentato ancora: ma quando il mobile sia liquido, sottile e leggiero ed in conseguenza impotente a conservare il movimento impresso, e che tanto è quello che s'imprime quanto quello che si perde, il volergli imprimer velocità è opera vana, qual sarebbe il volere empier il crivello delle Belide, che tanto versa quanto vi si rinfonde. Or eccovi, signor Lottario, mostrato somma diversità ritrovarsi tra queste due operazioni, che a voi parevano una cosa medesima.

39. Passiamo ora al terzo argomento. "Sed demus Galilæo, orbis huius interiorem superficiem tornatam ac lævem esse: nego, lævibus corporibus aërem non adhærescere.

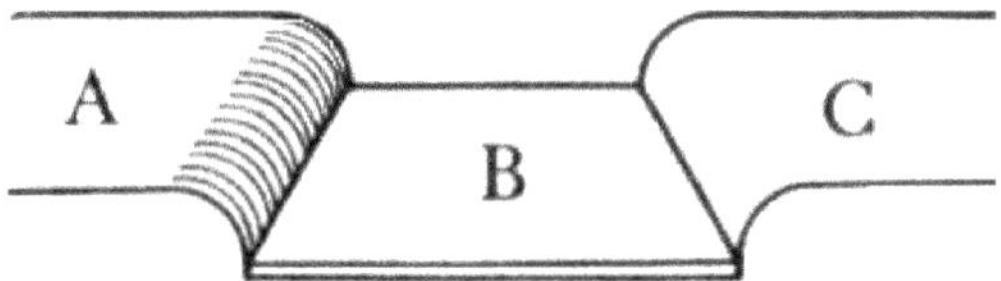

Lamina certe vitrea B aquæ imposita, quamvis lævissima sit, non minus quam si foret alterius asperioris materiæ natabit, adhærensque illi aër aquam AC, circa vitrum per vim sese attollentem, continebit, ne diffluat et laminam obruat. Cur igitur inde non abscedit aër, dum descendentis aquæ pondere e vitrea lamina truditur, sed hæret illi mordicus, nec, nisi maiori vi pulsus, loco cedit? Præterea, si quis, lapideam forte tabulam politissimam nactus, corpus aliud grave æque politum eidem imposuerit, postea vero subiectam tabulam huc illuc trahat, impositum æque corpus quo voluerit trahet; et tamen si pondus quo corpus illud tabulæ innititur auferas, id huic non adhærebit. Tota igitur ratio quæ ad tabulæ motum corpus etiam impositum moveri cogit, ex illa compressione oritur, qua grave illud tabulam subiectam premit. Iam, sicuti ex eo quod alterum horum corporum ab altero premitur, ad eius motum hoc etiam moveri necesse est, ita assero, concavum Lunæ quodammodo premi ab aëre sive exhalationibus inclusis, si quando eas rarefieri contigerit, quod semper contingit: dum enim rarefiunt, prioris loci angustiis contemptis, ampliori extenduntur spatio, atque ambientium corporum, ac proinde cæli ipsius, partes omnes, si qua obstent rarefactioni, quantum in ipsis est, premunt; ac propterea non mirum, si ex compressione adhæsio aliqua consequatur, quæ duo hæc corpora veluti connectat et colliget, ita ut ad eumdem postea motum utrumque moveatur."

Continua il Sarsi in questa sua fantasia, di voler pur ch'io abbia detto che l'aria non aderisca a i corpi lisci e tersi: cosa che non si trova scritta né da me né dal signor Mario. In oltre, io non ben capisco che cosa intenda egli per questa sua aderenza. S'egli intende una copula che resista al separarsi del tutto e spiccarsi l'una dall'altra superficie, sì che più non si tocchino, io dico tal aderenza esservi, ed esservi, grandissima, sì che la superficie, verbigrazia, dell'acqua non si staccherà da quella d'una falda di rame o di altra materia se non con un'immensa violenza, né in questo caso importa se tal superficie sia o non sia pulita e liscia, e basta solo un esquisito contatto; il qual tien tanto saldamente uniti i corpi, che forse le parti de' corpi solidi e duri non ànno altro glutine di questo, che le tenga attaccate insieme: ma questa aderenza non serve punto al bisogno del Sarsi. Ma s'egli intende una congiunzion tale, che le due superficie, dico quella del solido e quella dell'umido, non possano, né anco strisciandosi insieme, muoversi l'una contro all'altra, che sarebbe secondo il bisogno suo, dico cotale aderenza non v'essere non solo tra un solido e un liquido, ma né anco tra due solidi: e così vederemo in due marmi ben piani e lisci la prima aderenza esser tanta, che alzandone uno, l'altro lo segue, ma la seconda esser così debole, che se le superficie toccantisi non saranno ben bene equidistanti all'orizonte, ma un sol capello inclinate, subito il marmo inferiore sdrucciolerà verso la parte inclinata; ed in somma al muover l'una superficie sopra l'altra non si troverà resistenza, ben che grandissima si senta nel volerle staccare e separare. E così il toccamento dell'acqua colla barca ben che facesse grandissima resistenza a chi volesse staccare e separar l'una dall'altra superficie, nondimeno minima è la resistenza che si sente nel muoversi l'una superficie sopra l'altra, fregandosi insieme; e come di sopra ho detto ancora, la nave mossa velocissimamente non conduce seco altro che quel velo d'acqua che la tocca, anzi forse di questo ancora si va ella continuamente spogliando e rivestendone altro ed altro successivamente: e so che il Sarsi mi concederà, che ponendosi in mare una nave bagnata con vino o con inchiostro, ella non averà a pena solcate l'onde per mezo miglio, che non gli resterà più vestigio del primo licore che la circondava; il che si può creder con gran ragione che accaggia parimente dell'acqua che la tocca, cioè che continuamente si vada mutando: e senz'altro, il sevo con che ella si spalma, ancor che assai tenacemente vi sia attaccato, pure in breve tempo vien portato via dall'acqua che nel suo corso le va strisciando sopra; il che non avverrebbe se l'acqua che tocca la nave restasse l'istessa continuamente senza mutarsi.

Quanto alla piastra di vetro che resta a galla tra gli arginetti dell'acqua, io dico che detti arginetti non si sostengono perché l'aderenza dell'aria colla piastra non lasci scorrer l'acqua sopra la piastra; perché se questo fusse, dovrebbe seguir l'istesso quando si ponesse nell'acqua la medesima falda alquanto umida, ché non è credibile che l'aria aderisca meno a una superficie umida che a una asciutta; tuttavia noi veggiamo che quando la piastra è umida, non si formano argini, ma subito scorre l'acqua. Del sostenersi, dunque, detti argini altra ne è la cagione che l'aderenza dell'aria alla superficie d'essa falda: e noi veggiamo frequentissimamente gran pezzi d'acqua sostenersi in particolare sopra le foglie de i cavoli e d'altre erbe ancora, in figure colme e rilevate, in maggiore altezza assai che quella degli arginetti che circondano la falda notante.

All'ultima prova, dov'ei vuole che il premere o aggravare, senz'altra aderenza, sia mezo bastante a far ch'un corpo segua l'altro, com'egli essemplifica di due tavole di pietra ben liscie poste l'una sopra l'altra, delle quali la superiore e premente segue il moto dell'inferiore che venga tirata verso qualche parte, io concedo l'esperienza, ma non veggo ch'ella abbia che far nel caso nostro: prima, perché noi trattiamo d'un corpo liquido e sottile, le cui parti non ànno tal connessione insieme, che al moto d'una si debba muovere il tutto, come accade in un corpo solido; secondariamente, il Sarsi troppo languidamente prova che 'l fuoco, l'aria e l'essalazioni contenute dentro al concavo lunare facciano impeto e gravino sopra la superficie d'esso concavo, mentr'egli introduce, come causa di questa compressione, una continua rarefazzion d'esse sostanze, le quali dilatandosi, e perciò ricercando sempre spazii maggiori, fanno forza contro al loro contenente e così vengono in certo modo ad attaccarsegli, sì che poi seguono il movimento suo. Languidissimo veramente è cotal discorso, perché dove il Sarsi risolutamente afferma che le sostanze contenute si vanno continuamente rarefacendo e dilatando, l'avversario con non minor ragione (dico *non minore*, perché il Sarsi non ne adduce niuna) dirà ch'elle si vanno continuamente condensando e ristringendo. Ma dato anco ch'elle si vadano pur continuamente rarefacendo e che per tale rarefazzione nasca l'attaccamento al concavo e finalmente il rapimento, si può credere che cento e mille anni fa, quando la rarefazzione non era a gran segno al termine d'oggidì (ché così bisogna in dottrina del Sarsi), il rapimento non ci fusse, mancando la causa del farsi. Anzi niuna ragione mi può ritenere ch'io non dica al Sarsi che questa sua rarefazzione, che continuamente si va facendo, non è ancora giunta a grado di far violenza e premer sopra il concavo della Luna, ma che ben potrebbe giungervi tra due o tre anni; al qual tempo io concedo che la sfera degli elementi superiori comincerà a muoversi, ma in tanto conceda esso a me che sino al dì d'oggi non si sia mossa. Io non vorrei che il Sarsi, se per avventura sentisse queste ed altre simili risposte veramente ridicole, si mettesse a ridere, poi ch'egli è che ne dà occasione di produrle tali col lasciarsi scappar dalla mente, e poi dalla penna, che alcune sostanze materiali si vadano rarefacendo e dilatando in perpetuo. Ma io voglio aiutare il medesimo Sarsi ed insegnarli un punto nella causa sua, dicendogli che questa rarefazzione eterna e pressione contro al concavo della Luna è superflua, tuttavolta ch'ei possa mostrar che l'aria vien rapita dal catino, sopra il quale ella non preme e non grava punto, essendo egli posto nella medesima region dell'aria.

40. “Sed videamus nunc quam verum sit experimentum illud, cui maxime Galilæi sententia innititur. "Si catinum, inquit, circa centrum axemque suum moveatur, aër inclusus minime sequax, sed restitans, nulla sui parte circumagetur." Audieram iam olim a nonnullis, qui Galilæo familiariter usi fuerant, idem illum affirmare solitum de aqua eodem catino contenta; videlicet, ne illam quidem ad vasis motum circumferri. Argumento erat, quia si consistenti in eo aquæ leve aliquod corpus et natans, festucam scilicet aliquam aut calamum, imposuisses, superficiei catini proximum, mox, cum vas ipsum circumduceretur, eodem calamus semper loco perstabat. Ex quibus aliisque experimentis, scio aliquos ingenium Galilæi commendasse plurimum, qui ex rebus levissimis, atque ob oculos positis, facilitate mirabili in rerum difficillimarum cognitionem homines manuduceret. Neque ego in universum hanc ei laudem imminutam volo: quod autem ad rem præsentem attinet, utrumque experimentum (parcat mihi vera narranti Galilæus) falsum omnino comperi.

Nempe ille semel aut iterum, credo, catinum circumducebat; sic enim nullus percipitur aquæ motus: at si ulterius movere pergat, tunc enimvero intelliget, moveatur ne aqua ad catini motum, an vero resistat. Calamus enim aut palæ eidem aquæ impositæ, si non multum a catini superficie abfuerint, citissime circumferentur, nec, licet catinum quieverit, illæ moveri desinent, sed aquam cum insidentibus corporibus, ex impetu concepto, per longum tempus, tardiori tamen semper vertigine, circumagi comperies, Verum, ne quisquam incuriosæ nos ac negligenter id expertos existimet, hemisphæricum vas I ex orichalco,

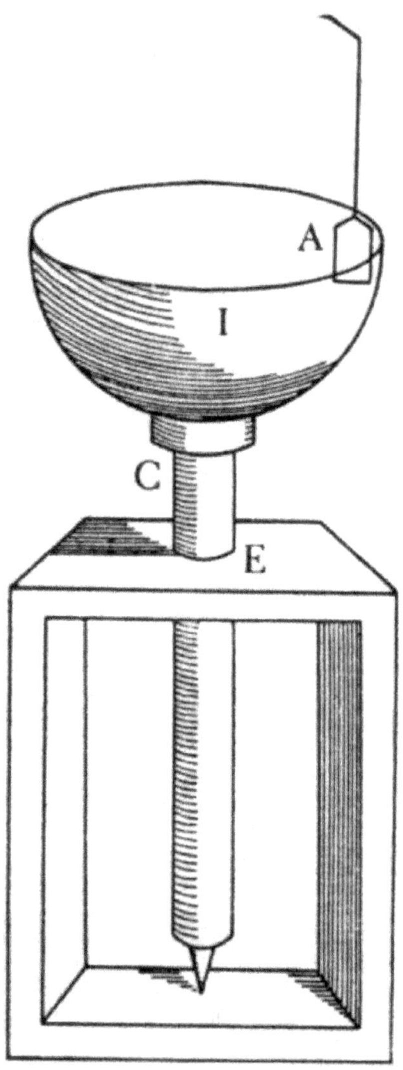

affabre torno excavatum, accepimus; torno item curavimus duci axem CE catino ipsi iunctum, ita ut per eius centrum, in modum sphærici axis, transiret, si produceretur; pedem autem construximus firmum ac stabilem, ne facile vasis motu agitaretur, atque axem per foramen E traductum, et fulcimento ima ex parte innixum, perpendiculariter erectum statuimus: sic enim, manu axe in gyrum acto, catinum etiam eodem motu ferri necesse erat. Verum non aqua solum ad vasis motum fertur, sed aër ipse, ex quo maxime exemplum desumit Galilæus. Docet id flamma candelæ, proxime superficiei vasis admota, quæ in eamdem partem, in quam vas fertur, exigua sui corporis declinatione deflectit. Docet id longe clarius serico filo tenuissimo suspensa e papyro lamella A, cuius latus alterum proximum sit interiori vasis superficiei. Si enim tunc moveatur in unam partem catillum, in eamdem quoque sese papyrus convertet; et si iterum in oppositam partem vas reciproca revolutione volvatur, in eamdem cum adhærente aëre etiam papyrum secum trahet.

Id porro a me non securius dici quam verius, testes habeo nec paucos nec vulgares: Patres primum Romani Collegii quamplurimos; ex aliis vero quotquot ex Magistro meo cognoscere id voluerunt; voluerunt autem multi. Quos inter ille mihi silendus non est, cuius, non genere magis quam eruditione singulari, clarissimum nomen sat mihi meisque rebus luminis afferre ac dictis facere fidem possit; Virginium Cæsarinum loquor, qui admiratus enimvero est, rem ad hanc diem inter multos constantissime pro certa habitam, falsitatis unquam argui potuisse; et tamen vidit factum, fieri quod posse negabant plerique.

Atque hæc quidem ab experientia certa sunt; quæ tamen experientia si absit, doceat hæc quoque ratio ipsa. Cum enim aër atque aqua de genere humidorum sint, quorum peculiare est corporibus adhærescere, etiam politis et lævibus, fieri nunquam poterit ut vasis superficiei non adhæreant: quod si hoc adhæsionis vinculum admittatur, motum etiam eorumdem humidorum admitti necesse est. Primum enim pars illa quæ vas contingit, ad vasis ductum movebitur, quippe quæ adhæret vasi; deinde pars hæc mota aliam sibi hærentem trahet; secunda hæc, tertiam: cumque motus hic fiat veluti in spiram, non mirum si ad unam aut alteram catini circumductionem aquæ motus non percipiatur, cum primæ huius spiralis partes valde propinquæ sint ipsi superficiei vasis, ac proinde motus ad reliquas interiores partes diffusus adhuc non sit, cum hæ aliquam patiantur rarefactionem, et propterea non illico trahentis motum sequantur.

Neque miretur quisquam, in hisce nostris experimentis exiguum adeo aëris motum esse, aquæ vero maximum. Cum enim aër facilius et concrescat et rarescat quam aqua, ideo, quamquam ad motum vasis aër eidem adhærens facillime moveatur, non tamen alium aërem sibi proximum eadem facilitate trahit, cum hic a reliquis aëris consistentis partibus maiori vi contineatur, et exigua sui vel concretione vel rarefactione vim trahentis aëris eludere ad breve aliquod tempus possit. Si quis tamen apertius experiri cupiat, an corpus sphæricum in orbem actum aërem secum trahat, hic globum A,

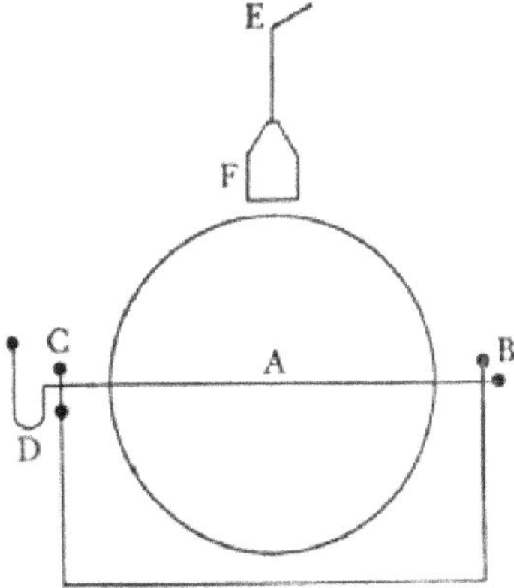

verbi gratia, suis innixum polis B et C, manubrio D circumducat, appensa charta ex E filo tenuissimo, ita ut ipsum fere globum contingat: dum enim sphæra in unam rotatur partem, in eamdem charta F ab aëre commoto fertur, si præsertim globus satis amplus fuerit, et celerrime circumductus.

Neque tamen ex eo, quod tum in catino tum in sphæra parvum adeo aëris motum experiamur, recte quis inferat, in concavo Lunæ eumdem motum fore perexiguum: ratio enim cur in sphæra A et catino I circumductis non magnus aëris motus existat, ea inter cæteras est, quia cum catinum et sphæra intra aërem posita sint tota, dum eorum motu movendus est aër circumfusus, semper minus est id quod movet quam quod movetur. Si enim, verbi gratia, ad motum sphæræ A

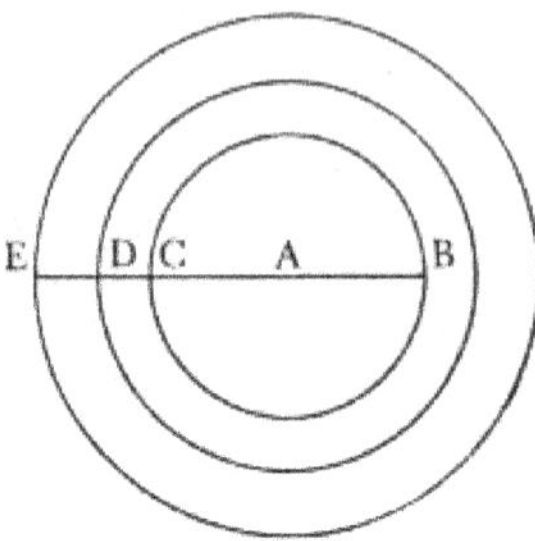

superficies ipsius BC movere debeat sibi adhærentem aërem, circulo D expressum, cum hic maior sit quam circulus BC, maius a minori movendum erit; atque idem accidet dum circulus D trahere secum debet circulum E. At vero in concavo Lunæ, opposito plane modo se res habet, curi semper maius sit id quod movet quam quod movetur. Si enim sit Lunæ concavum circulus E, atque hic movere debeat circulum D, D vero circulum BC, semper movens moto maius est, et propterea facilior motus.

Hoc autem quamquam apud me nullum plane reliquerat dubitationi locum, libuit tamen modum aliquem excogitare, quo aërem catino circumfusum, ab eo qui catino clauditur separarem, sperans haud dubium fore, ut aër idem, qui segnius antea ferebatur quam aqua, pari postea celeritate in gyrum ex catini circumductione raperetur. Quare laminam perspicuam, ne aspectum impediret, e lapide Moscovitico, quem vulgo talcum dicimus, orificio catini amplitudine parem, quam opportune catino ipsi postea imponerem, paravi, in eiusdem parte media trium ferme digitorum foramine relicto, quod tamen longe minus esse poterat;

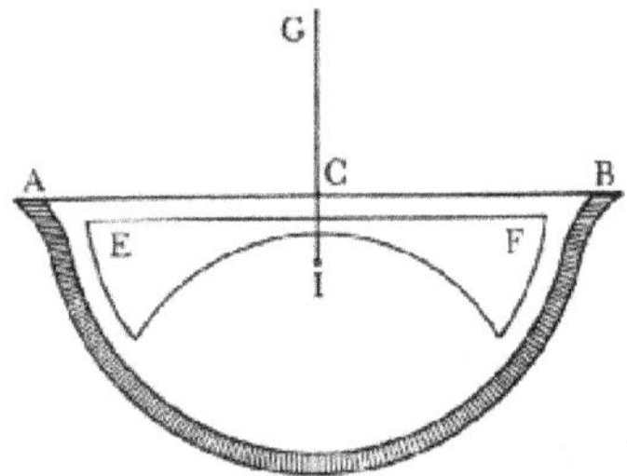

filum deinde æreum EF accepi, diametro catini aliquanto brevius, quod media parte I compressum ac perforatum, traducto per foramen I filo IG, ex G suspendi ad libræ modum, adiecique extremis E, F alas duas papyraceas; mox additis detractisque ex utraque parte ponderibus, in æquilibrio filum æreum EF statui, ita ut fulcimentum I sub catini centro consisteret, alæ vero quarta saltem digiti parte ab eiusdem superficie distarent. Tunc vase circumacto animadverti, post alteram evolutionem alas ac libram totam in gyrum moveri, et primo quidem lente, deinde citatiori motu, qui tamen nondum motum aquæ æquabat: quare superimposui laminam AB perspicuam, quam paraveram, ita ut aër catino contentus a reliquo separaretur, vel solo foramine C eidem necteretur. Tunc enimvero ad vasis motum ferri citius visa est libra F, ac brevi celeriter adeo agi cœpit, ut catini ipsius motum, quamvis velocissimum, assequeretur: ut hinc videas, quotiescumque movens moto maius fuerit, tunc longe faciliorem motum futurum; imposito enim vasi operculo AB, tunc superficies interior catini et operculi simul, ad cuius motum movendus est aër, maior est aëre proxime movendo; est enim superficies illa continens, aër vero contentus.

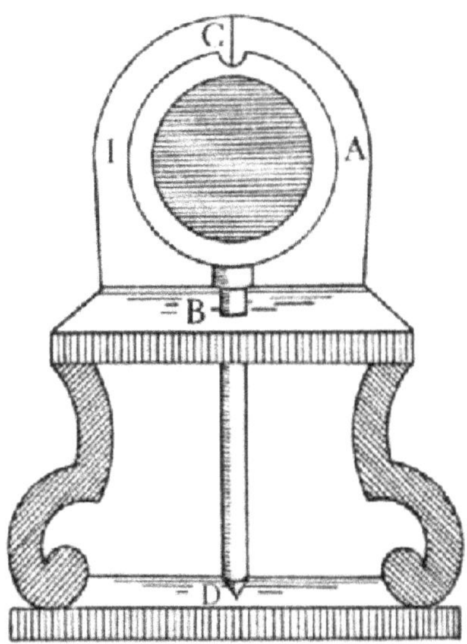

Idem denique expertus sum, eventu pari, in sphæra vitrea A, quantum fieri potuit, exactissima, summa tantum parte C perforata ad laminam I inducendam. Eadem enim sphæra axi BD imposita, axeque ipso circumacto, non sphæra solum A, sed et lamina I suspensa, quamvis multum ab interiore superficie sphæræ distaret, celerrime moveri visa est. Atque ita nulli aut industriæ aut labori parcendum duxi, ut quamplurimis idem experimentis quam diligentissime comprobarem. Hæc porro postrema experimenta videre iidem illi qui superius a me commemorati sunt; ut necesse non habeam, eosdem iterum testari. Illud etiam adnotandum duxi, æstivo nos tempore hæc omnia expertos fuisse, quo, ut calidior, ita siccior aër existit, magisque proinde ad ignis naturam accedit; quem omnium elementorum minime aptum adhæsioni existimat Galilæus. Ex quibus omnibus illud saltem colligere licet, tum ad catini motum et aërem et aquam moveri, tum lævibus etiam corporibus aërem adhærescere atque ad eorum motum agi; quæ constanter adeo pernegavit Galilæus."

Entra ora il Sarsi nel copiosissimo apparato d'esperienze per confermare il suo detto e riprovare il nostro: le quali, perché furon fatte alla presenza di V. S. Illustrissima, io me ne rimetto a lei, come quello che più tosto devo aspettarne il suo giudicio che interporvi il mio. Però, se le piacerà, potrà rilegger quel che resta sino alla fine della proposizione; dov'io le anderò solamente toccando alcuni particolari sopra varie cosette così alla spezzata.

E prima, questo che il Sarsi cerca d'attribuirmi nel primo ingresso delle sue esperienze, è falsissimo, cioè ch'io abbia detto che l'acqua contenuta nel catino resti, non men che l'aria, immobile al movimento in giro di esso vaso. Non però mi meraviglio che l'abbia scritto, perché ad uno che continuamente va riferendo in sensi contrari le cose scritte e stampate da altri, si può bene ammettere ch'egli alteri quelle ch'ei dice d'aver solamente sentite dire; ma non mi par già che resti del tutto dentro a' termini della buona creanza il pubblicar colle stampe ciò ch'altri sente dire del prossimo, e tanto più quando, o per non l'avere inteso bene o pur di propria elezzione, ei si rapporta molto diverso da quello che fu detto, come di presente accade di questo. Tocca a me, signor Sarsi, e non a voi o ad altri, lo stampar le cose mie e farle pubbliche al mondo: e perché, quando (come pur talora accade) alcuno nel corso del ragionar dicesse qualche vanità, deve esser chi subito la registri e stampi, privandolo del beneficio del tempo e del potervi pensar sopra meglio, e da per se stesso emendare il suo errore e mutare opinione, ed in somma fare a suo talento del suo cervello e della sua penna? Quello che può aver sentito dire il Sarsi, ma, per quanto veggo, non ben capito, è certa esperienza ch'io mostrai ad alcuni letterati costì in Roma, e forse fu in camera di V. S. Illustrissima stessa, parte in dichiarazione e parte in confutazione d'un terzo moto attribuito dal Copernico alla Terra. Pareva a molti cosa molto improbabile, e che perturbasse tutto il sistema Copernicano, il terzo moto annuo ch'egli assegna al globo terrestre intorno al proprio centro, al contrario di tutti gli altri movimenti celesti, i quali col figurarsi fatti tutti, tanto quelli delli eccentrici quanto quelli delli epicicli, ed il diurno e l'annuo d'essa Terra, nell'orbe magno da ponente verso levante, questo solo dovesse nell'istessa Terra esser fatto da oriente verso occidente, contro agli altri due propri e contro agli altri tutti di tutti i pianeti. Io solevo levar questa difficoltà col mostrare che tal accidente non solo non era improbabile, ma conforme alla natura e quasi necessario; e che qualsivoglia corpo collocato e sostenuto liberamente in un mezo tenue e liquido, se sarà portato per la circonferenza di un gran cerchio, acquisterà spontaneamente una conversione in se medesimo, al contrario dell'altro gran movimento: il qual effetto si vedeva pigliando noi in mano un vaso pien di acqua e mettendo in esso una palla notante; perché, stendendo noi il braccio e girando sopra i nostri piedi, subito veggiamo la detta palla girare in se stessa al contrario e finir la sua conversione nell'istesso tempo che noi finiamo la nostra: onde cessar doveva la meraviglia, anzi meravigliarsi quando altrimenti accadesse, se essendo la Terra un corpo pensile e sospeso in un mezo liquido e sottile, ed in esso portata per la circonferenza d'un gran cerchio nello spazio d'un anno, ella non avesse di sua natura e liberamente acquistata una conversione parimente annua in se medesima al contrario dell'altra. E tanto dicevo per rimuover l'improbabilità attribuita al sistema del Copernico: al che soggiungevo poi, che chi meglio considerava, conosceva che falsamente veniva da esso Copernico attribuito un terzo moto alla Terra, il quale non è altramente un muoversi, ma un non si muovere ed una quiete; perch'è ben vero che a quello che tiene il vaso apparisce muoversi, e rispetto a sé e rispetto al vaso, e girare in se stessa la palla posta in acqua; ma la medesima palla paragonata colle mura della stanza e colle cose esterne, non gira altrimenti né muta inclinazione, ma qualunque suo punto che da principio riguardava verso un termine esterno segnato nel muro o in altro luogo più lontano, sempre riguarda verso lo stesso. E questo è quanto da me fu detto: cosa, come V. S. Illustrissima vede, molto diversa dalla riferita dal Sarsi. Questa esperienza, e forse qualch'altra, poté dare occasione a chi più volte si trovò presente a nostri discorsi di dir di me quello che in questo luogo riferisce il Sarsi, cioè che per certo mio natural talento solevo alcuna volta con cose minime, facili e patenti, esplicarne altre assai difficili e recondite; la qual lode il Sarsi non mi nega in tutto, ma, come si vede, in parte m'ammette: la qual concessione io devo riconoscere dalla sua cortesia più che da una interna e verace concessione, perché, per quanto io posso comprendere, egli non è di quelli che così di leggiero si lascino persuadere dalle mie facilità, poi ch'egli stesso, reputando che la scrittura del signor Mario sia mia cosa, dice nel fine del precedente essame, quella esser stata scritta con parole molto oscure, e tali ch'egli non ha potuto indovinare il senso.

Già, come ho detto, quanto all'esperienze me ne rimetto a V. S. Illustrissima, che le ha vedute, e solo, incontro a tutte, ne replicherò una scritta di già dal signor Mario nella sua lettera, dopo che averò fatto un poco di considerazione sopra certa ragione che il Sarsi accoppia coll'esperienze: la qual ragione io veramente pagherei gran cosa che fusse stata taciuta, per reputazion sua e del suo Maestro ancora, quando vero fusse ch'egli fusse discepolo di chi egli si fa. Oimè, signor Sarsi, e quali essorbitanze scrivete voi? Se non v'è qualche grand'error di stampa, le vostre parole son queste: "Hinc videas, quotiescunque movens moto maius fuerit, tunc longe faciliorem motum futurum: imposito enim vasi operculo AB, tunc superficies interior catini et operculi simul, ad cuius motum movendus est aër, maior est aëre proxime movendo; est enim superficies illa continens, aër vero contentus". Or rispondetemi in grazia, signor Sarsi: questa superficie del catino e del suo coperchio con chi la paragonate voi, colla superficie dell'aria contenuta o pur coll'istessa aria, cioè col corpo aereo? Se colla superficie, è falso che quella sia maggior di questa; anzi pur sono elleno egualissime, ché così v'insegnerà l'assioma euclidiano, cioè che "Quæ mutuo congruunt, sunt æqualia". Ma se voi intendete di paragonar la superficie contenente coll'istessa aria, come veramente suonan le vostre parole, fate due errori troppo smisurati: prima, col paragonare insieme due quantità di diversi generi, e però incomparabili, ché così vuole una diffinizion d'Euclide: "Ratio est duarum magnitudinum eiusdem generis"; e non sapete voi che chi dice "Questa superficie è maggior di quel corpo" erra non men di quel che dicesse "La settimana è maggior d'una torre" o "L'oro è più grave della nota cefautte"? L'altro errore è, che quando mai si potesse far paragone tra una superficie ed un solido, il negozio sarebbe tutto all'opposito di quello che scrivete voi, perché non la superficie sarebbe maggior del solido, ma il solido più di cento milioni di volte maggior di lei. Signor Sarsi, non vi lasciate persuadere simili chimere, né anco la general proposizione che 'l contenente sia maggior del contenuto, quando bene ambedue si prendessero di quantità comparabili fra di loro; altrimenti bisognerà che voi crediate che, d'una balla di lana, il guscio o invoglio sia maggior della lana che vi è dentro, perché questa è contenuta e quello è il contenente; e perché sono della medesima materia, bisognerà anco che il sacco pesi più, essendo maggiore. Io fortemente dubito che voi abbiate preso con qualche equivocazione un pronunciato che è verissimo quando vien preso al suo diritto senso, il qual è che il contenente è maggior del contenuto, tutta volta che per contenente si prenda il contenente col contenuto insieme: e così un quadrato descritto intorno a un cerchio è maggior di esso cerchio, pigliando tutto il quadrato; ma se voi vorrete prender solo quello che avanza del quadrato, detrattone il cerchio, questo non è altrimenti maggiore, ma minore assai d'esso cerchio, ancor ch'ei lo circondi e racchiuda. Aimè, e non m'accorgo del fuggir dell'ore? e vo logorando il mio tempo intorno a queste puerizie? Orsù, contro a tutte l'esperienze del Sarsi potrà V. S. Illustrissima fare accommodare il catino convertibile sopra il suo asse; e per certificarsi quello che segua dell'aria contenutavi dentro, mentre quello velocemente va in giro, pigli due candelette accese, ed una n'attacchi dentro all'istesso vaso, un dito o due lontana dalla superficie, e l'altra ritenga in mano pur dentro al vaso, in simil lontananza dalla medesima superficie; faccia poi con velocità girar il vaso: ché se in alcun tempo l'aria anderà parimente con quello in volta, senza alcun dubbio, movendosi il vaso l'aria contenuta e la candeletta attaccata, tutto colla medesima velocità, la fiammella d'essa candela non si piegherà punto, ma resterà come se il tutto fusse fermo (ché così a punto avviene quando un corre con una lanterna, entrovi racchiuso un lume acceso, il quale non si spegne, né pur si piega, avvenga che l'aria ambiente va con la medesima prestezza; il qual effetto anco più apertamente si vede nella nave che velocissimamente camini, nella quale i lumi posti sotto coverta non fanno movimento alcuno, ma restano nel medesimo stato che quando il navilio sta fermo); ma l'altra candeletta ferma darà segno della circolazion dell'aria, che ferendo in lei la farà piegare: ma se l'evento sarà al contrario, cioè se l'aria non seguirà il moto del vaso, la candela ferma manterrà la sua fiammella diritta e quieta, e l'altra, portata dall'impeto del vaso, urtando nell'aria quieta si piegherà. Ora, nell'esperienze vedute da me è accaduto sempre che la fiammella ferma è restata accesa e diritta, ma l'altra, attaccata al vaso, si è sempre grandissimamente piegata e molte volte spenta: ed il medesimo di sicuro vederà anco V. S. Illustrissima ed ogn'altro che voglia farne prova. Giudichi ora quello che si deve dire che faccia l'aria.

Dall'esperienze del Sarsi il più che se ne possa cavare è, ch'una sottilissima falda d'aria, alla grossezza di un quarto di dito, contigua alla concavità del vaso, venga portata in giro; e questa basta a mostrar tutti gli effetti scritti da lui, e di questo ne può esser bastante cagione l'asprezza della superficie, o qualche poco di cavità o prominenza più in un luogo ch'in un altro. Ma finalmente, quando il concavo della Luna portasse seco un dito di profondità dell'essalazioni contenute, che ne vuol fare il Sarsi? E non creda che se il catino ne porta, verbigrazia, un mezo dito, che un vaso maggiore ne abbia a portar più; perché io credo più tosto ch'ei ne porterebbe manco: e così anco non credo che la somma velocità colla quale detto concavo lunare passa tutto il cerchio, diciamo in 24 ore, abbia a far più assai; anzi io mi voglio prendere ardir di dire, che mi par quasi vedere per nebbia ch'ei non farebbe più, ma più tosto manco, di quello che si faccia un catino che pure in ore 24 desse una rivoluzione sola. Ma pongasi pure e concedasi al Sarsi che 'l concavo lunare rapisca quanto si è detto dell'essalazion contenuta: che sarà poi? e che ne seguirà in disfavor della principal causa che tratta il signor Mario? sarà forse vero che per questo moto si abbia ad accender la materia della cometa? o pur sarà vero ch'ella non si accenderà né movendosi né non si movendo? Così cred'io: perché se il tutto sta fermo, non s'ecciterà l'incendio, per lo quale Aristotile ricerca il moto; ma se il tutto si muove, non vi sarà l'attrizione e lo stropicciamento, senza il quale non si desta il calore, non che l'incendio. Or ecco, e dal Sarsi e da me, fatto un gran dispendio di parole in cercar se la solida concavità dell'orbe lunare, che non è al mondo, movendosi in giro, la qual già mai non s'è mossa, rapisce seco l'elemento del fuoco, che non sappiamo se vi sia, e per esso l'essalazioni, le quali perciò s'accendano e dien fuoco alla materia della cometa, che non sappiamo se sia in quel luogo e siamo certi che non è robba ch'abbruci. E qui mi fa il Sarsi sovvenire del detto di quell'argutissimo Poeta:

Per la spada d'Orlando, che non ànno
e forse non son anco per avere,
queste mazzate da ciechi si danno.

Ma è tempo che vegniamo alla seconda proposizione; anzi pure, prima che vi passiamo, già che il Sarsi replica nel fine di questa ch'io abbia constantemente negato che l'acqua si muova al moto del vaso e che l'aria e gli altri corpi tenui aderiscano a' corpi lisci, replichiamo noi ancora ch'ei non dice la verità, perché mai né il signor Mario ned io abbiamo detta o scritta alcuna di queste cose, ma bene il Sarsi, non trovando dove attaccarsi, si va fabbricando gli uncini da per se stesso.

41. Passi ora V. S. Illustrissima alla seconda proposizione. "Ait Aristoteles, motum causam esse caloris; quam propositionem omnes ita explicant, non quasi motui tribuendus sit calor, ut effectus proprius et per se (hic enim est acquisitio loci), sed quia, cum per localem motum corpora atterantur, ex attritione autem calor excitetur, mediate saltem motus caloris causa dicitur: neque est quod hac in re Aristotelem reprehendat Galilæs, cum nihil ipse adhuc afferat ab eiusdem dictis alienum. Dum vero ait præterea, non quamcumque attritionem satis esse ad calorem producendum, sed illud etiam potissimum requiri, ut partes attritorum corporum aliquæ per attritionem deperdantur; hic plane totus suus est, nec quicquam ab alio mutuatur. Cur autem hæc partium consumptio ad calorem producendum requiritur? An quod ad eumdem calorem concipiendum rarescere corpora necesse sit, in omni vero rarefactione comminui eadem corpora videantur ac minutissimæ quæque particulæ evolent? At rarefieri corpora possunt, nulla facta partium separatione ac proinde neque consumptione. An ideo hæc comminutio requiritur, ut prius particulæ illæ, utpote calori concipiendo magis aptæ, calefiant, hæ vero postea reliquo corpori calorem tribuant? Nequaquam: licet enim particulæ illæ, quo minutiores fuerint, magis calori concipiendo aptæ sint, ex quo fit ut sæpe ex attritione ferri excussus pulvisculus in ignem abeat, illæ tamen, cum statim evolent aut decidant, non poterunt reliquo corpori, cui non adhærent, calorem tribuere." Vuole il Sarsi nel primo ingresso di questa disputa concordare il signor Mario ed Aristotile, e mostrar che ambedue àn pronunziato l'istessa conclusione, mentre l'uno dice ch'il

moto è causa di calore, e l'altro, che non il moto, ma lo stropicciamento gagliardo di due corpi duri; e perché la proposizione del signor Mario è vera, né ha bisogno di chiose, il Sarsi interpreta l'altra con dire, che se bene il moto, come moto, non è cagione del caldo, ma l'attrizione, nulladimeno, non si facendo tale attrizione senza moto, possiamo dire che almanco secondariamente il moto sia causa. Ma se tale fu la sua intenzione, perché non disse Aristotile l'attrizione? io non so vedere perché, potendo uno dir bene assolutamente con una semplicissinia e propriissima parola, ei debba servirsi d'una impropria e bisognosa di limitazioni ed in somma d'esser finalmente trasportata in un'altra molto diversa. In oltre, posto che tale fusse il senso d'Aristotile, egli però è differente da quello del signor Mario; perché ad Aristotile basta qualunque confricazione di corpi, ben che tenui e sottili, e fino dell'aria stessa; ma il signor Mario ricerca due corpi solidi, e stima che il volere assottigliare e tritar l'aria sia maggior perdimento di tempo che quello di chi vuole (com'è in proverbio) pestar l'acqua nel mortaio. Io non son fuor d'opinione che possa esser che la proposizione sia verissima, presa anco nel semplicissimo senso delle parole; e forse potrebbe esser ch'ella uscisse da qualche buona scuola antica, ma che Aristotile, non avendo ben penetrata la mente di quegli antichi che la profferirono, ne traesse poi un sentimento falso: e forse non è questa sola proposizione vera in se stessa, ma appresa in sentimento non vero nella filosofia peripatetica. Ma di questo ne toccherò qualche cosa più a basso.

Ora seguitiamo il Sarsi, il quale vuole, contro al detto del signor Mario, che senza verun consumamento de' corpi che si stropicciano sin che si riscaldino, si possa eccitare il calore; il che va provando prima con discorso, poi con esperienze. Ma quanto al discorso, io posso sbrigarmi in una parola sola da tutte le sue instanze; poi che, facendo egli alcune interrogazioni al signor Mario, egli stesso risponde per quello, e poi confuta le risposte; tal che se io dirò che il signor Mario non risponderà in quella guisa, bisogna che il Sarsi si quieti.

E veramente, quanto alla prima risposta, io non credo che il signor Mario dicesse che, per riscaldarsi, bisogni prima che i corpi si rarefacciano, e che rarefacendosi si sminuzzolino, e che le parti più sottili volino via, come scrive il Sarsi: dalla qual risposta mi par di comprendere ch'ei discordi dalla mente del signor Mario, e che, convenendo in questa azzione considerare il corpo che ha da produrre il calore e quello che l'ha da ricevere, il Sarsi stimi che il signor Mario ricerchi la diminuzione e consumamento di parti nel corpo che ha da ricevere il calore; ma io credo ch'ei voglia che quello che l'ha da produrre sia quello che si diminuisce, sì che in somma non il ricevere, ma il conferir calore, sia quel che fa la diminuzione nel conferente. Come poi si possano rarefare i corpi senza alcuna separazion di parti, e come cammini questo negozio della rarefazzione e condensazione, del quale mi par che con molta confidenza parli il Sarsi, l'averei ben volentieri veduto più distintamente dichiarato, essendo, appresso di me, una delle più recondite e difficili questioni della natura.

È manifesto ancora che il signor Mario non averebbe data la seconda risposta, cioè che tal consumamento di parti sia necessario acciò che prima si riscaldino queste parti più minute, come più atte per la lor sottigliezza a riscaldarsi, e da esse poi venga riscaldato il resto del corpo; perché così la diminuzione toccherebbe pure al corpo che ha da esser riscaldato, ed il signor Mario la dà a quello che ha da riscaldare. Devesi però avvertire che bene spesso accade, essere uno istesso corpo quello che produce il calore e quello che lo riceve: e così martellandosi sopra un chiodo, le parti sue, nel soffregarsi violentemente, eccitano il calore, e l'istesso chiodo è quello che si riscalda. Ma quello che ho voluto sin qui dire è, che il consumamento di parti depende dall'atto del produrre il calore, e non da quello del riceverlo, come per avventura più distintamente mi dichiarerò più di sotto. In tanto sentiamo l'esperienze onde il Sarsi pensa d'aver palesato, potersi con l'attrizione produr calore senza consumamento alcuno.

42. "Sed quando ab experientia exempla petere libet, quid si, nulla partium deperditione, ex motu corpus aliquod calefiat? Ego certe cum æris frustulum, onini prius

extersa rubigine ac situ, ne quis forte pulvisculus adhæreret, ad argentarii libram perexiguam exactissimamque ponderibus minutissimis expendissem (cum etiam quingentesimas duodecimas unius unciæ partes haberem), ac pondus diligentissime observassem, validissimis mallei ictibus æs idem in laminam extendi: id vero inter ictus et mallei verbera bis terque adeo incaluit, ut manibus attrectari non posset. Cum igitur iam toties incaluisset, experiri libuit eadem libra iisdemque ponderibus, num aliquod ponderis dispendium iacturamque passum fuisset; et tamen iisdem plane momentis constare comperi: incaluit igitur per attritionem æs illud, nullo partium suarum detrimento; quod Galilæus negat. Audieram etiam aliquid simile librorum compactoribus evenire, cum plicatas illas chartarum moles malleo diutissime ac validissime tundunt: expertus enim est illorum non nemo, eodem postea illas fuisse pondere quo fuerant prius, incalescere tamen easdem inter ictus maxime, ac pene comburi. Quod si quis forte hoc loco asserat, deperdi quidem partes, sed adeo minutas ut sub libræ, quamvis exiguæ, examen non cadant, quæram ego ex illo, unde norit partes esse deperditas: neque enim video, quonam alio id modo aptius ac diligentius inquiram. Deinde vero, si adeo exigua est hæc partium iactura ut sensu percipi nequeat, cur tantum caloris excitavit? Præterea, dum ferrum lima expolitur, calefit quidem, minus tamen aut certe non plus quam cum malleo validissime tunditur; et tamen maior longe partium deperditio ex limatura quam ex contusione existit."

Che il Sarsi con isquisita bilancia non abbia ritrovato diminuzion di peso in un pezzetto di rame battuto e riscaldato più volte, glielo voglio credere; ma non già che per questo egli non si sia diminuito, essendo che può benissimo accadere, quello esser diminuito tanto poco, che a qualsivoglia bilancia resti cosa impercettibile. E prima, io domando al Sarsi, se pesato un bottone d'argento, e poi doratolo e tornato a pesarlo, ei crede che l'accrescimento fusse notabile e sensibile. Bisogna dir di no, perché noi veggiamo l'oro ridursi a tanta sottigliezza, che anco nell'aria quietissima si trattiene e lentissimamente cala a basso; e con tali foglie può dorarsi alcun metallo. In oltre, questo medesimo bottone verrà adoperato due o tre mesi, avanti che la doratura sia consumata; e pur consumandosi finalmente, chiara cosa è che ogni giorno, anzi ogn'ora, s'andava diminuendo. Di più, pigli una palla d'ambra, muschio ed altre materie odorate: io dico che portandola addosso alcuno quindici giorni, empirà d'odore mille stanze e mille strade, ed in somma ogni luogo dov'egli capiterà, né questo si farà senza diminuzione di quella materia, senza la quale indubitatamente non anderà l'odore; pure, tornandosi in capo a tal tempo a ripesarla, non si troverà sensibil diminuzione. Ecco, dunque, trovate al Sarsi diminuzioni insensibili di peso, fatte per lo consumamento di mesi continui, ch'è altro tempo che un ottavo d'ora, che dovette durare il suo martellare sopra il pezzetto di rame. E tanto è più esquisita una bilancia da saggiatori, ch'una stadera filosofica! Aggiungendo di più, che può molto bene essere che la materia che, attenuata, produce il caldo, sia ancora assai più sottile della sostanza odorifera, attento che questa si racchiude in vetri e metalli, per li quali essa non traspira, ma non già quella del calore, che trapassa per tutti i corpi.

Ma qui muove il Sarsi un'instanza, e dice: "Se il cimento della bilancia non basta a mostrarci un così piccolo consumamento, come potete voi averlo conosciuto?" L'obiezzione è assai ingegnosa, ma non però tanto ch'un poco di logica naturale non avesse avuto a mostrarne la soluzione: ed eccone il progresso. Dei corpi, signor Sarsi, che si stropicciano insieme, alcuni sono che assolutamente e sicuramente non si consumano punto, altri che grandemente e molto sensibilmente si consumano, ed altri che si consumano bene, ma insensibilmente. Di quelli che stropicciandosi non si consumano punto, quali sarebbon due specchi benissimo lisci, il senso ci mostra che non si riscaldano; di quelli che si consumano notabilmente, come un ferro nel limarsi, siamo sicuri che si riscaldano; adunque di quelli che noi siamo dubbi se nel fregarsi si consumino o no, se troveremo pel senso che si riscaldino, dobbiamo dire e credere che si consumino ancora, e solo si potrà dire che non si consumino quelli che né anco si riscaldano.

A quanto sin qui ho detto, voglio, prima ch'io vada più avanti, aggiungere, per ammaestramento del Sarsi, come il dire: "Questo corpo alla bilancia non è calato di peso, adunque di lui non si è consumata parte alcuna" è discorso assai fallace, potendo esser che se ne sia consumato e che il peso non solo non sia diminuito, ma anco tal volta cresciuto; il che accaderà sempre che quello che si consuma e rimuove, sia men grave in specie del mezo nel quale si pesa: e così, per essempio, può accadere ch'un pezzo di legno, per avere in sé molti nodi e per esser vicino alle radici, messo nell'acqua cali al fondo e, verbigrazia, vi pesi quattr'once, e che limandone via, non del nocchioruto né della radice, ma della parte più rara e che per se stessa è men grave in ispecie dell'acqua, sì che in parte sosteneva tutta la mole, può esser, dico, che il rimanente pesi più che prima nel medesimo mezo; e così parimente può essere che nel limarsi o nel fregarsi insieme due ferri o due sassi o due legni, si separi da loro qualche particella di materia men grave dell'aria la quale, quando sola si rimovesse, lascerebbe quel corpo più grave che prima. E che quanto io dico sia detto con qualche probabilità, e non per una semplice fuga e ritirata, lasciando la fatica all'avversario di riprovarla, faccia V. S. Illustrissima diligente osservazione nel romper vetri o pietre o qualunque altre materie; ché ella in ciascheduno spezzamento ne vederà uscire un fumo manifestissimamente apparente, il quale per aria se ne ascende in alto: argomento necessario dell'essere egli più leggieri di lei. Questo osservai io prima nel vetro, mentre con una chiave o altro ferro l'andavo scantonando e tondando, dove, oltre a i molti pezzetti che saltano via in diverse grandezze, ma tutti cascano in terra, si vede un fumo sottile ascendente sempre; ed il medesimo si vede accadere nel frangere in simil modo qualsivoglia pietra; e di più, oltre a quello che ci manifesta la vista, l'odorato ci dà argomento ed indizio molto chiaro che per avventura si partono, oltre al detto fumo, altre parti più sottili, e perciò invisibili, sulfuree e bituminose, le quali per tale odore che ci arrecano si fanno manifeste.

Or vegga il Sarsi quanto il suo filosofare è superficiale e poco si profonda oltre alla scorza. Né si persuada di poter venir con risposte di limitazioni, di distinzioni, di *per accidens*, di *per se*, di *mediate*, di primario, di secondario o d'altre chiacchiere, ch'io l'assicuro che in vece di sostenere un errore ne commetterà cento più gravi, e produrrà in campo sempre vanità maggiori: maggiori, dico, anco di questa che mi resta da considerare nel fin della presente particola; dov'egli, prima, si meraviglia come possa esser che, sendo quel che si consuma cosa impercettibile alla bilancia, possa nondimeno produr tanto calore; dapoi soggiunge che d'un ferro che si lima, gran parte se ne consuma, e assaissimo maggiore che quando ei si batte col martello, nulladimeno non più si scalda limando che battendolo. Vanissimo è questo discorso, mentre altri vuole col peso misurare la quantità di cosa che non ha peso alcuno, anzi è leggierissima e nell'aria velocemente sormonta; e quando pure quello che si converte in materia calda, mentre si fa una gagliarda confricazione, fusse parte dell'istesso corpo solido, non doverà alcuno maravigliarsi che piccolissima quantità di quello possa rarefarsi ed istendersi in ispazio grandissimo, s'ei considererà in quanta gran mole di materia ardente e calda si risolve un piccol legno, della quale la fiamma visibile è la minor parte, restando di gran lunga maggiore l'insensibile alla vista, ma ben sensibile al tatto. Quanto poi all'altro punto, averebbe qualche apparenza l'instanza, se il signor Mario avesse mai detto che tutto quel ferro che si consuma, limando, doventasse materia calorifica, perché così parrebbe ragionevol cosa che molto più scaldasse il ferro consumato colla lima che il percosso col martello: ma non è la limatura quella che scalda, ma altra sostanza incomparabilmente più sottile.

43. Ma seguitiamo innanzi. "Ego igitur multum conferre arbitror, ad maiorem minoremve calefactionem corporum attritorum, qualitates eorumdem, sint ne videlicet illa calidiora an frigidiora, remque hanc ex multis aliis pendere, de quibus statuere adeo facile non sit. Nam si ferulas duas, corpora levissima ac rarissima, mutua aut alterius ligni confricatione

attriveris, ignem brevi concipient: non idem in lignis aliis accidit, durioribus ac densioribus, quamvis eadem diutius ac vehementius atteri consumique contingat. Seneca certe, "Facilius, inquit, attritu calidorum ignis existit"; ex quo fieri ait, ut æstate plurima fiant fulmina, quia plurimum calidi est. Præterea, ferreus pulvis in flammam coniectus exardescit, non vero quicumque alius pulvis e marmore. Quare si in aëre plurimum exhalationum calidarum fuerit, eumdemque ex vehementi aliquo motu atteri contigerit, non video cur calefieri atque etiam incendi non possit: tunc enim, cum rarus sit ac siccus multumque admixtum calidi habeat, ad ignem concipiendum aptissimus est."

Qui, dove pare che il Sarsi si apparecchi per produrre con dottrina più salda migliore esplicazione delle difficoltà che si trattano, non veggo né che venga apportato molto di nuovo, né di gran pregiudicio alle cose del signor Mario. Imperocché il dire che molto conferisce al maggiore o minor riscaldamento de' corpi che si stropicciano insieme, l'essere essi di qualità calda o fredda, e che anco da molte altre cose non così ben manifeste depende questo negozio, lo credo io pur troppo; ma non mi par già di farci acquisto veruno, per esser, di questo che mi vien detto, la seconda parte troppo recondita, e la prima troppo manifesta e notoria, atteso che in sostanza non mi dice altro se non che più si scaldano quei corpi che son più caldi o più disposti allo scaldarsi, e meno quelli che son più freddi. Così parimente quello che segue appresso, che per la confricazione alcuni legni, cioè i più leggieri e rari, s'accendano più facilmente che altri più duri e densi, ancor che questi più gagliardamente e più lungo tempo s'arruotino insieme, lo credo parimente, ma ciò non veggo che faccia contro al signor Mario, che mai non ha detto in contrario; e non è adesso ch'io sapevo che più presto s'infiammava un pennecchio di stoppa in un fuoco ben che lentissimo, che un pezzo di ferro nella fucina ben ardente.

A quello ch'ei soggiunge, e fortifica col testimonio di Seneca, cioè che la state sia per aria maggior copia d'essalazioni secche, e che perciò si facciano molti fulmini, io ci presto l'assenso; ma dubito bene circa 'l modo dell'accendersi cotali essalazioni insieme coll'aria, e se ciò avvenga per l'attrizione cagionata per alcun movimento. Io reputerei vero quanto viene scritto dal Sarsi, se prima egli m'avesse accertato, non essere in natura altri modi di suscitar l'incendio fuori che questi due, cioè o col toccar la materia combustibile con un fuoco già attualmente ardente, come quando con un moccolo acceso s'accende una torcia, o vero con l'attrizion di due corpi non ardenti: ma perché altri modi ci sono, come per la reflessione de' raggi solari in uno specchio concavo, o per la refrazzion de' medesimi in una palla di cristallo o d'acqua, ed anco s'è veduto talvolta infiammarsi per le strade, mediante l'eccessivo caldo, le paglie ed altri corpi sottili, e questo farsi senza alcuna commozione o agitazione, anzi solamente quando l'aria è quietissima, e che per avventura s'ella fusse agitata e spirasse vento, l'incendio non ne seguirebbe; perché, dico, ci sono questi altri modi, perché non poss'io stimar che ve ne possa esser qualche altro diverso da questi, per lo quale l'essalazioni per aria e tra le nubi si accendano? E perché debbo io attribuire ciò ad un veemente movimento, se io veggo, prima, che senza l'arrotamento de' corpi solidi, quali non si trovano tra le nuvole, non si suscita l'incendio, ed oltre a ciò niuna commozione si scorge in aria o nelle nuvole quando è maggior la frequenza de' lampi e de' fulmini? Io stimo che il dir questo non abbia in sé più di verità, che quando i medesimi filosofi attribuiscono il gran romor de' tuoni allo stracciamento delle nuvole o all'urtarsi insieme l'una contro l'altra; tuttavia nello splendor de' maggiori baleni, e quando si produce il tuono, non si scorge nelle nuvole pure un minimo movimento o mutazion di figura, il quale ad un tanto squarciamento doverebbe esser grandissimo. Lascio stare che i medesimi filosofi, quando tratteranno poi del suono, vorranno nella sua produzzione la percussione de' corpi duri, e diranno che perciò la lana né la stoppa nel percuotersi non fanno strepito; ma poi, quando n'averanno bisogno, la nebbia e le nuvole percuotendosi renderanno il massimo di tutti i rumori. Trattabile e benigna filosofia, che così piacevolmente e con tanta agevolezza si accommoda alle nostre voglie ed alle nostre necessità!

44. Or passiamo avanti a essaminar l'esperienze della freccia tirata coll'arco e della palla di piombo tirata colle scaglie, infocate e strutte per aria, confermate coll'autorità d'Aristotile, di molti gran poeti, d'altri filosofi ed istorici. "Quamvis autem exemplum Aristotelis de sagitta, cuius ferrum motu incaluit, Galilæus irrideat atque eludere tentet, non tamen id potest: neque enim Aristoteles unus id asserit, sed innumeri pene magni nominis viri huiusmodi exempla (earum procul dubio rerum, quas ipsi aut spectassent, aut a spectatoribus accepissent) prodiderunt. Vult hic Galilæus, aliquos nunc proferam e plurimis qui hoc non vere minus quam eleganter affirmant? Ordiar a poëtis, iis contentus quorum auctoritas, quia rerum naturalium cognitione perbene instructi sunt, in rebus gravissimis afferri ac magni fieri solet. Et sane Ovidius, non poëticæ solum sed mathematicorum etiam ac philosophiæ peritus, non sagittas modo, sed plumbeas glandes, fundis Balearicis excussas, in cursu sæpe exarsisse testatur. In libris enim *Metamorphoseon* hæc habet:

Non secus exarsit, quam cum Balearica plumbum
funda iacit: volat illud et incandescit eundo,
et, quos non habuit, sub nubibus invenit ignes.

Paria his habet Lucanus, ingenio doctrinaque clarissimus:

Inde faces et saxa volant, spatioque solutæ
aëris et calido liquefactæ pondere glandes.

Quid Lucretius, non minor et ipse philosophus quam poëta? nonne pluribus in locis idem testatur?

. . . . plumbea vero
glans etiam longo cursu volvenda liquescit;

et alibi:

Non alia longe ratione, ac plumbea sæpe
fervida fit glans in cursu, cum multa rigoris
corpora demittens ignem concepit in auris.

Idem innuit Statius, dum ait:

. . . . arsuras cœli per inania glandes.

Quid de Virgilio, poëtarum maximo? non ne bis hoc ipsum disertissime affirmat? Dum enim ludos Troianorum describit, de Aceste ita loquitur:

Namque volans liquidis in nubibus arsit arundo,
signavitque viam flammis, tenuesque recessit
consumpta in ventos;

alio vero loco, de Mezentio sic:

Stridentem fundam, positis Mezentius armis,
ipse ter adducta circum caput egit habena,

et media adversi liquefacto tempora plumbo
diffidit, et multa porrectum extendit arena.

Posse vero corpus durius alterius mollioris attritione consumi, probat aqua, diuturna distillatione durissimos etiam lapides excavans, atque allisæ scopulis undæ, quæ eosdem comminuunt et mire lævigant; ventorum etiam vi corrodi turrium ac domorum angulos experimur. Si quando igitur aër ipse concrescat magnoque impetu feratur, duriora etiam atteret corpora, atque ipse ab iis vicissim atteretur. Sibilus certe, qui in agitatione fundæ exauditur, addensati aëris argumentum est; quod fortasse voluit Statius cum dixit, aërem fundæ gyris inclusum distringi:

. . . et flexæ Balearicus actor habenæ,
qua suspensa trahens libraret vulnera tortu,
inclusum quoties distringeret aëra gyro.

Idem etiam probat grando, quæ quo altiori e loco decidit, eo minutior ac rotundior cadit; idem pluviæ guttæ, maiores cum ex humiliori loco, minores cum ex altiori cadunt, cum in aëre et comminuantur et atterantur."

Che io o 'l signor Mario ci siamo risi e burlati dell'esperienza prodotta da Aristotile, è falsissimo, non essendo nel libro del signor Mario pur minima parola di derisione, né scritto altro se non che noi non crediamo ch'una freccia fredda, tirata coll'arco, s'infuochi; anzi crediamo che, tirandola infocata, più presto si raffredderebbe che tenendola ferma: e questo non è schernire, ma dir semplicemente il suo concetto. A quello poi ch'ei soggiunge, non esserci succeduto il convincer cotale esperienza, perché non Aristotile solo, ma moltissimi altri grand'uomini ànno creduto e scritto il medesimo, rispondo che se è vero che per convincere il detto d'Aristotile bisogni far che quei molti altri non l'abbian creduto né scritto, né io né 'l signor Mario né tutto il mondo insieme lo convinceranno già mai, perché mai non si farà che quei che l'ànno scritto e creduto non l'abbian creduto e scritto: ma dico bene, parermi cosa assai nuova che, di quel che sta in fatto, altri voglia anteporre l'attestazioni d'uomini a ciò che ne mostra l'esperienza. L'addur tanti testimoni, signor Sarsi, non serve a niente, perché noi non abbiamo mai negato che molti abbiano scritto e creduto tal cosa, ma sì bene abbiamo detto tal cosa esser falsa; e quanto all'autorità, tanto opera la vostra sola quanto di cento insieme, nel far che l'effetto sia vero o non vero. Voi contrastate coll'autorità di molti poeti all'esperienze che noi produciamo. Io vi rispondo e dico, che se quei poeti fussero presenti alle nostre esperienze, muterebbono opinione, e senza veruna repugnanza direbbono d'avere scritto iperbolicamente o confesserebbono d'essersi ingannati. Ma già che non è possibile d'aver presenti i poeti, i quali dico che cederebbono alle nostre esperienze, ma ben abbiamo alle mani arcieri e scagliatori, provate voi se, coll'addur loro queste tante autorità, vi succede d'avvalorargli in guisa, che le frecce ed i piombi tirati da loro s'abbrucino e liquefacciano per aria; e così vi chiarirete quanta sia la forza dell'umane autorità sopra gli effetti della natura, sorda ed inessorabile a i nostri vani desiderii. Voi mi direte che non ci sono più gli Acesti e Mezenzii o lor simili Paladini valenti: ed io mi contento che, non con un semplice arco a mano, ma con un robustissimo arco d'acciaio d'un balestrone caricato con martinelli e leve, che a piegarlo a mano non basterebbe la forza di trenta Mezenzii, voi tiriate una freccia o dieci o cento; e se mai accade che, non dirò che 'l ferro d'alcuna s'infuochi o 'l suo fusto s'abbruci, ma che le sue penne solamente rimangano abbronzate, io voglio aver perduta la lite, ed anco la grazia vostra, da me grandemente stimata. Orsù, signor Sarsi, io non vi voglio più tener sospeso: non m'abbiate per tanto ritroso che io non voglia cedere all'autorità ed al testimonio di tanti poeti ammirabili, e ch'io non voglia credere che tal volta sia accaduto l'abbruciamento delle frecce e la fusione de' metalli; ma dico bene, di cotali meraviglie la causa essere stata molto diversa da quella che i filosofi n'ànno voluta addurre, mentre la riducono ad attrizzioni d'arie ed essalazioni e simili chimere, che son tutte vanità. Volete voi saperne la vera ragione? Sentite il Poeta a niun altro inferiore, nell'incontro di Ruggiero con Mandricardo e nel fracassamento delle lor lance:

I tronchi sino al ciel ne sono ascesi;
scrive Turpin, verace in questo loco,
che due o tre giù ne tornaro accesi,
ch'eran saliti alla sfera del foco.

E forse che il grand'Ariosto non leva ogni causa di dubitar di cotal verità, mentr'ei la fortifica coll'attestazione di Turpino? il quale ognun sa quanto sia veridico e quanto bisogni credergli.

Ma lasciamo i poeti nella lor vera sentenza, e torniamo a quelli che riducono la causa all'attrizion dell'aria: la quale opinione io reputo falsa; e considero quello che producete voi, volendo mostrare come i corpi durissimi per l'attrizione d'altri più molli possano consumarsi, e dite, ciò apertamente scorgersi nell'acqua e nel vento ancora, rodendo e consumando questo i cantoni delle saldissime torri, e quella, con una continua distillazione e frequente picchiare, scavando i marmi e i durissimi scogli. Tutto questo vi concedo io, perch'è verissimo; e più v'aggiungo che non dubito punto che le frecce e le palle, non solo di piombo, ma di pietra e di ferro ancora, cacciate fuor d'una artiglieria si consumano, nel ferir l'aria con quella somma celerità, più che gli scogli o le muraglie nelle percosse dell'acqua e del vento; e dico, che se per fare una notabile corrosione o scortecciamento negli scogli e nelle torri ci vuole il ferir di ducento o trecento anni dell'acqua e del vento, nel roder le frecce e le palle d'artiglieria basterebbe ch'elle durassero ad andar per aria due o tre mesi soli: ma il tempo di due o tre battute di polso solamente non intendo già come possa fare effetto notabile. Oltre che mi restano due altre difficoltà nell'applicar questa vostra, veramente ingegnosa, considerazione al proposito vostro: l'una è, che noi parliamo di liquefare e struggere per via di calore, e non di consumare per via di percosse; l'altra è, che nel caso vostro voi avete bisogno che non il corpo solido, ma il corpo molle e sottile, sia quello che si stritoli ed assottigli, cioè l'aria, ch'è quella che s'ha poi ad accendere: ora l'esperienze addotte da voi provano che i sassi, e non l'aria o l'acqua, ricevon l'attrizione; e veramente io credo che l'aria e l'acqua, picchino pure se sanno picchiare, non però si assottiglieranno mai più che prima. Per tanto io concludo, poco aiuto e sollevamento per la causa vostra derivar da queste cose, come anco da quel ch'aggiungete della gragnuola e delle gocciole dell'acqua: delle quali io vi concedo che nel cader da alto si vadano rappiccolendo; ve lo concedo, dico, non perch'io non creda che possa esser vero anco tutto l'opposito di quel che dite voi, ma perché non veggo che né nell'uno né nell'altro modo abbia che far col proposito di che si tratta. Che la frombola poi co' suoi fischi e scoppi sia argomento d'aria condensata nella sua agitazione, la lascerò esser quel che piace a voi; ma avvertite che sarà una contradizzione a voi medesimo e un disastro alla vostra causa: imperocché sin qui avete sempre detto che per l'agitazione e commozione gagliarda si fa l'attrizione, rarefazzione e finalmente l'accendimento nell'aria, ed ora, per render ragione del sibilo della scaglia, o vero per trovare il senso delle parole assai offuscate di Stazio, volete la condensazione; sì che quella medesima commozione che, per servire allo struggere ed abbruciare, rarefà l'aria, per servizio de' frombolatori e di Stazio la condensa. Ma passiamo a sentire i testimoni degl'istorici.

45. "Sed ne poëtarum testimonium, vel eo ipso poëtæ nomine, suspectum alicui videatur (quamquam eosdem ex communi saltem omnium sensu locutos scimus), ad alios venio magnæ etiam auctoritatis ac fidei viros. Suidas igitur in Historicis, verbo περιδινουντες hæc narrat: "Babylonii iniecta in fundas ova in orbem circumagentes, rudis et venatorii victus non ignari, sed iis rationibus quas solitudo postulat exercitati, etiam crudum

ovum impetu illo coxerunt." Hæc ille. Iam vero si quis tantarum causas rerum inquirat, audiat Senecam philosophum, quando hic inter cæteros Galilæo probatur, de his philosophice disputantem. Ille enim, ex sententia, primum, Posidonii, "In ipso aëre, inquit, quidquid attenuatur, simul siccatur et calet"; ex sua vero sententia, "Non est, inquit, assiduus spiritus cursus, sed quoties fortius ipsa iactatione se accendit, fugiendi impetum capit." Sed longe hæc apertius alibi, ubi fulminis causas inquirens, "Id evenit, inquit, ubi in ignem extenuatus in nubibus aër vertitur, nec vires quibus longius prosiliat invenit" (audiat iam quæ sequuntur Galilæus, sibique dicta existimet): "non miraris, puto, si aëra aut motus extenuat, aut extenuatio incendit; sic liquescit excussa glans funda, et attritu aëris velut igne distillat." Nescio sane, an diserte magis aut clarius dici unquam id posset. Sive igitur poëtarum optimis, sive philosophis credas, vides, quicumque hac de re dubitas, atteri posse per motum aërem, atque ita incalescere, ut vel plumbum eius calore liquescat. Nam quis hic existimet, viros virorum florem eruditissimorum, cum de iis loquerentur quorum in re militari quotidianus erat etiam tunc usus, egregie adeo atque impudenter mentiri voluisse? Equidem non is sum, qui sapientibus hanc notam inuram."

Io non posso non ritornare a meravigliarmi, che pur il Sarsi voglia persistere a provarmi per via di testimonii quello ch'io posso ad ogn'ora veder per via d'esperienze. S'essaminano i testimonii nelle cose dubbie, passate e non permanenti, e non in quelle che sono in fatto e presenti; e così è necessario che il giudice cerchi per via di testimonii sapere se è vero che ier notte Pietro ferisse Giovanni, e non se Giovanni sia ferito, potendo vederlo tuttavia e farne il *visu reperto*. Ma più dico che anco nelle conclusioni delle quali non si potesse venire in cognizione se non per via di discorso, poca più stima farei dell'attestazioni di molti che di quella di pochi, essendo sicuro che il numero di quelli che nelle cose difficili discorron bene, è minore assai che di quei che discorron male. Se il discorrere circa un problema difficile fusse come il portar pesi, dove molti cavalli porteranno più sacca di grano che un caval solo, io acconsentirei che i molti discorsi facesser più che un solo; ma il discorrere è come il correre, e non come il portare, ed un caval barbero solo correrà più che cento frisoni. Però quando il Sarsi vien con tanta moltitudine d'autori, non mi par che fortifichi punto la sua conclusione, anzi che nobiliti la causa del signor Mario e mia, mostrando che noi abbiamo discorso meglio che molti uomini di gran credito. Se il Sarsi vuole ch'io creda a Suida che i Babilonii cocesser l'uova col girarle velocemente nella fionda, io lo crederò; ma dirò bene, la cagione di tal effetto esser lontanissima da quella che gli viene attribuita, e per trovar la vera io discorrerò così: "Se a noi non succede un effetto che ad altri altra volta è riuscito, è necessario che noi nel nostro operare manchiamo di quello che fu causa della riuscita d'esso effetto, e che non mancando a noi altro che una cosa sola, questa sola cosa sia la vera causa: ora, a noi non mancano uova, né fionde, né uomini robusti che le girino, e pur non si cuocono, anzi, se fusser calde, si raffreddano più presto; e perché non ci manca altro che l'esser di Babilonia, adunque l'esser Babiloni è causa dell'indurirsi l'uova, e non l'attrizion dell'aria", ch'è quello ch'io volevo provare. È possibile che il Sarsi nel correr la posta non abbia osservato quanta freschezza gli apporti alla faccia quella continua mutazion d'aria? e se pur l'ha sentito, vorrà egli creder più le cose di dumila anni fa, succedute in Babilonia e riferite da altri, che le presenti e ch'egli in se stesso prova? Io prego V. S. Illustrissima a farli una volta veder di meza state ghiacciare il vino per via d'una veloce agitazione, senza la quale egli non ghiaccerebbe altrimenti. Quali poi possano esser le ragioni che Seneca ed altri arrecano di questo effetto, ch'è falso, lo lascio giudicare a lei.

All'invito che mi fa il Sarsi ad ascoltare attentamente quello che conclude Seneca, e ch'egli poi mi domanda se si poteva dir cosa più chiaramente e più sottilmente, io gli presto tutto il mio assenso, e confermo che non si poteva né più sottilmente né più apertamente dire una bugia. Ma non vorrei già ch'ei mi mettesse, com'ei cerca di fare, per termine di buona creanza in necessità di credere quel ch'io reputo falso, sì che negandolo io venga quasi a dar una mentita a uomini che sono il fior de' letterati e, quel ch'è più pericoloso, a soldati valorosi; perch'io penso ch'eglino credesser di dire il vero, e così la lor bugia non è disonorata: e mentre il Sarsi dice, non volere esser di quelli che facciano un tal affronto ad uomini sapienti, di contradire e non credere a i lor detti, ed io dico, non voler esser di quelli così sconoscenti ed ingrati verso la natura e Dio, che avendomi dato sensi e discorso, io voglia pospor sì gran doni alle fallacie d'un uomo, ed alla cieca e balordamente creder ciò ch'io sento dire, e far serva la libertà del mio intelletto a chi può così bene errare come me.

46. "Sed quid adversus hæc afferre possit Galilæus, non dissimulabo: dicat enim fortasse, nullam unquam fuisse fundarum aut arcuum vim tantam, quæ sclopeti aut muralis tormenti impulsum æquare potuerit; quod si plumbeæ glandes hisce tormentis excussæ non liquescunt, addito etiam pulveris incendio, quo vel uno liquescere deberent, iure suspicari nos posse, poëtarum fuisse commenta illa liquefacti plumbi atque exustarum exempla sagittarum. Sed si hæc facile obiiciat Galilæus, non æque tamen facile eadem probarit. Quin potius scio, explosas maioribus bombardis plumbeas pilas in aëre liquescere aliquando. Certe Homerus Turtura, ut nuperrimus ita diligentissimus rerum Gallicarum scriptor, ait, ingentem aliquando tormentariorum globorum vim inutilem mœnibus diruendis fuisse, quod, cum illi exigui prius forent atque ex ferro, superinducto plumbo maiores effecti fuissent: "cum enim, inquit, in muros exploderentur, plumbo in aëre liquescente, solus interior globulus ex ferro, instar nuclei, abiecto cortice, murum pertingebat." Præterea, audivi ipse ex iis qui viderant, probatissimæ fidei viris, cum dicerent, globulum plumbeum rotundum sclopeto explosum, cum brachio forte alterius inhæsisset, ex eodem postea extractum fuisse non rotundum, sed oblongum et vere glandis figuram referentem: quod quotidianis etiam exemplis comprobatur, dum irrito sæpe ictu glandes plumbeæ sclopetis excussæ, inter hostium vestes implicitæ, figura non amplius qua fuerant, sed compressæ ac laciniosæ atque etiam frustatim comminutæ reperiuntur. Quod argomento est, illas, ex calore concepto rariores effectas, invalido percussisse ictu."

Continua pure il Sarsi nel cominciato stile, di voler provar coll'altrui relazioni quello che sta in fatto e che ogn'ora si può vedere per l'esperienza; e come per autorizar gli antichi arcieri e frombolatori ha trovato uomini per altro insigni, così, per render credibile il medesimo effetto di liquefarsi le moderne palle d'archibuso e d'artiglieria, ha ritrovato un moderno istorico non men degno di fede né di minore autorità di qualunque altro antico. Ma perché non punto deroga di fede né di dignità all'istorico l'arrecare d'un effetto naturale vero una ragione non vera, essendo che all'istorico appartiene il solo effetto, ma la ragione è officio del filosofo; però, credendo io al signor Omero Tortora che le palle d'artiglieria, per essere state incamiciate di piombo, facesser poco effetto nel batter la muraglia nemica, piglierò ardire di negargli la ragione ch'egli, ricevendola dalla commune filosofia, n'adduce; con isperanza che l'istesso istorico, sì come sin qui ha creduto quello che ha trovato scritto da tanti altri uomini grandi, l'autorità de' quali è stata bastante ad acquistar fede ad ogni lor detto, così, sentendo le mie ragioni, sia per cangiare opinione, o almeno per venire in pensiero di voler vedere coll'esperienza qual sia la verità. Credo dunque al signor Tortora, che le palle di ferro covertate di piombo nella batteria di Corbel facesser poco effetto, e che di loro si ritrovasser l'anime di ferro spogliate di piombo; e questo è tutto quello ch'appartiene all'istorico: ma non credo già l'altra parte filosofica, cioè che il piombo si liquefacesse, e che perciò si trovasser nude le palle di ferro; ma credo che giungendo con quello estremo impeto che dal cannone veniva cacciata la palla sopra la muraglia, la coverta di piombo in quella parte che rimaneva compressa tra 'l muro esterno e l'interior palla di ferro si ammaccasse e sbranasse, e che l'istesso o poco meno facesse anco l'altra parte del piombo opposta, schiacciandosi sopra il ferro, e che tutto il piombo, dilaniato e trasfigurato, saltasse in diverse bande, il quale poi, imbrattato da calcinacci e perciò simile ad altri fragmenti della ruina, malagevolmente si ritrovasse, e forse anco per avventura non fusse con quella diligenza ricercato, che richiederebbe la curiosità di chi volesse venire in cognizione s'ei si fusse strutto o pur dilacerato; e così servendo il piombo quasi come riparo e guanciale alla palla di ferro, onde ella minor percossa dava e riceveva, con ingrata ricompensa ne restava egli in guisa dilacerato e guasto, che né il cadavero ancora si ritrovava tra i morti. E perché io intendo che il signor Omero si ritrova costì in Roma, se mai accadesse che s'incontrasse con V. S. Illustrissima, la prego a leggergli questo poco che ho scritto e quel resto che scriverò appresso in questo proposito; imperocché grandissima stima farei del guadagnarmi l'assenso di persona meritamente pregiata assai all'età nostra.

Dico dunque, che se noi considereremo in quanto tempo va la palla dal cannone alla muraglia, e quello che dentro a tal tempo deve operare per far la fusione del piombo, gran meraviglia sarà ch'altri voglia persistere in opinione che pur tal effetto segua. Il tempo è assai meno d'una battuta di polso, dentro al quale si ha da fare l'attrizione dell'aria, si ha poi d'accendere, ed in ultimo si deve liquefare il piombo; ma se noi metteremo la medesima palla di piombo nel mezo d'una fornace ardente, ei non si struggerà né anco in venti battute: resterà ora al Sarsi di persuader altrui, che l'aria attrita e accesa sia uno ardore incomparabilmente maggiore di quel d'una fornace. Di più, ci mostra l'esperienza come una palla di cera tirata coll'archibuso passa una tavola, ch'è argomento ch'ella non si strugga per aria: bisognerà dunque che il medesimo Sarsi renda ragione, perché si liquefaccia il piombo, ma non la cera. Di più, se il piombo si liquefà, sicuramente, arrivando sopra un corsaletto, poca botta potrà fare; onde gran meraviglia mi resta che questi moschettieri non abbiano ancor pensato di far le palle di ferro, acciò non così facilmente si struggano; ma tirano pur con palle di piombo, alle quali poche piastre di ferro sono che resistano, ed in quelle che reggono si trova una ben profonda ammaccatura e la palla schiacciata, ma non già liquefatta. Negli uccelli ammazzati con le migliaruole si ritrovano i grani di piombo dell'istessa figura per l'appunto: toccherà al Sarsi a render ragione come si liquefacciano i pezzi di piombo di quindici o venti libre l'uno, ma non quelli che ne va trentamila alla libra. Che tutto il giorno si trovino tra i vestimenti de' nemici le palle diversificate di figura, crederò che alcune si sieno schiacciate nell'armadura, e tali rimaste tra i panni; altre possono avere urtato per iscancìo in una celata e perciò allungatesi, e, giungendo stracche ne' panni di un altro, restatevi senza offenderlo: ed in somma possono in una scaramuccia accadere mille accidenti, dico senza liquefazione; la quale quando fusse, bisognerebbe che il piombo, disperdendosi in più minute stille che non fa l'acqua (come sa il Sarsi), da luoghi altissimi, e però con gran velocità, cadendo, si perdesse del tutto, sì che niente d'esso si ritrovasse. Lascio star di dire che la freccia e la palla accompagnate dall'aria ardente doverebbono, la notte in particolare, mostrar nel lor viaggio una strada risplendente, come quella d'un razo, giusto nella maniera che scrive Virgilio della freccia di Aceste, che segnò il suo cammino colle fiamme; tuttavia tal effetto non si vede se non poeticamente, ben che gli altri accidenti notturni, come di baleni, di stelle discorrenti, per gran lume si facciano molto cospicuamente vedere.

47. “At id quotidie accidere non videmus. Nempe, neque auctores a nobis citati affirmarunt, quoties Balearicus fundibularius plumbum funda proiiceret, solitum illud ex motu liquescere, sed tantum accidisse id non semel, atque ideo insolitam rem pene miraculo fuisse: nos etiam supra diximus, ad ignem ex attritu aëris excitandum multam exhalationum copiam in eodem aëre requiri, quod calidiora facilius ignescant. Sic enim videmus in cœmeteriis per æstatem accidere non raro, ut ad alicuius hominis adventum aut ad lenissimi favonii eventilationem agitatus aër ille, siccis et calidis halitibus infectus, in flammam statim abeat. Quænam porro hic corporum duriorum attritio reperitur? Et tamen ex motu atque attritione levissima aër ille ignescit. Atque hoc voluit Aristoteles, cum dixit: "Cum autem fertur et movetur hoc modo, quacumque contigerit bene temperata existens, sæpe ignitur": quo textu satis aperte significat, hæc non contingere nisi in iis circumstantiis quas superius enumeravimus. Quare, si quando is aëris status fuerit ut huiusmodi exhalationibus abunde

ferveat, aio plumbeos orbes, fundis etiam validissime excussos, suo motu aërem accensuros, atque ab eodem incenso incendendos vicissim fore; non esse proinde, cur Galilæus ad experimenta confugiat, cum non nostro hæc arbitratu, sed casu, evenire asseramus; perdifficile autem est casum, cum volueris, accersere. Quod si quis forte dixerit, glandes tormentis bellicis explosas, non ex attritu aëris, sed ex igne vehementissimo quo excutiuntur, accendi; quamquam haud ita facile mihi persuadeam, ingentem plumbi vim ab eo igne liquescere quem brevissimo temporis momento vix attigerit, satis hoc loco habeo ostendisse, nullum ab his exemplis Galilæo patere effugium ad poëtarum et philosophorum testimonia evadenda."

Questo liquefarsi le palle di piombo, che quattro versi di sopra disse il Sarsi che si conferma con esempli cotidiani, adesso dice accader così di rado, che, come cosa insolita, vien reputato quasi un miracolo. Or questa gran ritirata ci assicura pur di vantaggio ch'ei si conosce molto bisognoso di schermi e di fughe; il qual bisogno va egli confermando colla propria inconstanza, di voler or questa cosa ed or quella: ora dice che per accender l'aria basta l'agitazione d'un piccol venticello, ed anco il solo arrivo d'un uomo vivo sopra un cimiterio di morti; altra volta (come ha detto di sopra, e replica nel fine di questa proposizione) vorrà un moto veemente, una copia grande d'essalazioni, una grande attenuazione di materia, e se altra cosa è che conferisca a questa fattura; ed a quest'ultimo riquisito sottoscrivo più che a tutti gli altri, sicurissimo che non solo questi accendimenti, ma qualunque altro più meraviglioso e recondito effetto di natura segue quando vi son quei requisiti che si convengono. Vorrei ben sapere a che proposito mi domandi il Sarsi, dopo aver detto delle fiamme che sopra i cimiteri s'accendono per lo semplice arrivo d'un uomo o per un lento venticello, mi domandi, dico, dove sia qui l'attrizion de' corpi duri? Io ho ben detto che l'attrizion potente ad eccitare il fuoco è sola quella che vien fatta da' corpi solidi; ora non so qual logica insegni al Sarsi a ritrar da questo detto ch'io voglia che, qualunque si sia l'accendimento, non si possa cagionar da altro che da cotale attrizione. Replico dunque al Sarsi che l'incendio si può suscitare in molti modi, tra i quali uno è l'attrizione e stropicciamento gagliardo di due corpi duri; e perché tale attrizione non si può far da' corpi sottili e fluidi, però dico che le comete e baleni, le saette, le stelle discorrenti, ed ora aggiugniamoci le fiamme de' cimiteri, non s'accendono per attrizione né d'aria né di venti né d'esalazioni, anzi che ciascheduno di questi abbruciamenti si fa il più delle volte nelle maggiori tranquillità d'aria e quando il vento è del tutto fermo. Voi forse mi direte: "Qual dunque è la causa di queste incensioni?" Vi risponderò, per non entrare in nuove liti, che non la so, ma che so bene che né l'acqua né l'aria si tritano né si accendono né s'abbruciano già mai, non essendo materie né tritabili né combustibili: e se dando fuoco ad un sol fil di paglia, a un capello di stoppa, non resta l'abbruciamento sin che tutta la stoppa e tutta la paglia, se ben fusse cento milioni di carra, non è abbruciata; anzi, se dato fuoco ad un piccol legno abbrucerebbe tutta la casa e la città intera e tutte le legna del mondo che fusser contigue alle prime ardenti, se non si corresse prestamente a i ripari, chi riterrebbe mai che l'aria, così sottile e di parti tutte aderenti senza separazione, quando se n'accendesse una particella, non ardesse anco il tutto?

Riducesi finalmente il Sarsi a dire con Aristotile che se mai accaderà che l'aria sia abondantemente ripiena di tali essalazioni ben temperate, e con altri riquisiti detti, allora si liquefanno le palle di piombo, e non solamente quelle dell'artiglierie e degli archibusi, ma le tirate colle fionde ancora. Dunque tale bisogna che fusse lo stato dell'aria al tempo che i Babilonii cocevan l'uova; tale fu, con gran ventura degli assediati, mentre si batteva la città di Corbel; ed allora che tale si ritrova, si può allegramente andar contro all'archibusate: ma perché l'affrontare una tal costituzione è cosa di ventura e che non accade così spesso, però dice il Sarsi che non si deve ricorrere all'esperienze, attento che questi miracoli non si fanno ad arbitrio nostro, ma del caso, ch'è poi difficilissimo a incontrarsi. Tanto che, signor Sarsi, quando bene l'esperienze fatte mille e mille volte, in tutte le stagioni dell'anno ed in qualsivoglia luogo, non riscontrassero mai co 'l detto di quei poeti filosofi ed istorici, questo non importa niente, ma dobbiamo credere alle lor parole, e non a gli occhi nostri. Ma se io vi troverò una costituzion d'aria con tutti quei requisiti che voi dite che si ricercano, e che ad ogni modo non ci cuocano l'uova né si struggano le palle di piombo, che direte voi allora, signor Sarsi? Ma aimè! io fo troppo grande oblazione, e sempre vi rimarrà la ritirata con dire che vi manca qualche requisito necessario. Troppo avvedutamente vi recaste voi in un posto sicuro, quando diceste esser di bisogno per l'effetto un moto violento, gran copia d'essalazioni, una materia bene attenuata et "si quid aliud ad idem conducit": quel "si quid aliud" è quel che mi sbigottisce, ed è per voi un'ancora sacra, un asilo, una franchigia troppo sicura. Io avevo fatto conto di sospender la causa e soprassedere sin che venisse qualche cometa, immaginandomi che in quel tempo della sua durazione Aristotile e voi foste per concedermi che l'aria, sì come si trovava ben disposta per l'abbruciamento di quella, così si ritrovasse anco per la liquefazzione del piombo e per cuocer l'uova, parendomi che voi aveste per ambedue gli effetti ricercato la medesima disposizione; ed allora volevo che noi mettessimo mano alle fionde, all'uova, agli archi, ai moschetti ed all'artiglierie, e ci chiarissimo in fatto della verità di questo negozio; anzi pure che, senz'aspettar comete, il tempo dovrebbe essere opportuno di meza state, e quando l'aria lampeggia e fulmina, venendo a tutti questi ardori assegnata l'istessa causa: ma dubito che quando ben voi non vedeste in cotali tempi liquefarsi le palle, né pur cuocersi l'uova, non però cedereste, ma direste mancarci quel "si quid aliud ad idem conducens". Se voi mi direte che cosa sia questo "si quid aliud", io mi sforzerò di provederlo; quanto che no, lascerò correr la sentenza, la qual credo senz'altro che sarà contro di voi, se non in tutto e per tutto, almanco in questa parte, che mentre che noi andiamo ricercando la causa naturale d'un effetto, voi vi riducete a voler ch'io m'appaghi d'una ch'è tanto rara, che voi stesso la nominate finalmente e la riponete tra i miracoli. Ora, sì come né per girar di fionde né per tirar d'archi né d'archibusi né d'artiglierie noi non veggiamo mai farsi gli effetti più volte nominati, o pur, se già mai è accaduto un tale accidente, è stato così di rado che dobbiamo tenerlo come miracolo, e come tale più tosto crederlo all'altrui relazione che cercar di vederlo per prova; perché, dico, stanti queste cose così, non vi dovete voi contentar di conceder che veramente per uno ordinario le comete non si accendono per un'attrizione d'aria, e contentarvi ancora di passar come cosa di miracolo se pur alcuno vi concederà che taluna si sia, una volta in mill'anni, accesa per quella attrizione ben corredata di tutte quelle circostanze che voi ricercate?

Quanto all'instanza che il Sarsi si promuove e risolve, cioè che alcuno forse potrebbe dire che non per attrizion d'aria, ma pel fuoco veemente che le caccia, si struggono le palle d'archibuso e d'artiglieria; io, primieramente, non sarò di quelli che oppongano in cotal guisa, perché dico ch'elle non si struggono né in quello né in modo veruno: quanto poi alla risposta dell'instanza, non so perché il Sarsi non abbia arrecata quella ch'è propriissima e chiara, dicendo che le palle e le frecce cacciate colla fionda e coll'arco, dove non è fuoco, mostrano la nullità dell'instanza apertamente. Questa pare a me che fusse risposta assai più diretta che la portata dal Sarsi, cioè che 'l tempo nel quale la palla va col fuoco, gli par troppo breve per liquefare un gran pezzo di piombo: il che è vero, ma vero è ancora che assai più breve è l'altro tempo ch'ella spende nel suo viaggio, per liquefarlo con l'attrizion dell'aria.

All'ultima conclusione ch'ei ne raccoglie, non so che rispondere, perché non intendo punto ciò ch'ei si voglia dire mentr'ei dice, bastargli aver mostrato ch'io, per questi essempi, non ho ritirata alcuna per isfuggire i testimonii de' poeti e de' filosofi; i quali testimonii essendo scritti e stampati in mille libri, io non ho mai cercato di sfuggirli, e ben mi parrebbe privo di discorso affatto chi tentasse una tale impresa. Ho ben detto che l'attestazioni son false, e tali mi par che siano tuttavia.

48. "Sed obiicit præterea: Quamvis admittatur, ex motu accendi exhalationes aliquando posse, nescire tamen se intelligere, qui fiat ut statim atque ignem conceperint, non consumantur, sicuti in fulminibus, stellis cadentibus aliisque huiusmodi fieri quotidie

videmus. Ego vero satis id intelligi posse existimo, si quis, ex iis quos hominum ars atque industria invenit ignibus, similiter de sublimioribus illis a natura succensis philosophetur. Duplicis enim naturæ nostri hi sunt: sicci alii ac rari nulloque hærentes glutine, qui, ut ignem conceperint, claro largoque fulgore, subito incremento, at caduco brevique incendio, nullis pene reliquiis, conflagrare solent; alii tenaciori materia compacti ac piceo liquore conflati, in longum tempus duraturi, flamma diuturniore nocturnas nobis tenebras illustrant. Quidni igitur in supremis illis regionibus simile aliquid contingat? Vel enim materia levis adeo rara et sicca est, ut nullo humidi vinculo colligetur; atque hæc subito celerique fulgore, in suo veluti exortu interitura, succenditur: vel certe viscida est et glutinosa; quæ, si quo casu accendatur, non ad interitum illico properet, sed suo plane succo diutius vivat, ac longiore ætate, suspicientibus undique mortalibus, ex alto resplendeat. Satis igitur hinc apparet, qui possit fieri ut ignes in summo aëre succensi non illico extinguantur aliquando, sed diutius ardeant: apparet etiam, aërem succendi posse, si ea præsertim adsint quæ calori ex attritu excitando plurimum conferunt, vehemens videlicet motus, exhalationum copia, materiæ attenuatio, et si quid aliud ad idem conducit. "

Legga or V. S. Illustrissima quel che resta fino al fine di questa proposizione; nel qual proposito poco mi resta che dire, avendone detto assai di sopra. Per tanto metterò solo in considerazione, come il Sarsi, per mantenere che l'incendio della cometa possa durare mesi e mesi, ancor che gli altri che si fanno in aria, come baleni, fulmini, stelle discorrenti e simili, sieno momentanei, assegna due sorti di materie combustibili: altre leggieri, rare, secche e senz'alcun collegamento d'umidità; altre viscose, glutinose, e in consequenza con qualche umidità collegate: delle prime vuol che si facciano gli abbruciamenti momentanei; delle seconde, gl'incendii diuturni, quali sono le comete. Ma qui mi si rappresenta una assai manifesta repugnanza e contradizzione: perché, se così fusse, dovrebbono i baleni e i fulmini, come quelli che si fanno di materia rara e leggiera, farsi nelle parti altissime, e le comete, come accese in materia più glutinosa, corpulenta, ed in consequenza più grave, nelle parti più basse; tuttavia accade il contrario, perché i baleni ed i fulmini non si fanno alti da terra né anco un terzo di miglio, sì come ci assicura il piccolo intervallo di tempo che resta tra il veder noi il baleno e 'l sentire il tuono, quando ci tuona sopra il vertice; ma che le comete sieno indubitabilmente senza comparazione più alte, quando altro non ce lo manifestasse a bastanza, l'abbiamo dal lor movimento diurno da oriente in occidente, simile a quello delle stelle. E tanto basti aver considerato intorno a queste esperienze.

Restami ora che, conforme alla promessa fatta di sopra a V. S. Illustrissima, io dica certo mio pensiero intorno alla proposizione "Il moto è causa di calore", mostrando in qual modo mi par ch'ella possa esser vera. Ma prima mi fa di bisogno fare alcuna considerazione sopra questo che noi chiamiamo *caldo*, del qual dubito grandemente che in universale ne venga formato concetto assai lontano dal vero, mentre vien creduto essere un vero accidente affezzione e qualità che realmente risegga nella materia dalla quale noi sentiamo riscaldarci.

Per tanto io dico che ben sento tirarmi dalla necessità, subito che concepisco una materia o sostanza corporea, a concepire insieme ch'ella è terminata e figurata di questa o di quella figura, ch'ella in relazione ad altre è grande o piccola, ch'ella è in questo o quel luogo, in questo o quel tempo, ch'ella si muove o sta ferma, ch'ella tocca o non tocca un altro corpo, ch'ella è una, poche o molte, né per veruna imaginazione posso separarla da queste condizioni; ma ch'ella debba essere bianca o rossa, amara o dolce, sonora o muta, di grato o ingrato odore, non sento farmi forza alla mente di doverla apprendere da cotali condizioni necessariamente accompagnata: anzi, se i sensi non ci fussero scorta, forse il discorso o l'immaginazione per se stessa non v'arriverebbe già mai. Per lo che vo io pensando che questi sapori, odori, colori, etc., per la parte del suggetto nel quale ci par che riseggano, non sieno altro che puri nomi, ma tengano solamente lor residenza nel corpo sensitivo, sì che rimosso l'animale, sieno levate ed annichilate tutte queste qualità; tuttavolta però che noi, sì come gli abbiamo imposti nomi particolari e differenti da quelli de gli altri primi e reali accidenti, volessimo credere ch'esse ancora fussero veramente e realmente da quelli diverse.

Io credo che con qualche essempio più chiaramente spiegherò il mio concetto. Io vo movendo una mano ora sopra una statua di marmo, ora sopra un uomo vivo. Quanto all'azzione che vien dalla mano, rispetto ad essa mano è la medesima sopra l'uno e l'altro soggetto, ch'è di quei primi accidenti, cioè moto e toccamento, né per altri nomi vien da noi chiamata: ma il corpo animato, che riceve tali operazioni, sente diverse affezzioni secondo che in diverse parti vien tocco; e venendo toccato, verbigrazia, sotto le piante de' piedi, sopra le ginocchia o sotto l'ascelle, sente, oltre al commun toccamento, un'altra affezzione, alla quale noi abbiamo imposto un nome particolare, chiamandola *solletico*: la quale affezzione è tutta nostra, e non punto della mano; e parmi che gravemente errerebbe chi volesse dire, la mano, oltre al moto ed al toccamento, avere in sé un'altra facoltà diversa da queste, cioè il solleticare, sì che il solletico fusse un accidente che risedesse in lei. Un poco di carta o una penna, leggiermente fregata sopra qualsivoglia parte del corpo nostro, fa, quanto a sé, per tutto la medesima operazione, ch'è muoversi e toccare; ma in noi, toccando tra gli occhi, il naso, e sotto le narici, eccita una titillazione quasi intollerabile, ed in altra parte a pena si fa sentire. Or quella titillazione è tutta di noi, e non della penna, e rimosso il corpo animato e sensitivo, ella non è più altro che un puro nome. Ora, di simile e non maggiore essistenza credo io che possano esser molte qualità che vengono attribuite a i corpi naturali, come sapori, odori, colori ed altre.

Un corpo solido, e, come si dice, assai materiale, mosso ed applicato a qualsivoglia parte della mia persona, produce in me quella sensazione che noi diciamo tatto, la quale, se bene occupa tutto il corpo, tuttavia pare che principalmente risegga nelle palme delle mani, e più ne i polpastrelli delle dita, co' quali noi sentiamo piccolissime differenze d'aspro, liscio, molle e duro, che con altre parti del corpo non così bene le distinguiamo; e di queste sensazioni altre ci sono più grate, altre meno, secondo la diversità delle figure de i corpi tangibili, lisce o scabrose, acute o ottuse, dure o cedenti: e questo senso, come più materiale de gli altri e ch'è fatto dalla solidità della materia, par che abbia riguardo all'elemento della terra. E perché di questi corpi alcuni si vanno continuamente risolvendo in particelle minime, delle quali altre, come più gravi dell'aria, scendono al basso, ed altre, più leggieri, salgono ad alto; di qui forse nascono due altri sensi, mentre quelle vanno a ferire due parti del corpo nostro assai più sensitive della nostra pelle, che non sente l'incursioni di materie tanto sottili tenui e cedenti: e quei minimi che scendono, ricevuti sopra la parte superiore della lingua, penetrando, mescolati colla sua umidità, la sua sostanza, arrecano i sapori, soavi o ingrati, secondo la diversità de' toccamenti delle diverse figure d'essi minimi, e secondo che sono pochi o molti, più o men veloci; gli altri, che accendono, entrando per le narici, vanno a ferire in alcune mammillule che sono lo strumento dell'odorato, e quivi parimente son ricevuti i lor toccamenti e passaggi con nostro gusto o noia, secondo che le lor figure son queste o quelle, ed i lor movimenti, lenti o veloci, ed essi minimi, pochi o molti. E ben si veggono providamente disposti, quanto al sito, la lingua e i canali del naso: quella, distesa di sotto per ricevere l'incursioni che scendono; e questi, accommodati per quelle che salgono: e forse all'eccitar i sapori si accommodano con certa analogia i fluidi che per aria discendono, ed a gli odori gl'ignei che ascendono. Resta poi l'elemento dell'aria per li suoni: i quali indifferentemente vengono a noi dalle parti basse e dall'alte e dalle laterali, essendo noi costituiti nell'aria, il cui movimento in se stessa, cioè nella propria regione, è egualmente disposto per tutti i versi; e la situazion dell'orecchio è accommodata, il più che sia possibile, a tutte le positure di luogo; ed i suoni allora son fatti, e sentiti in noi, quando (senz'altre qualità sonore o transonore) un frequente tremor dell'aria, in minutissime onde increspata, muove certa cartilagine di certo timpano ch'è nel nostro orecchio. Le maniere poi esterne, potenti a far questo increspamento nell'aria, sono moltissime; le quali forse si riducono in gran parte al tremore di qualche corpo che urtando nell'aria l'increspa, e per essa con gran velocità si distendono l'onde, dalla frequenza delle quali nasce l'acutezza del suono, e la gravità dalla rarità. Ma che ne' corpi esterni, per eccitare in noi i sapori, gli odori e i suoni, si richiegga altro che grandezze, figure, moltitudini e movimenti tardi o veloci, io non lo credo; e stimo che, tolti via gli orecchi le lingue e i nasi, restino bene le figure i numeri e i moti, ma non già gli odori né i sapori né i suoni, li quali fuor dell'animal vivente non credo che sieno altro che nomi, come a punto altro che nome non è il solletico e la titillazione, rimosse l'ascelle e la pelle intorno al naso. E come a i quattro sensi considerati ànno relazione i quattro elementi, così credo che per la vista, senso sopra tutti gli altri eminentissimo, abbia relazione la luce, ma con quella proporzione d'eccellenza qual è tra 'l finito e l'infinito, tra 'l temporaneo e l'instantaneo, tra 'l quanto e l'indivisibile, tra la luce e le tenebre. Di questa sensazione e delle cose attenenti a lei io non pretendo d'intenderne se non pochissimo, e quel pochissimo per ispiegarlo, o per dir meglio per adombrarlo in carte, non mi basterebbe molto tempo, e però lo pongo in silenzio.

E tornando al primo mio proposito in questo luogo, avendo già veduto come molte affezzioni, che sono reputate qualità risedenti ne' soggetti esterni, non ànno veramente altra essistenza che in noi, e fuor di noi non sono altro che nomi, dico che inclino assai a credere che il calore sia di questo genere, e che quelle materie che in noi producono e fanno sentire il caldo, le quali noi chiamiamo con nome generale *fuoco*, siano una moltitudine di corpicelli minimi, in tal e tal modo figurati, mossi con tanta e tanta velocità; li quali, incontrando il nostro corpo, lo penetrino con la lor somma sottilità, e che il lor toccamento, fatto nel lor passaggio per la nostra sostanza e sentito da noi, sia l'affezzione che noi chiamiamo *caldo*, grato o molesto secondo la moltitudine e velocità minore o maggiore d'essi minimi che ci vanno pungendo e penetrando, sì che grata sia quella penetrazione per la quale si agevola la nostra necessaria insensibil traspirazione, molesta quella per la quale si fa troppo gran divisione e risoluzione nella nostra sostanza: sì che in somma l'operazion del fuoco per la parte sua non sia altro che, movendosi, penetrare colla sua massima sottilità tutti i corpi, dissolvendogli più presto o più tardi secondo la moltitudine e velocità degl'ignicoli e la densità o rarità della materia d'essi corpi; de' quali corpi molti ve ne sono de' quali, nel lor disfacimento, la maggior parte trapassa in altri minimi ignei, e va seguitando la risoluzione fin che incontra materie risolubili. Ma che oltre alla figura, moltitudine, moto, penetrazione e toccamento, sia nel fuoco altra qualità, e che questa sia caldo, io non lo credo altrimenti; e stimo che questo sia talmente nostro, che, rimosso il corpo animato e sensitivo, il calore non resti altro che un semplice vocabolo. Ed essendo che questa affezzione si produce in noi nel passaggio e toccamento de' minimi ignei per la nostra sostanza, è manifesto che quando quelli stessero fermi, la loro operazion resterebbe nulla: e così veggiamo una quantità di fuoco, ritenuto nelle porosità ed anfratti di un sasso calcinato, non ci riscaldare, ben che lo tegniamo in mano, perch'ei resta in quiete; ma messo il sasso nell'acqua, dov'egli per la di lei gravità ha maggior propensione di muoversi che non aveva nell'aria, ed aperti di più i meati dall'acqua, il che non faceva l'aria, scappando i minimi ignei ed incontrando la nostra mano, la penetrano, e noi sentiamo il caldo.

Perché, dunque, ad eccitare il caldo non basta la presenza de gl'ignicoli, ma ci vuol il lor movimento ancora, quindi pare a me che non fusse se non con gran ragione detto, il moto esser causa di calore. Questo è quel movimento per lo quale s'abbruciano le frecce e gli altri legni e si liquefà il piombo e gli altri metalli, mentre i minimi del fuoco, mossi o per se stessi con velocità, o, non bastando la propria forza, cacciati da impetuoso vento de' mantici, penetrano tutti i corpi, e di quelli alcuni risolvono in altri minimi ignei volanti, altri in minutissima polvere, ed altri liquefanno e rendono fluidi come acqua. Ma presa questa proposizione nel sentimento commune, sì che mossa una pietra, o un ferro, o legno, ei s'abbia a riscaldare, l'ho ben per una solenne vanità. Ora, la confricazione e stropicciamento di due corpi duri, o col risolverne parte in minimi sottilissimi e volanti, o coll'aprir l'uscita a gl'ignicoli contenuti, gli riduce finalmente in moto, nel quale incontrando i nostri corpi e per essi penetrando e scorrendo, e sentendo l'anima sensitiva nel lor passaggio i toccamenti, sente quell'affezzione grata o molesta, che noi poi abbiamo nominata *caldo*, *bruciore* o *scottamento*. E forse mentre l'assottigliamento e attrizione resta e si contiene dentro a i minimi quanti, il moto loro è temporaneo, e la lor operazione calorifica solamente; che poi arrivando all'ultima ed altissima risoluzione in atomi realmente indivisibili, si crea la luce, di moto o vogliamo dire espansione e diffusione instantanea, e potente per la sua, non so s'io debba dire sottilità, rarità, immaterialità, o pure altra condizion diversa da tutte queste ed innominata, potente, dico, ad ingombrare spazii immensi.

Io non vorrei, Illustrissimo Signore, inavvertentemente ingolfarmi in un oceano infinito, onde io non potessi poi ridurmi in porto; né vorrei, mentre procuro di rimuovere una dubitazione, dar causa al nascerne cento, sì come temo che anco in parte possa essere occorso per questo poco che mi sono scostato da riva: però voglio riserbarmi ad altra occasion più opportuna.

49. "Dum Galilæus de fulgore illo agit, qui, luminosis corporibus circumfusus, eminus spectantibus ab ipso luminoso corpore non distinguitur, ait primo, illum in oculi superficie per refractionem radiorum in insidente humore fieri, non autem circa astrum aut flammam revera consistere; addit secundo, aërem illuminari non posse; tertio vero, corpora luminosa si per tubum conspiciantur, larga illa radiatione spoliari. Porro ad harum propositionum veritatem investigandam, illud quod secundo loco positum est, primo est a nobis expendendum, hoc est an illuminari aër possit: ex hoc enim reliqua pendere videntur.

Qua in quæstione supponendum, primum, ex opticis ac physicis est, lumen non videri nisi terminatum; terminari autem non posse, nisi corpore aliquo opaco; perspicuum enim, qua perspicuum est, lucem non terminat, sed liberum eidem transitum præbet: secundum, aërem purum ac sincerum maxime perspicuum esse, minusque proinde aptum ad lumen terminandum; aërem vero impurum, multisque vaporibus admixtum, et lucem terminare et remittere ad oculum posse. Et quidem huius secundæ suppositionis prima pars ab omnibus, atque a Galilæo ipso, ultro conceditur: pars autem altera multis probatur experimentis.

Aurora enim in Solis exortu, atque in occasu crepuscula, satis indicant, impurum aërem illuminari posse; idem testantur coronæ, aræ, parelia, aliaque huiusmodi quæ ex aëre crassiori fiunt. Fateri hoc etiam videtur Galilæus in *Nuncio Sidereo*, ubi circa Lunam vaporosum quemdam orbem ei qui Terræ circumfunditur non absimilem, statuit, quem a Sole illuminari asserit; quod de Ioviali etiam orbe videtur affirmare. Præterea, si quis Lunam post alicuius domus tectum adhuc latitantem, cum proxime emersura est, observet, maximam aëris partem eiusdem Lunæ lumine illustratam, quasi lunarem auroram, prius intuebitur; fulgorem autem hunc magis ac magis crescere comperiet, quo propior exortui Luna fuerit. Ridiculum autem esset affirmare auroram, crepuscula, aliosque huiusmodi splendores, in insidente oculis humore per refractionem gigni. Quid enim? dum Lunam ac Solem, altius provectos, brevi inclusos gyro intueor, siccioribus ne oculis sum, quam cum eosdem postea, horizonti proximos, in orbem ampliorem extensos aspicio? Satis igitur ex his patet, aërem impurum ac mixtum illuminari posse; quod etiam ratione pervincitur. Cum enim lumen terminetur ab eo quod aliquam habet opacitatem; aër autem per vapores concretior atque opacior fiat; hac saltem parte, qua opacus est, lumen reflectere poterit.

Quibus ita explicatis, ad quæstionem propositam redeo: in qua, dum auctores nec pauci nec mali asserunt, partem aëris luminosis corporibus in speciem circumfusi pariter illuminari, non de sincero nullisque admixto vaporibus locuti existimandi sunt, sed de eo aëre qui, densioribus halitibus opacatus, lumen stellarum sistere ac cohibere possit, ne ultra progrediatur. Nam dum aiunt, Solem ac Lunam ampliori sese forma prope horizontem spectandos offerre quam cum altiores fuerint, id ex aëre vaporoso interiecto oriri affirmant: ex quibus patet, illos non de aëre puro loqui, sed de infecto ac proinde opaciori. Quare statuendum est, non abiiciendam esse (quod Galilæus iubet) opinionem illam quæ asserit, aërem illuminari a stellis posse; cum tot experimentis verissima comprobetur, si de aëre impuriori intelligatur. Quod si illuminari aër potest, poterit etiam pars aliqua luminosi illius coronamenti, quo sidera vestiuntur, in aërem illuminatum referri. Quamvis non negem (id quod primo loco propositum fuerat), radiosam illam coronam longis distinctam radiis, quæ ad quemcumque oculi motum movetur, oculi affectionem esse, ex quo fit ut iidem radii modo plures modo pauciores, nunc breviores nunc productiores, fiant, prout oculus ipse movetur; adhuc tamen non probavit Galilæus, nullam partem illius luminis, quod nos a vera flamma non distinguimus, ex aëre illuminato existere, qua postea ne per specillum quidem luminosa spoliari possint.

Neque obstat experimentum ab eodem Galilæo allatum. "Si manum, inquit, inter lumen atque oculum collocatam ita moveris, ac si lumen occultare velles, fulgor ille circumfusus nunquam tegetur, quoad ipsum verum lumen non absconderis; sed radii ipsi manum inter atque oculum nihilominus comparebunt; at ubi partem veri luminis aliquam texeris, eorumdem radiorum partem oppositam evanescere comperies; nam si luminis partem superiorem celaveris, radii inferiores apparere desinent." Hæc Galilæus: quæ omnia verissima experior, dum radios ipsos tantum considero, radios, inquam, illos quos, ex eorum motu pene perpetuo ac luminis diversitate, satis superque a reliquo vero lumine distinguo: at dum reliquum lumen, quod ipse verum existimo, celare tento, ea prorsus ex parte qua manum interpono, si non omnino abscondo, minuo saltem atque infusco. Infusco, inquam; neque enim ex qualibet manus interpositione celari obiecta possunt, ne videantur.

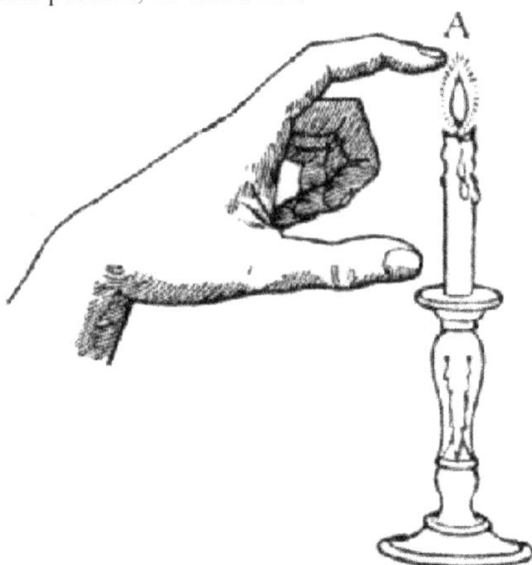

Si quis enim, ut dicebam, attente animadvertat, dum veram candelæ a nobis remotæ flammam tegere manus obiectu nitimur, etiamsi summam pyramidis accensæ partem revera manus texerit, adhuc tamen eamdem illam inter manum atque oculum conspicimus, videturque interpositus digitus ea flamma comburi ac duas veluti in partes secari; ea plane ratione quam digitus A ostendit. Qui autem fieri possit, ut ex hac digiti interpositione aspectus flammæ non impediatur, sic ostendo. Cum oculi pupilla indivisibilis non sit, sed plures possit in partes dividi, poterit una illius pars tegi, reliquis non tectis; quamvis ergo, parte aliqua pupillæ obtecta, ad illam species obiecti luminis non perveniant, si tamen reliquæ apertæ remaneant et ad illas eædem species pertingere possint, lumen adhuc videbitur.

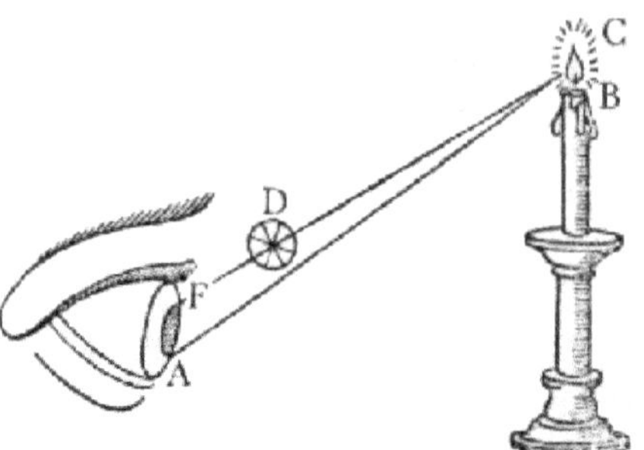

Sit enim, verbi gratia, lumen BC, oculi pupilla FA, corpus opacum interpositum sit D, quod quidem speciem puncti C pervenire ad F non permittat, nullo tamen sit impedimento quin ex C alter radius CA perveniat ad partem pupillæ A. Per radium ergo CA videbitur apex luminis C; non videbitur autem adeo fulgens, ut tunc quando totam pupillam sua imagine explebat: idem autem apex C non prius videri desinet, quam corpus D totam pupillam tegat, prohibeatque ne ullis radiis apex C ad illam feratur. Quod si corpus D multo minus fuerit quam oculi pupilla, verbi gratia filum aliquod crassum, parumque ab eadem pupilla abfuerit, lumine interim longe posito; quomodocunque inter oculum et lumen idem filum extendatur, nullam luminis partem impediet, neque fili eiusdem pars inter oculum et flammam constituta comparebit, ac si prorsus combusta fuisset: quod ex eadem causa oritur. Neque enim filum illud, cum minus sit quam pupilla, si ab eadem non longe distet, impedire potest quominus omnes flammæ partes, aliquibus saltem radiis, ad potentiam ferantur: quare per eos saltem flamma videbitur.

Ad tertium denique dictum, quo ait, sidera hoc splendore accidentario spoliari, cum tubo optico conspiciuntur; multa hic etiam sunt, quæ non facile solvantur. Nam si tubus opticus sidera adscititio hoc fulgore spoliaret, non deberet hic fulgor per tubum conspici: at conspicitur tamen. Et quidem inter fixas stellas nulla est adeo exigua, quæ splendore isto, etiam non suo, a tubo exui patiatur; quod Galilæus ipse fateri videtur, dum a Cane aliisque stellis fulgorem illum numquam omnino auferri posse affirmat: semper enim, etiam per tubum, scintillantes hosce radios in illis intuemur. Sed quid dico a stellis? Planetæ etiam aliqui adeo fulgoris huius tenaces sunt, ut nunquam sibi illum eripi patiantur; Mars videlicet, Venus atque Mercurius, quorum lumen nisi coloratis vitris, specillo aptatis, retuderis, nunquam nudi comparebunt. Et sane non video, si eadem radiorum illorum causa in superficie oculi remanet, hoc est humor ille pupillæ perpetuo insidens, cur postea, si lumen astri, per specilli vitra refractum, in eumdem humorem incidat, refringi iterum, quanquam diverso fortasse modo, eosdemque luminis ductus producere, non debeat. Iam vero si illud admittatur, quod admitti necesse est, ut supra probavimus, aërem etiam illuminari, atque ex hoc fieri posse ut sidus maius appareat quam revera sit; non poterit Galilæus negare, ex hoc saltem capite, circumfusum etiam fulgorem videri per tubum, ac proinde etiam augeri debere: fatetur quippe omnia illa per tubum videri atque ab eodem augeri, quæ ultra ipsum posita sunt; cum igitur hic etiam splendor ultra specillum sit, per illud conspici augerique debebit. Quod si nihilominus in stellis hoc incrementum non percipitur, aliunde petenda erit huius aspectus causa, non ex eo quod radiatio hæc fiat inter specillum et oculum, hoc est in superficie humida oculi. Hoc enim, si non de radiis illis vagis ac distinctis, sed de stabili et continuo amplioris luminis coronamento loquamur, ex aëre illuminato existere posse, Solis ac Lunæ exemplis, prope horizontem ampliori orbe quam in vertice apparentium, comprobatur: si vero de radiis ipsis intelligatur, cum hi etiam per specillum conspiciantur in stellis, non poterit hoc minimum earumdem stellarum incrementum in radiorum illorum abiectionem referri, cum non abiiciantur."

Passi ora V. S. Illustrissima alla terza proposizione, la quale legga e rilegga tutta con attenzione: dico con attenzione, acciò tanto più manifestamente si conosca poi, quanto artificiosamente vada pure il Sarsi continuando suo stile di voler, coll'alterare levare ed aggiungere e più col divertire il discorso e meschiarlo con cose aliene dal proposito, offuscar la mente del lettore, sì che in ultimo, tra le cose da sé confusamente apprese, gli possa restar qualche opinione che il signor Mario non abbia così stabilita la sua dottrina, che altri non v'abbia potuto trovar che opporre.

Essendo stata opinione di molti ch'una fiammella ardente apparisca assai maggiore in certa distanza perch'ella accenda, ed in conseguenza renda egualmente splendida, buona parte dell'aria sua circonvicina, onde poi da lontano e l'aria accesa e la vera fiammella appariscano un lume solo; il signor Mario, confutando questo, disse che l'aria non s'accendeva né s'illuminava, e che l'irraggiamento, per cui si faceva l'ingrandimento, non era intorno alla fiammella, ma nella superficie dell'occhio nostro. Il Sarsi, volendo trovar che opporre a cotal vera dottrina, in vece di render grazie al signor Mario d'avergli insegnato quello che di sicuro gli era sino allora stato ignoto, si fa innanzi, e si pone a voler provare come contro al detto del signor Mario, l'aria s'illumina: nella quale impresa egli, per mio parere, erra in molte maniere.

E prima, dove il signor Mario, redarguendo il detto di quei filosofi, disse che l'aria non s'accendeva né s'illuminava, il Sarsi mette sotto silenzio quella parte dell'accendersi, e solo tratta dell'illuminarsi: onde il signor Mario con ragion può dire al Sarsi d'aver parlato d'una cosa, ed esso aver preso ad impugnarne un'altra; aver parlato, dico, dell'aria circonvicina alla fiammella e dell'illuminazione che le può venire dal suo accendersi, e quello aver parlato dell'illuminazione che senza incendio viene sopra l'aria vaporosa, posta in qualsivoglia distanza dall'oggetto illuminante. Inoltre, egli medesimo sul primo ingresso dice che i corpi diafani non s'illuminano, tra i quali mette nel primo luogo l'aria, e poi soggiunge che, mescolata con vapori grossi e potenti a reflettere il lume, ella ben s'illumina. Adunque, signor Sarsi, sono i vapori grossi, e non l'aria, quelli che s'illuminano. Voi mi fate sovvenir di quello che diceva che il grano gli faceva venir capogiroli e stornimenti di testa, quando però v'era mescolato del loglio. Ma è il loglio, in buon'ora, e non il grano, quello ch'offende. Voi volete insegnarci che nell'aria vaporosa s'illumina l'aurora, che mill'altri ed il signor Mario stesso l'ha in sei luoghi scritto innanzi a voi. Ma che più? voi medesimo in questo medesimo luogo dite che io l'ammetto insino intorno alla Luna ed a Giove; adunque tutte le prove ed esperienze di aurora, d'aloni, di parelii e di Luna ascosta dopo qualche parete sono superflue, non avendo noi già mai dubitato, non che negato, che i vapori diffusi per aria, le nuvole e la caligine s'illuminano. Ma che volete voi, signor Sarsi, far poi di cotale illuminazione? dir forse (come in effetto dite) che per essa appariscano i primarii oggetti illuminanti maggiori? e come non v'accorgete voi che, quando ciò fusse vero, bisognerebbe che il Sole e la Luna si mostrassero grandi quanto tutta l'aurora e gli aloni interi, imperò che cotanta è l'aria vaporosa che del lume loro è fatta partecipe? Voi dunque, signor Sarsi, perché avete trovato scritto (dico così, perché voi stesso citate i filosofi e gli autori d'ottica per confermare ed autorizare cotali proposizioni) che la region vaporosa s'illumina, ed oltre a ciò che il Sole e la Luna vicini all'orizonte appariscono, mediante tal regione vaporosa, maggiori che inalzati verso il mezo cielo, vi siete persuaso che da cotale illuminazione dependa il loro apparente ingrandimento. È vera l'una e l'altra proposizione, cioè che l'aria vaporosa s'illumina, e che il Sole e la Luna presso all'orizonte, mercé della region vaporosa, appariscono maggiori; ma è falso il connesso delle due proposizioni, cioè che la maggioranza dependa dall'esser tal regione illuminata, e voi vi sete molto ingannato, e toglietevi da così erronea opinione; imperocché non pel lume de' vapori, ma per la figura sferica dell'esterna loro superficie, e per la lontananza maggiore di quella dall'occhio nostro quando gli oggetti son più verso l'orizonte, appariscono essi oggetti maggiori della lor commune apparente grandezza, e non i luminosi solamente, ma qualunque altro posto fuor di tal regione. Traponete tra l'occhio vostro e qualsivoglia oggetto una lente convessa cristallina in varie lontananze: vedrete che quando essa lente sarà vicino all'occhio, poco si accrescerà la specie dell'oggetto veduto; ma discostandola, vedrete successivamente andar quella ingrandendosi. E perché la region vaporosa termina in una superficie sferica, non molto elevata sopra il convesso della Terra, le linee rette che tirate dall'occhio nostro arrivano alla detta superficie, sono disuguali, e minima di tutte la perpendicolare verso il vertice, e dell'altre di mano in mano maggior sono le più inclinate verso l'orizonte che verso il zenit. Quindi anco (e sia detto per transito) si può facilmente raccorre la causa dell'apparente figura ovata del Sole e della Luna presso all'orizonte, considerando la gran lontananza dell'occhio nostro dal centro della Terra, ch'è lo stesso che quello della sfera vaporosa; della quale apparenza, come credo che sappiate, ne sono stati scritti, come di problema molto astruso, interi trattati, ancor che tutto il misterio non ricerchi maggior profondità di dottrina che l'intender per qual ragione un cerchio veduto in maestà ci paia rotondo, ma guardato in iscorcio ci apparisca ovato.

Ma ritornando alla materia nostra, io non so con che proposito dica il signor Sarsi, esser cosa ridicolosa il dire che l'alba e i crepuscoli ed altri simili splendori si generino nell'umore sparso sopra l'occhio, e molto più ridicoloso se alcuno dicesse che guardando noi verso il vertice, avessimo gli occhi più secchi che guardando l'orizonte, e che però la Luna e 'l Sole ci paresser minori in quel luogo che in questo: non so, dico, a che fine sieno introdotte queste sciocchezze, non si trovando chi già mai l'abbia dette. Ma mentre il Sarsi ci figura per troppo semplici, veggiamo se forse cotal nota più ad esso che a noi s'accommodi. Qui si tratta di quello irraggiamento avventizio per lo quale le stelle ed altri lumi inghirlandandosi appariscono assai maggiori che se fussero visti i loro piccoli corpicelli spogliati di tali raggi, tra i quali, perché sono poco men lucidi della prima e vera fiammella, resta esso corpicello indistinto, in modo che ed esso e l'irraggiamento si mostra come un sol oggetto grande e risplendente. A parte di questo irraggiamento ed ingrandimento vuole il Sarsi mettere il lume che per refrazzione si produce nell'aria vaporosa, e vuole che per questo il Sole e la Luna si mostrino maggiori verso l'orizonte che elevati in alto, e, quel ch'è peggio, vuole che l'istesso abbiano creduto molti altri filosofi: il che è falso, né ànno sì altamente errato. E che questo sia grandissimo errore, lo doveva molto speditamente mostrare al Sarsi la grandissima distinzione che si vede tra le luci del Sole e della Luna e l'altro splendore circunfuso, dentro al quale incomparabilmente più lucido e meglio determinato questo e quel luminare si discerne: il che non accade dell'irraggiamento delle stelle, tra 'l quale il corpicello della stella resta da pari splendore ingombrato ed indistinto.

Ma sento il Sarsi che risponde e dice, che quel Sole e Luna grandi non sono i corpi reali nudi e schietti, ma uno aggregato e composto del piccol corpo reale e dell'irraggiamento che l'inghirlanda e racchiude in mezo con luce non minore della primaria, onde ne risulta il gran disco apparente tutto egualmente splendido. Ma se questo è, signor Sarsi, perché non si mostra la Luna così grande nel mezo del cielo ancora? vi manca forse l'aria vaporosa atta ad illuminarsi? Io non so quello che voi foste per rispondere, né me lo potrei immaginare, perché non si potendo contra a un vero venir con altro che con fallacie e chimere, le quali, come voi sapete, sono infinite, io non potrei indovinar la vostra eletta. Ma per troncarle tutte in una volta e cavar voi ed altri, se vi fussero, d'errore, basti, a farvi toccar con mano che la gran Luna che voi vedete nell'orizonte è la schietta e nuda, e non aggrandita per altra luce avventizia e circunfusa, basti, dico, il vedere le sue macchie sparse per tutto il suo disco sino all'estrema circonferenza nella guisa a capello che si mostra nel mezo del cielo; ché se fusse come avete creduto voi, le macchie nella Luna bassa e grande si doverebbon veder raccolte tutte nella parte di mezo, lasciando la ghirlanda intorno lucida e senza macchie. Adunque, non per isplendore aggiunto, ma per uno ingrandimento di tutta la specie nel refrangersi nella remota superficie vaporosa, si mostrano il Sole e la Luna maggiori bassi che alti.

Or vedete, signor Sarsi, quanto è facil cosa l'atterrare il falso e sotenere il vero. Questa pur troppo grand'evidenza della falsità di molte proposizioni che si leggono nel vostro libro, non mi lascia interamente credere che voi non l'abbiate compresa; e vo pensando che possa essere che, conoscendovi voi internamente dalla realtà delle ragioni convinto, vi riduciate per ultimo partito a far prova se l'avversario, col creder vere quelle cose che voi stesso conoscete false, si ritirasse e cedesse; e che perciò voi arditamente le portiate avanti, imitando quel giocatore che, vedendosi d'aver a carte scoperte perduto l'invito, tenta con altro soprinvito maggiore di far credere all'avversario gran punto quello che piccolissimo vede egli stesso, onde, cacciato dal timore, ceda e se ne vada. E perché io veggo che voi vi siete alquanto intrigato tra questi lumi primarii, refratti e reflessi ne' vapori o nell'occhio, comportate voi, come scolare, ch'io, come professore e maestro vecchio, vi sviluppi ancora un poco meglio.

Per tanto sappiate che dal Sole, dalla Luna e dalle stelle, corpi tutti risplendenti e costituiti fuori e molto lontani dalla superficie della region vaporosa, esce splendore che perpetuamente illumina la metà di tal regione; e di questo emisferio illuminato l'estremità occidentale ci arreca la mattina l'aurora, e la parte opposta ci lascia la sera il crepuscolo: ma niuna di queste illuminazioni accresce o scema o in modo alcuno altera l'apparente grandezza del Sole, Luna e stelle, che perpetuamente si ritrovano nel centro o vogliamo dir nel polo di questo emisferio vaporoso da loro illuminato; del quale le parti direttamente traposte tra l'occhio nostro e 'l Sole o la Luna ci si mostrano più splendide dell'altre che di grado in grado da queste parti di mezo più si discostano, lo splendor delle quali va di mano in mano languendo; e questo è quel lume che dà segno dell'appressamento della Luna allo scoprirsi, mentre dopo qualche tetto o parete ci si nasconde. Una simile illuminazione si fanno intorno intorno anco le fiammelle poste dentro alla sfera vaporosa; ma questa è tanto debile e languida, che se di notte asconderemo un lume dopo qualche parete e poi ci anderemo movendo per iscoprirlo, difficilmente scorgeremo splendore alcuno circunfuso o vedremo altra luce sin che si scuopra la fiamma principale; e questo debolissimo lume nulla assolutamente accresce la visibile specie di essa fiammella. Ci è un'altra illuminazione, fatta per refrazzione nella superficie umida dell'occhio, per la quale l'oggetto reale ci si mostra circondato da un cerchio luminoso, ma inferiore assai di splendore alla primaria luce; e questo si mostra allargarsi per maggiore o minore spazio, non solamente secondo la maggiore o minor copia d'umore, ma secondo la cattiva o buona disposizion dell'occhio: il che ho io in me stesso osservato, che per certa affezzione cominciai a vedere intorno alla fiamma della candela uno alone luminoso e di diametro di più d'un braccio, e tale che mi celava tutti gli oggetti posti di là da esso; scemando poi l'indisposizione, scemava la grandezza e la densità di questo alone, ma però me ne resta ancora molto più di quello che veggono gli occhi perfetti: e questo alone non s'asconde per l'interposizion della mano o d'altro corpo opaco tra la candela e l'occhio, ma resta sempre tra la mano e l'occhio, sin che non si occulta il lume stesso della candela. Per questo lume parimente non s'ingrandisce la specie della fiammella, del cui splendore egli è assai men chiaro. Ci è un terzo splendore vivacissimo e chiaro quasi al par dell'istesso lume principale, il qual si produce per reflessione de' raggi primarii fatta nell'umidità de gli orli ed estremità delle palpebre, la qual reflessione si distende sopra 'l convesso della pupilla: della qual produzzione abbiamo argomento sicuro dal mutar noi la positura della testa; imperò che secondo che noi la inclineremo, alzeremo, o vero terremo dirittamente opposta all'oggetto luminoso, lo vederemo irraggiato nella parte superiore solamente, o nell'inferiore solamente, o in ambedue; ma dalla destra o dalla sinistra già mai non vederemo comparirgli raggi, perché le reflessioni fatte verso gli angoli dell'occhio non possono arrivar sopra la pupilla, sotto l'orizonte della quale, mediante la piegatura delle palpebre su la sfera dell'occhio, esse parti angolari si ritrovano; e se altri, calcando colle dita sopra le palpebre, allargherà l'occhio e discosterà gli orli di quelle dalla pupilla, non vedrà raggi né sopra né sotto, avvenga che le reflessioni fatte in essi orli non vanno sopra la pupilla. Questo solo è quello irraggiamento per lo quale i piccoli lumi ci appariscono grandi e raggianti, e nel quale la real fiammella resta ingombrata ed indistinta. L'altre illuminazioni non ànno, signor Sarsi, che far nulla, nulla *pœnitus*, nell'ingrandimento, perché sono tanto inferiori di luce al lume primario, che ben sarebbe cieco affatto chi non vedesse il termine confine e distinzione tra l'uno e l'altro; oltre che (come di sopra ho detto) il disco del Sole e quel della Luna, quando per tale illuminazione s'ingrandissero, dovrebbono mostrarsi grandi quanto gl'immensi cerchi delle loro aurore. Però quando voi dite che non negate, quella corona raggiante esser affezzion dell'occhio, ma che non perciò ho io ancora provato che qualche parte non dependa dall'aria circunfusa illuminata, toglietevi dal troppo miseramente mendicar sussidii così scarsi. Che volete che faccia quel debolissimo lume mescolato con quei fulgentissimi raggi reflessi dalle palpebre? aggiunge quel che farebbe il lume d'una torcia a quel del Sole meridiano. Di questo lume sparso per l'aria vaporosa io ve ne voglio conceder non solamente quella piccola parte che voi domandate, ma quanto abbraccia tutta l'aurora e 'l crepuscolo e tutto l'emisferio vaporoso; e di questo voglio che il corpo luminoso né per telescopio né per altro mezo possa già mai essere spogliato; e voglio ancora, per vostra compitissima soddisfazzione, ch'ei venga dal telescopio ingrandito come tutti gli altri oggetti, sì che non pure adegui tutta l'aurora, ma mille volte maggiore spazio, se mille volte tanto si potesse comprendere coll'occhiale; ma niuna di queste cose solleva punto né voi né 'l vostro Maestro, che avreste bisogno, per mantenimento della vostra principal conclusione (ch'è che le stelle fisse, per esser lontanissime, non ricevono accrescimento veruno dal telescopio), avreste bisogno, dico, che la stella ed il suo irraggiamento fusse una cosa medesima, o almeno che l'irraggiamento fusse realmente intorno alla stella; ma né quello né questo è vero, ma bene è egli nell'occhio, e le stelle ricevono accrescimento tanto quanto ogn'altro oggetto veduto col medesimo strumento, come puntualissimamente scrisse e dimostrò il signor Mario.

Questi altri vostri diverticoli, d'arie vaporose illuminate e di Soli e Lune alte e basse, son, come si dice, pannicelli caldi, e un voler fuggir la scuola e cercar di deviare il lettore dal primo proposito. E fra l'altre vostre molte diversioni, questa che fate in mostrar con assai lungo discorso come per l'interposizion del dito non s'impedisca la vista della fiammella, e quel che dite del filo sottile e del corpo interposto minor della pupilla, son tutte cose vere, ma, per mio avviso, nulla attenenti al proposito che si tratta: il che veggo che internamente avete conosciuto voi medesimo ancora, atteso che, quando era il tempo dell'applicazione di queste cose alla materia e di chiuder la conclusione, voi fate punto, e lasciandoci sospesi passate ad altro proposito, e cercate, pur per via di discorso, provar cosa di cui cento esperienze chiarissime sono in contrario; e ben che voi veggiate, guardando col telescopio, la stella di Saturno terminatissima e di figura diversissima dall'altre, il disco di Giove e quel di Marte, e massime quando è vicino a Terra, perfettamente rotondi e terminati, Venere a suoi tempi corniculata ed esattissimamente delineata, i globetti delle stelle fisse, e massime delle maggiori, molto ben distinti, e finalmente mille fiammelle di candele, poste in gran distanza, così ben dintornate come da vicino, dove, senza il telescopio, l'occhio libero niuna di cotali figure distingue, ma tutte le vede ingombrate da raggi stranieri e tutte sotto una stessa figura radiante, con tutto ciò pur volete che 'l telescopio non le mostri senza raggi, persuaso da certi vostri discorsi, de i quali io non sarei in obligo di scoprir le fallacie, avendo per me l'esperienza in contrario; tuttavia, per vostra utilità, le accennerò così brevemente.

E per venir con ogni maggior chiarezza al mio intento, io vi domando, signor Sarsi, onde avvenga che Venere si circonda sì fattamente di questi raggi ascitizii e stranieri, che tra essi perde in modo la sua real figura, ch'essendo stata dalla creazion del mondo in qua mille e mille volte cornicolata, mai da vivente alcuno non è stata osservata né veduta tale, ma sempre è apparsa d'una stessa figura, se non dapoi ch'io primieramente col telescopio scopersi le sue mutazioni? il che non accade della Luna, la quale coll'occhio libero mostra le sue diversità di figure, senza notabile alterazione che dependa dall'irraggiamento avventizio. Non rispondete, ciò accadere mediante la gran lontananza di Venere e la vicinanza della Luna; perché io vi dirò che quello che accade a Venere, accade ancora alle fiammelle delle candele, le quali, in distanza di cento braccia solamente, confondono la lor figura tra i raggi e la perdono non men di Venere. Se volete risponder bene, bisogna che diciate, ciò derivare dalla piccolezza del corpo di Venere in relazione all'apparente grandezza di quel della Luna, e che vi figuriate, la lunghezza di quei raggi che si producono nell'occhio esser, verbigrazia, per quattro diametri di Venere, che non saranno poi la decima parte del diametro della Luna: ora figuratevi la piccolissima falce di Venere, inghirlandata di una chioma che se le sparga e distenda intorno intorno in distanza di quattro suoi diametri, ed insieme la grandissima falce della Luna con una chioma non più lunga della decima parte del suo diametro; non doverà esservi difficile a intendere come la forma di Venere del tutto si perderà tra la sua capellatura, ma non già quella della Luna, la quale pochissimo s'altererà: ed accade in questo quello a punto che accaderebbe in vestire una formica di pelle d'agnello, di cui la configurazione delle piccoline membra in tutto e per tutto si perderebbe tra la lunghezza de i peli, sì che l'istessa apparenza farebbe che se fusse un bioccolo di lana; nulla dimeno l'agnello, per la sua grandezza, assai distinte mostra le membra sue sotto la pecorile spoglia. Ma dirò, di più, che ricevendo il capillizio splendido, che risiede nell'occhio, la limitazion del suo spargimento dalla costituzion dell'occhio stesso più che dalla grandezza dell'oggetto luminoso (e così veggiamo stringendo le palpebre, sì che appariscano surger dall'oggetto luminoso raggi molto lunghi, non si veggono maggiori quei che vengono dalla Luna, che quei di Venere o d'una torcia o d'una fiaccola), figuratevi una determinata grandezza d'una capellatura; nel mezo della quale se voi intenderete essere un piccolissimo corpo luminoso, perderà la sua figura, coronato di troppo lunghi crini; ma ponendovi un corpo maggiore e maggiore, finalmente potrà il simulacro reale occupar tanto nell'occhio, che poco o niente gli avanzi intorno del capillizio; e così l'immagine, verbigrazia, della Luna potrà esser che ingombri nell'occhio spazio maggiore della commune irradiazione. Stante queste cose, intendete il disco reale, per essempio, di Giove occupar sopra la nostra luce un cerchietto, il cui diametro sia la ventesima parte dello spargimento della chioma raggiante, onde in sì gran piazza resta indistinto il piccolissimo cerchietto reale: viene il telescopio, e m'aggrandisce la specie di Giove in diametro venti volte; ma già non ingrandisce l'irraggiamento, che non passa per li vetri: adunque io vedrò Giove non più come una piccolissima stella radiante, ma come una Luna rotonda, ben grande e terminata. E se la stella sarà assai più piccola di Giove, ma di splendore molto fiero e vivo, qual è, per essempio, il Cane, il cui diametro non è la decima parte di quel di Giove, nulla di meno la sua irradiazione è poco minor di quella di Giove, il telescopio, accrescendo la stella ma non la chioma, fa che, dove prima il piccolissimo disco tra sì ampio fulgore era impercettibile, già fatto in superficie 400 e più volte maggiore, si può distinguere ed assai ben figurare. Con tal fondamento andate discorrendo, ché potrete disbrigarvi per voi stesso da tutti gl'intoppi.

E rispondendo alle vostre instanze, quando dal signor Mario e da me è stato detto che 'l telescopio spoglia le stelle di quel coronamento risplendente, ciò è stato profferito non con intenzione d'avere a stare a sindicato di persone così puntuali come siete voi, che, non avendo altro dove attaccarvi, vi conducete sino a dannar con lunghi discorsi chi prende il termine usitatissimo d'infinito per grandissimo. Quando noi abbiamo detto che il telescopio spoglia le stelle di quello irraggiamento, abbiamo voluto dire ch'egli opera intorno a loro in modo che ci fa vedere i lor corpi terminati e figurati come se fussero nudi e senza quello ostacolo che all'occhio semplice asconde la lor figura. È egli vero, signor Sarsi, che Saturno, Giove, Venere e Marte all'occhio libero non mostrano tra di loro una minima differenza di figura, e non molto di grandezza seco medesimi in diversi tempi? e che coll'occhiale si veggono, Saturno come appare nella presente figura,

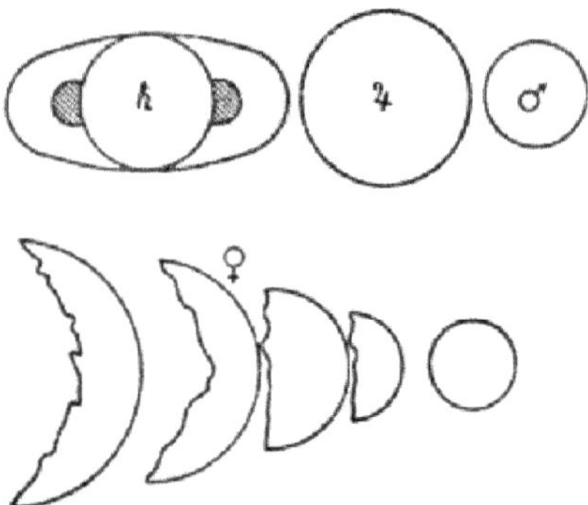

e Giove e Marte in quel modo sempre, e Venere in tutte queste forme diverse? e, quel ch'è più meraviglioso, con simile diversità di grandezza? sì che cornicolata mostra il suo disco 40 volte maggiore che rotonda, e Marte 60 volte quando è perigeo che quando è apogeo, ancor che all' occhio libero non si mostri più che 4 o 5? Bisogna che rispondiate di sì, perché queste son cose sensate ed eterne, sì che non si può sperare di poter per via di sillogismi dare ad intendere che la cosa passò altrimenti. Or, l'operare col telescopio intorno a queste stelle in modo che quell'irraggiamento, che perturbava l'occhio libero ed impediva l'esatta sensazione, la qual opera è cosa massima e d'ammirabili e grandissime consegnenze, è quello che noi abbiam voluto significare nel dire *spogliar le stelle dell'irraggiamento*, che son parole solamente di niun momento, di niuna conseguenza: le quali se a voi, che siete ancora scolare, danno fastidio, potrete mutarle a vostro beneplacito, come cambiaste già quello nostro accrescimento nel vostro transito dal non essere all'essere.

A quello che voi dite, parervi pur ragionevole che, sì come l'oggetto lucido, venendo per lo mezo libero, produce nell'occhio l'irraggiamento, egli debba ancor far l'istesso quando viene passando per li cristalli del telescopio; rispondo concedendovelo liberamente, e dicovi che accade a punto l'istesso de gli oggetti veduti col telescopio che de' veduti senza: e sì come il disco di Giove, per essempio, veduto coll'occhio libero rimane per la sua piccolezza perduto nell'ampiezza del suo irraggiamento, ma non già quello della Luna, che colla sua gran piazza occupa sopra la nostra pupilla spazio maggiore del cerchio raggiante, per lo che ella si vede rasa, e non crinita; così, facendomi il telescopio arrivar sopra l'occhio il disco di Giove sei cento e mille volte maggiore della specie sua semplice, fa ch'egli colla sua ampiezza ingombri tutta la capellatura de' raggi, e comparisca simile ad una Luna piena: ma il disco piccolissimo del Cane, ben che mille volte ingrandito dal telescopio, non però adegua ancora la piazza radiosa, sì che ci apparisca tosato del tutto; nientedimeno, per essere i raggi verso l'estremità alquanto men forti e tra loro divisi, resta egli visibile, e tra la discontinuazion de' raggi si vede assai commodamente la continuazion del globetto della stella, il quale con uno strumento che più e più l'accrescesse, più e più sempre distinto e meno irraggiato ci si mostrerebbe. Sì che la cosa, signor Sarsi, sta così, e questo effetto ci venne chiamato uno spogliar Giove del suo capillizio: le quali parole se non vi piacciono, già vi si è dato licenza che le mutiate ad arbitrio vostro, ed io vi do parola d'usar per l'avvenire la vostra correzzione; ma non v'affaticate in voler mutar la cosa, perché non farete niente.

E già che voi in questo fine replicate che pure è necessario conceder che l'aria circunfusa s'illumini, e che perciò la stella apparisca maggiore; ed io torno a replicarvi che i vapori circunfusi s'illuminano, ma non perciò il corpo luminoso s'accresce punto, essendo che il lume de' vapori è incomparabilmente minore della primaria luce: per lo che il corpo lucido, se è grande, resta nudo, e se è piccolo, rimane, col suo irraggiamento fatto nell'occhio, terminatissimo e distintissimo tra 'l debolissimo lume dell'aria vaporosa. E vi replico ancora, poi che voi medesimo me ne porgete replicata occasione, che totalmente deponghiate quella falsa opinione che 'l Sole e la Luna presso all'orizonte si mostrino maggiori per una ghirlanda d'aria illuminata che s'aggiunga al lor disco, perché questa è una grandissima semplicità, come di sopra ho detto e provato. E per non lasciar cosa intentata per cavarvi d'errore e far che voi restiate capace di questo negozio, alle vostre ultime parole, dove voi dite che vedendosi pur pel telescopio essi raggi luminosi intorno alle stelle, non si potrà ridurre il minimo ricrescimento di quelle nella perdita di questi, essendo che non si perdono; vi rispondo che l'accrescimento è grandissimo, come in tutti gli altri oggetti, e che il vostro errore sta (come sempre si è detto) nel paragonar voi la stella insieme con tutto il suo irraggiamento, visto coll'occhio libero, col corpo solo della stella veduto, collo strumento, distinto dalla sua piazza radiosa, della quale egli talvolta compar maggiore e tal volta eguale, secondo la grandezza della stella vera e la moltiplicazion del telescopio; e quando comparisce minor di esso irraggiamento, tuttavia si scorge il suo disco, come ho detto, tra l'estremità della capellatura. Ed una accommodatissima riprova dell'accrescimento grande, come in tutti gli altri oggetti, è il pigliar Giove coll'occhiale avanti giorno, e andarlo seguitando sino al nascer del Sole e più oltre ancora; dove si vede il suo disco, pel telescopio, sempre grande nell'istesso modo: ma quel che si vede coll'occhio libero, crescendo il candor dell'aurora si va sempre diminuendo, sì che vicino al nascer del Sole quel Giove che nelle tenebre superava d'assai ogni stella della prima grandezza, si riduce ad apparir minore di quelle della quinta e della sesta, e finalmente, ridottosi quasi ad un punto indivisibile, nascendo il Sole, si perde del tutto: nulla dimeno, sparito all'occhio libero, si séguita egli pur di vederlo tutto il giorno grande e ben circolato; ed io ho uno strumento che me lo mostra, quando è vicino alla Terra, eguale alla Luna veduta liberamente. Non è dunque cotal ricrescimento minimo o nullo, ma grande, come di tutti gli altri oggetti.

Io vi voglio, signor Sarsi, pigliare alla stracca, se non potrò prendervi correndo. Volete voi una nuova dimostrazione, per prova che gli oggetti in tutte le distanze crescono nella medesima proporzione? Sentitela. Io vi domando se, posti quattro, sei o dieci oggetti visibili in varie lontananze, ma in guisa però che tutti si veggano nella medesima linea retta, sì che il più vicino occupi tutti gli altri, vi domando, dico, se tenendo l'occhio nel medesimo luogo e riguardando i medesimi oggetti co 'l telescopio, voi gli vedrete pur posti in linea retta o no, sì che il vicino non vi asconda più gli altri, ma ve gli lasci vedere? Credo pur che voi risponderete ch'ei vi compariranno per linea retta, essendo realmente per linea retta disposti. Ora, stante questo, immaginatevi quattro, sei o dieci bacchette diritte, tra di lor paralelle, poste in distanze disuguali dall'occhio, ed esse di lunghezze pur disuguali, e le più lontane maggiori, e di mano in mano le più vicine minori, in modo che gli estremi termini loro si veggano posti in due linee rette, una a destra e l'altra a sinistra; pigliate poi il telescopio, e riguardatele con esso: già, per la concession fatta, i medesimi termini, tanto i destri quanto i sinistri, si vedranno pure in due linee rette come prima, ma aperte in maggiore angolo. E come ciò sia, signor Sarsi, questo, appresso i geometri, si domanda ricrescer tutte quelle linee secondo la medesima proporzione, e non ricrescer più le vicine che le lontane. Cedete dunque, e tacete.

50. “Sed videamus, quam recte ex Peripatetica disciplina atque ex experimentis sibi arma contra Aristotelem fabricet Galilæus. "Præterea, inquit, cometam flammam non fuisse, ex ipsa experientia et Peripateticorum dicto deducimus, quo affirmant, nullum corpus lucidum esse perspicuum; experientia vero docet, flammam vel minimam unius candelæ impedimento esse quominus obiecta ultra ipsam posita conspiciantur: si ergo cometam flammam fuisse quis dixerit, dicendum eidem erit, stellas ultra illam positas ab ea celari debuisse: et tamen per cometæ caudam lucidissime intermicantes easdem stellas vidimus." Hæc ille: in quibus mirari satis non possum, hominem, magni alioqui nominis atque experimentorum amantissimum, ea diserte adeo asseverasse, quæ obviis ubique experimentis

redargui facile possent.

Quamvis enim Peripateticorum dictum, si recte intelligatur, verissimum sit (omne enim corpus, ad hoc ut illuminetur vel, potius, illuminatum appareat, excurrentem ulterius lucem quasi sistere ac reprehendere debet; perspicuum autem, utpote eidem luci pervium, eam terminare non potest: ex quo dicendum est, corpus quodcumque eo clarius illuminandum, quo plus opaci minusque habuerit perspicui), nullus tamen est qui neget, reperiri corpora partim perspicua partim opaca, quæ partem lucis aliquam terminent, qua lucida appareant, aliquam vero libere transire permittant; qualia sunt nubes rariores, aqua, vitrum et huiusmodi multa, quæ et lumen in superficie terminant, et ad aliam partem idem transmittunt. Quare nihil est, cur ex hoc dicto quidquam momenti suis experimentis Galilæus adiectum putet.

Experimenta porro ipsa falsa deprehenduntur. Affirmo igitur, candelæ flammam obiecta ultra se posita ex oculis non auferre, et perspicuam esse.

Huic, primum, dicto adstipulantur Sacræ Litteræ, cum de Anania, Azaria ac Misaele in fornacem, Regis iussu, coniectis agunt. Sic enim Regem ipsum loquentem inducunt: "Ecce ego video quatuor viros solutos et ambulantes in medio ignis, et nihil corruptionis in eis est; et species quarti similis filio Dei." Ac ne quis existimet id pro miraculo habendum, idem probatur iterum ex eo, quia in candelæ flamma medio loco consistens videtur ellychnium, seu nigricans seu candens. Præterea, cum strues aliqua ingens lignorum incenditur, medias inter flammas semiusta ligna et carbones accensos libere prospectamus, cum tamen sæpe maxima flammarum vis oculum inter atque eadem ligna media consistat. Flamma igitur perspicua est.

Secundo, quodcumque opacum, inter oculum et obiectum positum, eiusdem obiecti aspectum impedit, sive magno sive parvo ab eodem distet intervallo; ita, verbi gratia, lignum aliquod, sive rem quampiam attingat sive ab illa multum removeatur (si tamen inter illam atque oculum substiterit), eam videri non permittet: quod in flamma non accidit, hæc enim quascumque res ultra se positas, si non longe distent, sed easdem e proximo vehementer illuminet, semper videri patietur; quod quilibet experiri facile potest, si legendum aliquid ultra lumen collocaverit, unius tantum digiti intervallo, tunc enim characteres illos a flamma obtectos facile perleget: flamma, ergo, perspicua est et luminosa: quod Galilæus negat, eiusque oppositum tanquam principium, contra Aristotelem disputaturus, assumit.

Quod si quis quærat, cur obiecta ultra flammam posita, si saltem ab eadem longe semota fuerint, non conspiciantur, hanc ego huius rei causam assigno: quia nimirum obiectum movens potentiam vehementius, impedit ne videantur obiecta reliqua, ad eamdem potentiam movendam minus apta; obiecta autem quælibet eo vehementius, cæteris paribus, potentiam movent, quo sunt lucidiora; quia igitur obiecta, longe ultra flammam posita, multo minus illuminantur quam flamma ipsa, ideo hæc potentiam veluti totam explet obruitque, nec obiecta alia videri permittit. Et propterea, quo obiecta eadem eidem flammæ fiunt propiora, quia tanto magis illuminantur, eo etiam magis apta sunt movere potentiam, ac proinde tunc conspiciuntur; maiori siquidem illustrata lumine, cum flamma pene ipsa contendunt. Quare si aut flamma obtusiori splendeat lumine, aut obiectum ultra illam positum luminosum ex se sit, aut ab alio vehementer illuminatum, nunquam illius aspectum interposita flamma impediet, quamvis longissime obiectum illud a flamma distet.

Hoc etiam quibusdam experimentis confirmare placet. Incendatur distillatum vinum, quod aquam vitis vulgo appellant: eius enim flamma, cum non admodum clara sit, liberam rerum imaginibus ad oculum viam relinquet, ut etiam minutissimos quosque characteres perlegi patiatur. Idem accidit in flamma ex incenso sulphure excitata, quæ, colorata licet sit et crassa, vix tamen quidquam impedimenti eisdem rerum imaginibus affert.

Secundo, sit licet flamma clarissimo ac micanti lumine, si tamen alterius candelæ lumen ultra illam collocatum longe etiam semoveris, inter vicinioris flammæ lumen remotiorem flammam intermicantem cernes. Cum ergo stellæ corpora sint luminosa et quavis flamma longe clariora, nil mirum si non potuit earundem aspectus ab interposita cometæ flamma impediri: ac proinde nihil detrimenti ex hoc Galilæi argumento patitur Aristotelis opinio.

Tertio, non luminosa solum illa quæ propria fulgent luce, ab interposita flamma velari non possunt, sed ne alia quidem corpora opaca, si tamen ab alio lumine illustrentur. Ita interdiu si quid aspexeris a Sole illuminatum, nullius interpositu flammæ impediri eius aspectus poterit.

Constat igitur satis superque, flammas perspicuas esse, atque hoc etiam non obstare quominus cometa flamma esse potuerit."

È tempo, Illustrissimo Signore, di venir a capo di questi pur troppo lunghi discorsi: però passiamo a questa quarta ed ultima proposizione. Qui, com'ella vede, dice il Sarsi non potersi a bastanza stupire che io, avendo qualche nome d'avveduto osservatore ed applicato assai all'esperienze, mi sia ridotto ad affermar constantemente quelle cose che si possono agevolissimamente confutare con esperimenti manifesti ed apparecchiati per tutto; de' quali poi n'apporta molti, ond'egli apparisca altrettanto veridico e diligente sperimentatore, quant'io mal accorto e mendace. Dirò prima brevemente quello che persuase il signor Mario a scrivere, e me a prestargli assenso, che quando la cometa fusse una fiamma, dovesse asconderci le stelle; poi anderò considerando l'esempio e ragioni del Sarsi, lasciando in ultimo a V. S. Illustrissima il giudicar qual di noi sia più difettoso e mal avveduto nel suo esperimentare e discorrere.

Considerando noi, il trasparire d'un corpo non esser altro che un lasciar vedere gli oggetti posti oltre di sé, ci persuademmo che quant'esso corpo trasparente fusse men visibile, tanto potesse meglio trasparere; onde l'aria trasparentissima è del tutto invisibile, l'acqua limpida ed i cristalli ben tersi, traposti tra oggetti visibili, poco per se stessi si scorgono: dal che ci pareva che assai a proposito si potesse all'incontro inferire, i corpi quanto più per se stessi fusser visibili, dover esser tanto meno trasparenti; e perché tra i corpi visibili per se stessi, le fiamme per avventura parevano non esser degli infimi, però giudicammo quelle dovere esser poco trasparenti: l'autorità poi di Aristotile e de' Peripatetici, aggiunta a questo discorso, ci confermò nell'opinione. Circa la qual autorità mi par da notare come il Sarsi le vuol dare altra interpretazione da quella che apertamente suonan le parole; e dice che intesa bene è verissima, e che il senso è che i corpi, acciò che si possano illuminare, non devon esser trasparenti; e non, che i corpi lucidi non son trasparenti. Ma se il Sarsi la piglia in quel senso, perché così gli par la proposizion vera, adunque bisogna ch'ei lasci l'altro perché in quello gli paia falsa (perché quanto alle parole, meglio si adattano a questo che a quello): tuttavia egli medesimo poco di sotto non pure afferma, ma con più esperienze conferma, i corpi luminosi impedir la vista delle cose poste oltre di loro, dove scrive: "Nam hæc etiam rerum ultra ipsa positarum aspectum impediunt", e quel che segue. Ma tornando al primo discorso, dico che oltre all'autorità de' Peripatetici ci confermò ancora più il veder finalmente per esperienza un vetro infocato impedirci assai la vista degli oggetti, che freddo distintamente ci lascia scorgere, e l'istesso far la fiammella d'una candela, e massime colla sua superior parte, più lucida dell'inferiore ch'è intorno al lucignolo, la qual è più tosto fumo non bene infiammato che vera fiamma. Di più, avendo noi osservato, la grossezza del corpo, ben che per se stesso non molto opaco, importar tanto, che, verbigrazia, una nebbia, la quale in profondità di venti o trenta braccia non ci leva la vista d'un tronco, moltiplicata all'altezza di 200 o 300 ci toglie del tutto anco la vista del Sole stesso, pensammo non esser lontano dal ragionevole il creder che la non trasparenza ed opacità d'una fiamma non potesse mai essere così poca, che ingrossata in profondità di centinaia e centinaia di braccia non ci dovesse impedir l'aspetto delle minute stelle. Concludemmo per tanto, la profondità della chioma della cometa (che pur bisogna che sia non dirò col Sarsi e suo Maestro 70 miglia, ma al manco tante canne), quand'ella fusse una fiamma, doverci ascondere le stelle; il che vedendo noi ch'ella non faceva, ci parve avere argomento assai concludente per provar ch'ella non fusse uno incendio. Ora il Sarsi, curando poco o niente la principal sustanza di tutto questo ragionevolissimo discorso, appiccandosi a quel sol detto del signor Mario, che la fiammella d'una candela non è trasparente, si persuade e promette la vittoria, tuttavolta ch'ei possa mostrare, la detta fiammella aver pur qualche trasparenza; e dice che chi avvicinerà a quella un foglio scritto, sì che quasi la tocchi, e porrà diligente cura, potrà vedere i caratteri: al che io aggiungo "tuttavolta ch'ei sia di vista perfettissima", perché io, che però non son losco, stento a poterli vedere, servendomi anco degli occhiali, quanto più posso da vicino.

È ben vero che oltre alla detta, molt'altre esperienze adduce il Sarsi: tra le quali, e per riverenza e per religiosa pietà e per esser ella di suprema autorità, debbo primieramente far considerazione sopra quella che il medesimo Sarsi ripone nel primo luogo, pigliandola dalle Sacre Lettere. Dove, insieme co 'l signor Mario, noto le parole della Scrittura precedenti alle citate dal Sarsi, le quali mi par che dicano che avanti che il re vedesse l'angelo e i tre fanciulli camminar per la fornace, le fiamme fussero state rimosse; ché tanto mi par che importino le parole del Sacro Testo, che son queste: "Angelus autem Domini descendit cum Azaria et sociis eius, et excussit flammam ignis de fornace, et fecit medium fornacis quasi ventum roris flantem." È noto, che dicendo la Scrittura "flammam ignis", par che voglia far distinzione tra la fiamma e 'l fuoco; e quando poi più a basso si legge che il re vede caminar le quattro persone, si fa menzione del fuoco, e non della fiamma: "Ecce ego video quatuor viros solutos et ambulantes in medio ignis." Ma perché io potrei grandemente ingannarmi nel penetrare il vero sentimento di materie che di troppo grand'intervallo trapassano la debolezza del mio ingegno, lasciando cotali determinazioni alla prudenza de' maestri in divinità, anderò semplicemente discorrendo tra queste inferiori dottrine, con protesto d'esser sempre apparecchiato ad ogni decreto de' superiori, non ostante qualsivoglia dimostrazione ed esperimento che paresse essere in contrario.

E ritornando all'esperienze del Sarsi, per le quali ei ci fa vedere trasparir per varie fiamme diversi oggetti, dico che posso liberamente concedergli, tutto questo esser vero, ma di nessuno sollevamento alla sua causa: per lo stabilimento della quale non basta che la fiamma interposta sia profonda un dito, e che gli oggetti altrettanto vicini gli sieno, né molto più lontano il riguardante, o vero che gli oggetti sieno dentro alle stesse fiamme ed anco nella parte bassa, pochissimo lucida; ma ha di bisogno (altrimenti resterà a piè) di farci toccar con mano ch'una fiamma, ancor che profonda centinaia e centinaia di braccia e lontanissima dal riguardante e da gli oggetti visibili, non però ce n'impedisca la veduta; ch'è quanto se dicessimo, che gli faccia di mestier provare che la fiamma arrechi assai meno impedimento che se fusse altrettanta nebbia, la qual nebbia è tale, che trapostane non solo alla grossezza d'un dito, ma di quattro e sei braccia, non arreca impedimento veruno, ma in profondità di 100 o 200 asconde l'istesso Sole, non che le stelle. E finalmente, io non mi posso contener di rivolgermi un poco al medesimo Sarsi, che si stupisce del mio inescusabil mancamento nell'uso dell'esperienze. Voi dunque, signor Sarsi, mi tassate per cattivo sperimentatore, mentre nell'istesso maneggio errate quanto più gravemente errar si possa? Voi avete bisogno di mostrarci che la fiamma interposta non basta, contro alla nostra asserzione, ad occultarci le stelle, e per convincerci con esperienze dite che provando noi a riguardar uomini, tizzoni, carboni, scritture e candele posti oltre alle fiamme, sensatamente gli vederemo: né mai v'è venuto in pensiero di dirci che noi proviamo a guardar le stelle? e perché, in buon'ora, non ci avete voi detto alla bella prima: Interponete una fiamma tra l'occhio e qualche stella, ché voi né più né meno la vederete? Mancano forse le stelle in cielo? e questo è esser destro ed avveduto sperimentatore? Io vi domando se la fiamma della cometa è come le nostre, o d'altra natura. Se d'altra natura, l'esperienze fatte nelle nostre non ànno forza di concludere in quella: se è come le nostre, potevate immediatamente farci veder le stelle per le nostre, lasciando stare i tizzoni, funghi e l'altre cose; e quando dite che dopo la fiammella d'una candela si scorgono i caratteri, potevate dire che si scorge una stella. Signor Sarsi, chi volesse trattarla con voi, come si dice, mercantilmente, cioè con una bilancia sottilissima e giustissima, direbbe che voi foste in obligo di fare accendere una fiamma lontanissima e grandissima quanto la cometa e farci per essa veder le stelle, atteso che e la grandezza della fiamma e la lontananza dell'occhio da quella importano assaissimo in questo fatto e se ne deve tener gran conto: ma io, per farvi ogni agevolezza e vantaggio, mi voglio contentare d'assai meno, e voglio prepararvi mezi accommodatissimi per vostro bisogno. E prima, perché l'essere la fiamma vicina all'occhio importa assai per vedere gli oggetti meglio, in vece di porla remota quanto la cometa, mi contento d'una distanza di cento braccia solamente: in oltre, perché la profondità e grossezza del mezo similmente importa assaissimo, in vece della grossezza della cometa, ch'è, come sapete, tante centinaia di braccia, mi basta quella di dieci solamente: in oltre, perché l'esser l'oggetto, che si ha da vedere, lucido arreca parimente vantaggio grandissimo, come voi medesimo affermate, mi contento che tale oggetto sia una stella di quelle che si vider per la chioma della nostra cometa, le quali stelle, per vostro detto in questo luogo, sono di gran lunga più chiare di qualsivoglia fiamma: e poi, se con tutti questi tanto per la causa vostra vantaggiosi apparecchi voi fate vedere per la trasparenza di cotal fiamma la stella, voglio confessarmi per convinto e predicar voi pel più cauto e sottile sperimentatore del mondo; ma non vi succedendo, non ricerco altro da voi se non che col silenzio ponghiate fine alle dispute, come spero che siate per fare: perché se mai v'accaderà di veder questa mia scrittura, la qual rimane nell'arbitrio di questo Signore, a chi scrivo, di mostrarla a chi più gli piacerà, vederete come deve fare chi si piglia per impresa di volere essaminar gli altrui componimenti, ch'è non lasciar cosa veruna senza considerarla, e non (come avete fatto voi) andar a guisa della gallina cieca dando or qua or là tanto del becco in terra, che s'incontri in qualche grano di miglio da morderlo e roderlo.

E per finir questa parte, non potete negar d'aver voi medesimo compreso e confessato che dalle fiamme interposte qualche sensibile impedimento anco per l'occhio vostro ne deriva; imperò che se niente assolutamente d'offuscamento arrecassero, senz'altri avvertimenti e cautele, d'esser gli oggetti più o men lontani dalla fiamma, più o men lucidi, ed esse fiamme nate più da zolfo o d'acquavite che da paglia o da cera, avreste risolutamente detto: “Sia la fiamma e l'oggetto qualunque si voglia, nessuno impedimento ne nasce, ma si vede come per l'aria libera e pura”: ed oltre a questo, poco più a basso parlando delle cose che non risplendono per se stesse, come le fiamme, ma sono illuminate da altri, dite che queste ancora impediscono la vista degli oggetti, dove la particola *ancora* mostra che voi concedete qualche impedimento nelle fiamme. Ma che più? se elle non punto impedissero, a chi mai sarebbe caduto in pensiero di dire ch'elle non sieno trasparenti? Ci è dunque, anco per voi stesso, qualche sensibil offuscazioncella (dico per voi stesso, perché per noi e gli altri l'impedimento è assai grande), e le vostre esperienze son fatte intorno a fiammelle così piccole, che risolutissimamente l'impedimento d'altrettanta nebbia sarebbe stato del tutto insensibile; adunque le vostre fiamme impediscono più che altrettanta nebbia: ma tanta nebbia quanta è la profondità della cometa, vela e totalmente toglie la vista del Sole; adunque, quando la cometa fusse una fiamma, dovrebbe esser bastante ad asconderci il Sole, non che le stelle: le quali ella non asconde; adunque non è una fiamma.

E perché quanto per sostenere un falso sono scarsi tutti i partiti, tanto per istabilimento del vero soprabondano i contrari veri, io voglio accennare a V. S. Illustrissima certo particolare per lo quale mi par che si confermi, l'opinion d'Aristotile esser falsa. Avvenga che natura di tutte le fiamme conosciute da noi è di dirizzarsi all'in su, restando il lor principio e capo nella parte inferiore, se la barba della cometa fusse una fiamma ed il suo capo fusse la materia ond'ella traesse origine, bisognerebbe che la chioma direttamente si dirizzasse verso il cielo; dal che ne seguirebbe una delle due cose, cioè o che la chioma si vedesse sempre a guisa di ghirlanda intorno al capo (il che sarebbe quando il luogo della cometa fusse altissimo), o vero (e questo accaderebbe quand'ella fusse poco lontana da terra) bisognerebbe che, nel nascere, prima nascesse l'estremità della barba, ed in ultimo il capo, ed alzandosi verso il mezo del cielo, quanto più il capo fusse vicino al nostro zenit, tanto la barba dovrebbe apparire più breve, e nel vertice stesso dovrebbe apparir nulla o circondante il capo intorno intorno, e finalmente nell'andar verso l'occaso la barba dovrebbe parere rivolta al contrario, sì che il capo si vedesse inclinare all'occidente prima di lei; altramente, quando la barba andasse avanti come nel nascere, converrebbe che la fiamma, contro alla sua naturale inclinazione e contro a quello che faceva quand'era nelle parti orientali, risguardasse all'ingiù. Ma tali accidenti non si veggono nella cometa e suo movimento; adunque non è una fiamma.

51. "Illud etiam omitti non debet, eodem, quo Aristotelem urget, argumento Galilæum premi. Sic enim ille: "Flammæ perspicuæ non sunt; cometæ autem coma perspicua est; ergo flamma non est." At ego adversus Galilæum sic: Luminosa perspicua non sunt; cometæ coma perspicua est; ergo luminosa non est. Esse autem perspicuam indicant stellæ, eius interpositu nulla ex parte celatæ. Præterea, comam hanc luminosam esse asserit idem Galilæus, dum illam ex illuminato vapore existere contendit; vapor enim illuminatus corpus est luminosum. Neque dicat, loqui se de luminosis nativo ac proprio lumine fulgentibus, non autem de iis quæ lumen aliunde accipiunt. Nam hæc etiam rerum ultra ipsa positarum aspectum impediunt: si enim pila aliqua vitrea, aut amphora, vino aut re alia quacumque plena fuerit, et lumini exponatur, iis tantum partibus ex quibus lumen non reflectit nec illuminata comparet, vinum ostendet; ea vero parte qua lumen ad oculum remittit, nil nisi lucidum quid et candens spectandum offeret. Idem in aquis etiam a Sole illuminatis accidit, in quibus pars illa qua Sol ad oculum reflectitur, nihil ultra se positum videri patitur; reliquæ vero partes lapillos atque herbas in fundo subsidentes ostendunt. Quare illuminatorum etiam corporum erit, ulteriora obiecta velare ne videantur; atque hæc etiam luminosa dici poterunt. Si ergo hæc apud Galilæum nullam admittunt perspicuitatem, per cometæ barbam, vel luminosam vel illuminatam, stellas videre non possumus: at potuimus tamen: ergo et illuminata fuit cometæ barba, et perspicua.

Hæc ego omnia eo libentius affero, quod ea facile quivis intelligat, cum non ex illis linearum atque angulorum tricis pendeant, ex quibus non omnes æque facile se expedire norunt; hic enim si quis oculos habeat, ingenii etiam huic abunde erit."

Qui, com'ella vede, vuol il Sarsi ritorcere il mio medesimo argomento contro di me; ma quanto felicemente questo gli succeda, anderemo brevemente essaminando. E prima, noto com'egli, per effettuar questa sua intenzione, incorre in qualche contradizzione a se medesimo, e, quello di che più mi meraviglio, senza necessità. Di sopra, perché così compliva alla sua causa, fece ogni sforzo di provar come le fiamme sono trasparenti, sì che per esse si possono veder le stelle; qui, per convincermi colle mie armi, avendo egli bisogno che i corpi luminosi non sieno trasparenti, si mette a provare così essere con molte esperienze; onde pare che e' voglia che i corpi luminosi sieno e non sieno trasparenti secondo che ricerca il bisogno suo: ed in questo inconveniente cad'egli senza necessità alcuna, atteso che, senza dar pur ombra di contradizzione col mostrar di voler ora quello che poco fa aveva negato, bastava ch'ei dicesse (senza porsi egli stesso a dimostrarlo) che noi medesimi avevamo affermato generalmente, i corpi luminosi non esser trasparenti: né aveva occasione di temer ch'io fossi per venire a distinzioni di luminosi per sé o per altri, imperò che io ho sempre creduto che tal ricorso non serva se non per quelli che da principio non si son saputi ben dichiarare; e se il signor Mario avesse fatto differenza tra questi corpi e quelli, si sarebbe dichiarato a tempo, e non avrebbe aspettato che l'avversario l'avesse avuto a fare accorto del suo mancamento. Dico dunque ch'è verissimo che qualunque illuminazione, o propria o esterna, impedisce la trasparenza del corpo luminoso; ma non bisogna, signor Sarsi, che voi intendiate che dicendo noi così, vogliamo inferire che per ogni minima luce il corpo che la riceve debba divenir così opaco com'è una muraglia, ma che secondo la maggiore o minor lucidità perda più o meno della trasparenza: e così veggiamo nel principio dell'aurora, secondo che la region vaporosa comincia a participare un pochetto di lume, perdersi le minori stelle; dapoi, crescendo lo splendore, perdersi anco le maggiori; e finalmente, nella massima illuminazione, celarsi quasi la Luna stessa. In oltre, quando per qualche rottura di nuvole noi veggiamo scendere sino in Terra quei lunghissimi raggi di Sole, se voi porrete ben cura, vedrete notabil differenza circa lo scorgere le parti d'un monte opposto: imperò che quelle che sono oltre a i raggi luminosi si scorgono più offuscate dell'altre laterali, che non vengono da essi raggi traversate. E così parimente, scendendo un raggio di Sole per qualche finestrella in una stanza ombrosa, come tal or si vede per qualche vetro rotto in alcuna chiesa, tutti gli oggetti opposti, in quella parte dove il raggio gli traversa, si veggono meno distintamente, mentre però il riguardante sia in luogo onde ei vegga il raggio luminoso distinto, il che non avviene da tutti i siti indifferentemente. Ora, stanti queste cose vere, dico (e così si è sempre detto) potere esser che la materia della cometa sia assai più sottil dell'aria vaporosa, e meno atta ad illuminarsi, ché così ne persuade il vederla noi sparir nell'aurora e nel crepuscolo, trovandosi il Sole ancora assai sotto l'orizonte; sì che, quanto alla lucidità, non ci è ragione perch'ella debba asconderci le stelle più della region vaporosa. Quanto poi alla profondità, prima, la region vaporosa è grossa molte miglia; dipoi, noi non siamo in necessità di por la barba della cometa di smisurata profondità, non avendo determinato né quanto sia il diametro del capo, né s'egli è rotondo, né quanta sia la lontananza. Con tutto ciò, quando anco altri volesse porla profonda 8 o 10 miglia, non si vede nascerne inconveniente alcuno; perché anco l'aria vaporosa in tanta e maggior profondità, ed illuminata quanto la barba della cometa, lascia veder le stelle.

52. “Illud præterea a Galilæo Aristoteli obiicitur, male illum ex cometis prædicere, annum fore non admodum pluvium, sed siccum potius, ventorum etiam ingentem vim ac Terræ motus portendi. Cum enim, inquit, cometæ nihil aliud Aristoteli sint nisi ignes, huiusmodi exhalationum veluti eluones voracissimi, si nullas reliquias ab iisdem relinquendas dixeris, longe sapientius pronunciaris. Sed ego longe aliter sentiendum existimo. Nam si qua in urbe per fora ac vias magnam frumenti vim dispersam negligenter haberi, aut si forte vilissima quæque capita ac plebeculæ sordes opipare semper epulari videas; an non inde tantam rei frumentariæ ac totius annonæ facultatem sapienter arguas, ut nulla ibidem in longum tempus metuenda sit inopia? Ita plane dicendum. Atqui halituum sedes angustis ut plurimum terminis, ac veluti in horreo frumentum, includitur; neque ad illas plagas, quibus vorax flamma dominatur, facile producitur, nisi quando eorumdem ingens copia inferioribus sedibus capi non potest, aut forte iidem, sicciores ac rariores effecti, omnem aqueam exuerint qualitatem. Quare non inepte Aristoteles ex cometis, hoc est ex huiusmodi exhalationibus ad ignem usque, adeo non parce sed affluenter, productis, intulit, inferiora hæc omnia iisdem maxime abundare. Neque hinc sequitur, ab eo igne nullas eorumdem halituum reliquias relinquendas: is enim ea tantum absumit, quæ supra non capaces inferioris sedis angustias ad ignis plagam elevantur; qui postea ignis non in alienas regiones irrumpit, sed suo semper fixus in regno ea sibi vindicat quæ propius ad illum accesserint aut, quasi ab humidioribus impressionibus transfuga, ad illum defecerint: et propterea potuit Aristoteles hinc etiam ventos, sicciorem anni temperiem, aliaque huiusmodi prænunciare. De nostro certe cometa si quis tale aliquid prædixisset, potuisset ab eventu ipso id egregie confirmare; nam et annus siccior solito extitit, insolentes ventorum vehementesque flatus experti sumus, Terræ motibus magna Italiæ pars concussa, idque alicubi non parvo urbium atque oppidorum damno. Quid igitur? an non sapienter ut, alia multa, hæc etiam Aristoteles enunciavit?”

L'essempio in virtù del quale crede il Sarsi di poter difendere Aristotile e mostrar l'obiezzione del signor Mario invalida, a me par che non molto s'assesti al caso essemplificato. Che il veder per le strade e per le piazze copia di biade arguisca esser di quelle maggiore abbondanza che quando non se ne veggono, ha molto ben del ragionevole, imperò che è in potere ed in arbitrio de i padroni l'esporle ed il celarle, e, di più, il farne mostra non le consuma o diminuisce punto; i quali due particolari non ànno luogo nel caso della cometa. E per avventura essempio più proporzionato sarebbe se alcuno dicesse in cotal modo: che l'isola

Cuba abbondi di cinnamomi e cannelle, ce ne sia grand'argomento il sapere che gl'isolani fanno fuoco di quelle continuamente. Il discorso è concludente, perché, essendo in arbitrio loro l'arderle o no, quando ne avesser penuria l'userebbon per condimento solamente, come noi. Ma quando venisse avviso che i mesi passati per certo accidente si fusse attaccato fuoco nella gran selva de' cinnamomi, e che gl'isolani non furono potenti ad estinguer le fiamme, ritrovandosi in questo tempo assai lontani dal luogo, sì ch'ella irreparabilmente arse; se alcun mercante da tale accidente insolito volesse a i nostri aromatarii pronosticare una straordinaria abbondanza, poi che, dove per l'ordinario se ne abbruciano a fascetti, questa volta si è fatto a boscaglie intere; io credo ch'ei verrebbe reputato persona molto semplice: e quello che vedendo dalle fiamme divorar le biade mature della sua possessione, si rallegrasse e si promettesse d'essere per empire assai più del solito i suoi granai, poi che ve n'è da abbruciare a moggia, credo che sarebbe tenuto stolto affatto. La materia di che si fa la cometa o è della medesima di che si producono i venti, o è diversa: se è diversa, non si può dalla copia di quella arguire abbondanza di questa, più che se alcuno dal veder molt'uva si promettesse gran ricolta d'olio; se è dell'istessa, attaccato che vi sia il fuoco, arderà tutta.

53. "Quid porro ex his omnibus inferri non immerito possit, non ex me, sed ex Galilæo ipso, audiendum censeo. Ille enim, cum sua hæc experimenta exposuisset, addidit: "Hæc nostra sunt experimenta, nostræ hæ conclusiones, ex nostris principiis nostrisque opticis rationibus deductæ. Si falsa experimenta, si vitiosæ fuerint rationes, infirma ac debilia futura etiam sunt dictorum nostrorum fundamenta." His ego nihil ultra addendum existimo.

Atque hæc illa sunt, quæ mihi in hac disputatione, ob meam erga Præceptorem observantiam, dicenda proposui: quibus ostendi certe conatus sum primum, iustam a Galilæo (atque hic princeps fuit scribendi scopus) querelarum materiam Præceptori meo, a quo ille perhonorifice semper est habitus, oblatam fuisse; deinde, licuisse nobis, in edita illa Disputatione, per parallaxis ac motus cometici observationes eiusdem cometæ a Terra distantiam metiri, atque ex tubo optico, parvum admodum cometæ incrementum afferente, aliquid etiam momenti rebus nostris accedere potuisse; præterea, non æque eidem Galilæo licuisse, cometam e verorum luminum numero excludere, ac severas adeo motus rectissimi leges eidem præscribere; ad hæc, constare ex his, aërem ad cæli motum moveri, atteri, calefieri atque incendi posse, ex motu per attritionem calorem excitari, nulla licet pars attriti corporis deperdatur, aërem illuminari posse, quotiescunque crassioribus vaporibus admiscetur, flammas lucidas simul esse atque perspicuas, quæ Galilæus ita se habere negavit; falsa denique deprehensa experimenta illa, quibus fere unis eiusdem placita nitebantur. Hæc autem innuere potius quam fusius explicare volui, cum neque plura exigi viderentur, ut pateret omnibus, neque ulli in Disputatione nostra a nobis iniuriam illatam, neque nos infirmis rationibus ductos eam, quam proposuimus, sententiam cæteris omnibus prætulisse."

Qui, com'ella vede, il Sarsi fa due cose: la prima contiene implicitamente il giudicio che altri deve fare della debolezza de' fondamenti della nostra dottrina, appoggiandosi ella sopra esperienze false e ragioni manchevoli, com'egli pretende d'aver dimostrato; aggiunge poi, nel secondo luogo, un catalogo e racconto delle conclusioni contenute nel *Discorso* del signor Mario e da sé impugnate e confutate. In risposta alla prima parte, io, ad imitazion del Sarsi, liberamente rimetto il giudicio da farsi circa la saldezza della nostra dottrina in quelli che attentamente avranno ponderate le ragioni e l'esperienze dell'una e l'altra parte; sperando che la causa mia sia per esser favoreggiata non poco dall'aver io di punto in punto essaminato e risposto ad ogni ragione ed esperienza prodotta dal Sarsi, dov'egli ha trapassata la maggior parte e la più concludente di quelle del signor Mario. Le quali tutte io avevo fatto pensiero (ed era in contracambio del catalogo del Sarsi) di registrar nominatamente in questo luogo; ma postomi all'impresa, mi è mancato e l'animo e le forze, vedendo che mi saria stato bisogno trascriver di nuovo poco meno che l'intero trattato del signor Mario. Però, per minor tedio di V. S. Illustrissima e mio, ho risoluto più tosto di rimetterla ad un'altra lettura di quello stesso trattato.

IL FINE